火驱燃烧理论与工程分析

袁士宝 蒋海岩 著

中国石化出版社

内 容 提 要

本书以作者多年从事的火驱研究和实践为基础，详尽地介绍了火驱燃烧机理、室内实验的设计和分析、氧化动力学的计算和应用、火驱实践及常见问题解决方案、火驱状态诊断分析和风险评估的理论与方法。本书侧重于基础理论分析和方法在火驱上的应用，尤其是基于室内实验研究火驱燃烧机理并应用于火驱过程，目的在于使读者将火驱理论和实践相贯通。

本书可供从事火驱热采技术研究的研究生、院校有关教师、科研工作者以及现场工作人员参考阅读。

图书在版编目（CIP）数据

火驱燃烧理论与工程分析/袁士宝,蒋海岩著. —北京：中国石化出版社，2019.8
ISBN 978-7-5114-5482-9

Ⅰ.①火… Ⅱ.①袁… ②蒋… Ⅲ.①火烧油层 Ⅳ.①TE357.44

中国版本图书馆 CIP 数据核字（2019）第 160158 号

未经本社书面授权，本书任何部分不得被复制、抄袭，或者以任何形式或任何方式传播。版权所有，侵权必究。

中国石化出版社出版发行
地址：北京市东城区安定门外大街 58 号
邮编：100011　电话：(010)57512500
发行部电话：(010)57512575
http://www.sinopec-press.com
E-mail:press@sinopec.com
北京艾普海德印刷有限公司印刷
全国各地新华书店经销

*

787×1092 毫米 16 开本 16 印张 390 千字
2019 年 10 月第 1 版　2019 年 10 月第 1 次印刷
定价：98.00 元

前 言

随着国内外对火驱的不断实践,火驱正逐渐成为注蒸汽后稠油油藏进一步提高采收率的接替技术。蒸汽吞吐后的油藏表现为地下存水多、气窜通道复杂的特点,面临着采出程度和动用程度低、整体开发效益差的问题,全世界都在探索技术和经济上能与注蒸汽方法相匹敌的接替开发方式。与其他开发方式相比,火驱注入剂——空气,来源广泛、不受地域和空间限制,在成本等方面具有明显优势,但是火驱也是一种技术密集型的技术,对现场操作人员和技术管理人员的技术理解程度要求很高。

如何开始一项火驱工程的设计?如何评价原油的可燃性及燃烧的持续性?如何从室内实验的监测结果中计算得到后续方案设计所需要的参数?火驱过程中会遇到的问题及其解决方式有哪些?这些问题是火驱科研工作者和现场工程师绕不开的,解决了这些问题也就解决了火驱油藏管理的问题,本书在实验室数据分析、方案设计优化、火驱过程监测和状态分析几个方面对火驱工程问题进行了阐述,力图做到理论与实践相结合。

本书共分七章。第一章主要对燃烧的基本情况进行阐述,主要介绍了燃烧学的基本研究方法、火驱燃烧的主要特征及其特殊性。第二章是基于燃烧管的火驱燃烧特征分析,介绍了燃烧管实验的步骤、过程及数据分析方法,如何将燃烧特征参数应用于后续的火驱工程设计等问题。第三章主要对原油氧化反应实验及其反应过程进行分析,重点介绍了原油静态氧化实验的理论基础、实验过程及数据分析,并结合现场试验资料对原油氧化路径进行了进一步阐述。第四章是基于热分析实验的氧化动力学分析,主要对 TGA、DSC 及 ARC 过程中数据特征、反应阶段及相关动力学参数计算进行了描述,其中涉及笔者课题组取得的一些新的认识。第五章重点阐述火驱开发方案设计与评价,集成前面所述的方法及结果,涵盖了火驱工程设计、效果分析及评价等主要问题。第六章是本书的核心内容，主要是火驱燃烧特征与监测评价方法，主要讲述了火驱实验室和现场火驱过程中油气水的变化特征，以及基于该变化特征如何分析和认识火驱等问题，最后对火驱波及问题展开了讨论，并介绍了笔者课题组取得的新认识。第七章主要对典型火驱实例、问题分析及解决办法进行了概要性介绍，对火驱顺利开展起到至关重要的作用。

本书由"西安石油大学优秀学术著作出版基金""国家自然科学基金（51404199）""西部低渗-特低渗油藏开发与治理教育部工程研究中心""陕西省油气田特种增产技术重点实验室"资助出版。

本书由西安石油大学袁士宝、蒋海岩进行全书撰写和统稿，其中有部分工作由研究生赵黎明、王波毅、李杨等完成，在此对他们为本书出版所做的工作表示感谢。本书在撰写过程中得到了中国石油辽河油田、新疆油田的大力支持和帮助，在此一并表示感谢！

由于笔者水平有限，书中难免存在不足之处，欢迎广大读者不吝赐教。

目 录

第一章 火驱地下燃烧研究 ……………………………………………………（1）

 第一节 燃烧学基本原理 ………………………………………………（1）

  一、燃烧学的形成和发展 …………………………………………………（1）

  二、燃烧的基本形式与类型 ………………………………………………（2）

  三、燃烧的条件与热自燃理论 ……………………………………………（5）

  四、燃烧中的反应及其动力学 ……………………………………………（7）

 第二节 火驱基本原理 …………………………………………………（10）

  一、火驱系统组成 …………………………………………………………（10）

  二、火驱燃烧的启动 ………………………………………………………（12）

  三、燃烧与流体运移规律 …………………………………………………（13）

  四、火驱的控制技术 ………………………………………………………（16）

 第三节 火驱理论研究方法 ……………………………………………（17）

  一、火驱地下燃烧的特殊性 ………………………………………………（17）

  二、火驱的研究方法 ………………………………………………………（19）

第二章 火烧油层室内驱替实验分析 ……………………………………（21）

 第一节 典型火驱燃烧管实验 …………………………………………（21）

  一、火烧油层室内模拟实验系统组成 ……………………………………（21）

  二、火驱实验设计 …………………………………………………………（24）

  三、实验测量值及其处理 …………………………………………………（27）

  四、燃烧管实验计算实例 …………………………………………………（29）

 第二节 基于实验的火驱特征研究 ……………………………………（33）

  一、火驱的区带特征 ………………………………………………………（33）

  二、火驱动态特征分析 ……………………………………………………（35）

 第三节 火驱温度和压力传播特征 ……………………………………（45）

  一、温度场时序分析燃烧机理和特征 ……………………………………（45）

  二、压力时频分析火烧油层稳定性 ………………………………………（47）

第三章 原油静态氧化实验及其分析方法 （51）

第一节 典型静态氧化实验及数据处理方法 （51）
一、原油低温氧化原理 （51）
二、静态低温氧化反应实验模型与基本方法 （52）
三、典型反应釜实验 （54）
四、反应速率的计算方法 （57）

第二节 基于静态反应釜实验的原油低温氧化研究 （58）
一、低温氧化的影响因素分析 （58）
二、氧化动力学参数的求取 （60）
三、低温氧化反应方程式 （66）
四、基于低温氧化分析的点火阶段注气速率控制 （67）

第三节 加速低温氧化的添加剂研究 （69）
一、添加剂的分类筛选 （69）
二、添加剂的作用机理 （72）
三、添加剂优选实验及数据处理 （72）

第四节 原油氧化的组分转化路径 （77）
一、稠油组分划分 （77）
二、稠油胶体体系 （78）
三、稠油反应机理 （79）
四、基于岩心分析的原油转化路径 （87）

第四章 基于热分析实验的氧化动力学分析 （93）

第一节 热分析动力学基础 （93）
一、热分析动力学的特点 （93）
二、火烧油层动力学研究的必要性 （94）
三、火烧油层动力学研究现状 （94）

第二节 原油氧化动力学实验方法 （95）
一、热重分析法(TGA) （95）
二、差示扫描量热法(DSC) （98）
三、加速量热仪(ARC) （99）
四、热分析实验对比 （102）

第三节 原油氧化阶段划分 （103）

一、原油氧化阶段的研究现状 …………………………………………（103）
　　二、基于热重分析氧化阶段划分 ………………………………………（105）
第四节　原油氧化动力学参数确定方法 ………………………………………（107）
　　一、热重方法研究原油氧化动力学 ……………………………………（107）
　　二、基于差热实验的氧化放热分析 ……………………………………（122）
　　三、基于ARC实验的原油氧化动力学研究 ……………………………（124）
第五节　氧化动力学参数对火驱注采关系的影响 ……………………………（126）
　　一、数值模拟模型建立 …………………………………………………（126）
　　二、活化能对火驱注采关系的影响 ……………………………………（128）
　　三、指前因子对火驱注采关系的影响 …………………………………（133）
　　四、动力学参数的补偿效应 ……………………………………………（137）
第六节　原油氧化热力学分析的工程应用 ……………………………………（141）
　　一、点火启动热平衡分析 ………………………………………………（141）
　　二、注气参数设计 ………………………………………………………（144）

第五章　火驱开发方案设计 …………………………………………………（152）
第一节　火驱项目设计的主要内容 ……………………………………………（152）
第二节　火烧油层可行性油藏筛选评价 ………………………………………（154）
　　一、火烧油层的影响因素 ………………………………………………（154）
　　二、基于案例分析的油藏筛选标准 ……………………………………（159）
　　三、火烧油层的油藏筛选流程 …………………………………………（165）
第三节　火烧油层油藏工程设计 ………………………………………………（167）
　　一、火烧油层开发系统设计 ……………………………………………（167）
　　二、火烧油层点火设计 …………………………………………………（169）
　　三、火烧油层注采参数设计 ……………………………………………（179）
第四节　火驱效果预测 …………………………………………………………（181）
　　一、火驱方案效果预测 …………………………………………………（181）
　　二、火驱动态效果预测 …………………………………………………（184）

第六章　火驱矿场燃烧监测与特征评价方法 ………………………………（187）
第一节　火驱生产特征及分析 …………………………………………………（187）
　　一、火驱生产规律 ………………………………………………………（187）
　　二、温度压力特征 ………………………………………………………（188）

三、油气水性质的变化 …………………………………………………………（190）
   四、基于尾气的地下氧化状态分析 ……………………………………………（193）
   五、地下燃烧区带识别 …………………………………………………………（198）
   六、火驱系统的监测 ……………………………………………………………（204）
 第二节 矿场燃烧前缘的确定 ………………………………………………………（207）
   一、直接测试法 …………………………………………………………………（207）
   二、间接计算方法 ………………………………………………………………（209）
 第三节 火驱驱替范围工程分析 ……………………………………………………（211）
   一、火驱生产特征曲线的推导 …………………………………………………（212）
   二、特征曲线规律分析 …………………………………………………………（215）
   三、油水特征曲线的应用 ………………………………………………………（218）
   四、现场实例分析 ………………………………………………………………（221）

第七章 典型注空气 EOR 矿场实例 ……………………………………………………（226）
   一、罗马尼亚 Suplacu 油田干式线性火驱 ……………………………………（226）
   二、印度 Balol 油田湿式火驱 …………………………………………………（229）
   三、辽河杜 66 油田连续井组模式火驱 ………………………………………（234）
   四、新疆红浅 1 试验区蒸汽吞吐后线性火驱 …………………………………（238）
   五、美国 Williston 盆地低渗稀油油藏高压注空气 ……………………………（242）

参考文献 …………………………………………………………………………………（247）

第一章 火驱地下燃烧研究

燃烧是物质剧烈氧化而发光、发热的现象,这种现象又称为"火"。燃烧现象从远古到现在人类并不陌生,但成为燃烧学距今只有100多年的发展历程,直到20世纪中叶,在对预混火焰、扩散火焰、层流火焰及湍流火焰,还有液滴及碳颗粒的燃烧进行深入研究之后,科学家们才发现主导燃烧过程的不仅仅是化学动力学,流体动力学也是其重要的影响因素之一,燃烧理论初步完成。目前,燃烧学开始与湍流理论、多相流体力学、辐射传热学和复杂反应的化学动力学等学科交叉渗透,燃烧理论发展到了更高的阶段。

火驱提高采收率实现地下持续稳定的燃烧是产出原油的前提,有必要首先对火驱系统作出燃烧学的分析和评价,得到调控燃烧的依据。

第一节 燃烧学基本原理

一、燃烧学的形成和发展

(一)燃烧学的研究历史

19世纪,由于热力学和热化学的发展,燃烧过程开始被当作热力学平衡体系来研究,从而阐明了燃烧过程中一些最重要的平衡热力学特性,如燃烧反应的热效应、燃烧产物平衡组分、绝热燃烧温度、着火温度等。热力学成了认识燃烧现象的重要而唯一的基础。直到20世纪30年代,美国化学家刘易斯和前苏联化学家谢苗诺夫等将化学动力学的机理引入燃烧的研究,并确认燃烧的化学反应动力学是影响燃烧速率的重要因素,并且发现燃烧反应具有链反应的特点,这才初步奠定了燃烧理论的基础。随着20世纪初各学科的迅猛发展,在30~50年代,人们开始认识到影响和控制燃烧过程的因素不仅仅是化学反应动力学因素,还有气体流动、传热、传质等物理因素,燃烧则是这些因素综合作用的结果,从而建立了着火、火焰传播、湍流燃烧的规律。20世纪50~60年代,美国力学家冯·卡门和我国力学家钱学森首先倡议用连续介质力学来研究燃烧基本过程,并逐渐建立了所谓的"反应流体力学",学者们开始以此为基础,对一系列的燃烧现象进行广泛的研究。计算机的出现为燃烧理论与数值方法的结合提供了极大的帮助。斯波尔丁在20世纪60年代后期首先得到了层流边界层燃烧过程控制微分方程的数值解,并成功地接受了实验的检验。但在进一步对湍流问题研究时遇到了困难。斯波尔丁和哈洛在继承和发展普朗特、雷诺和周培源等研究工作的基础上,将"湍流模型方法"引入了燃烧学的研究,提出了一系列的湍流输运模型和湍流燃烧模型,并对一大批基本燃烧现象和实际燃烧过程成功地进行了数值求解。到20世纪80年代,英、美、苏、日、德、中、法等国相继开展了类似的研究工作,逐渐形成了所谓的"计算燃烧学",用它能很好地定量预测燃烧过程和燃烧技术,使燃烧理论及其应用达到了一个新的高度。同时,燃烧过程测试手段的发展,特别是先进的激光技术、现代质谱、色谱等光学、化学分析仪器的发明和运用,改进了燃烧实验的方法,提高了测试精度,可以更深入地、全面地、精确地研究燃烧过程的各种机理，使燃烧学在深度和广度上都有了飞速发展。

（二）燃烧学研究方法

燃烧过程是一个复杂的物理、化学的综合过程，它包括燃料和氧化剂的混合、扩散、预热、着火，以及燃烧、燃烬等过程。燃烧学是由热力学、化学动力学、流体力学和传热传质学等组成的一门科学。燃烧学的研究主要从两方面进行：

1. 燃烧理论

研究燃烧过程所涉及的各种基本现象的机理，如燃料的着火、熄火、火焰传播及火焰稳定、预混火焰、扩散火焰、层流和湍流燃烧、液滴燃烧、碳粒燃烧、煤的热解和燃烧、燃烧产物的形成等过程的机理。

2. 燃烧技术

应用燃烧基本理论解决工程技术中的各种实际燃烧问题，如对现有燃烧方法进行分析和改进，对新的燃烧方法进行探索和实践，提高燃料利用范围和利用效率，实现对燃烧过程的控制，控制燃烧过程中污染物质的生成和排放等。

燃烧理论的建立是实验研究和理论总结的结合。主要是根据一定的实验现象，经过分析对特定的燃烧过程提出某些看法，即首先建立物理模型；然后，为便于数学处理，再作一些假设，忽略一些次要因素，进行数学处理和推导，建立数学模型。但由于燃烧现象及其过程的复杂性，所作的假设和忽略的"次要"因素，往往难于与实际燃烧过程吻合，因而所提出的理论的指导意义有限，截至目前，燃烧科学的研究，仍然以实验研究为主。但理论和数学模型的方法正显得越来越重要。目前，燃烧实验研究方法大体可分为以下三类。

（1）基本现象的研究。利用实验室手段，人为造成单一的简化条件，使综合的燃烧现象转化为其他条件恒定、单一条件变化的燃烧问题。这种方法有利于分析各种条件对燃烧的影响。但这种研究方法只有理论价值，与实用条件有较大差距，只是基础性研究方法。

（2）综合性研究。在实用燃烧装置条件下，对各种工况的燃烧规律进行研究，包括模型装置和中间装置的研究。这类研究很有实用价值，所得各种规律可以直接指导工程实践。但由于燃烧现象复杂，这种方法难于剖析其机制，不易获得较深入的理论认识。

（3）介于前两者之间的半基础半综合性的研究。近年来，计算机的迅猛发展，提供了在一般条件下用数值方法求解上述方程组的可能性，可以求出各种理论数学模型的解，通过把该解与相应的实验研究结果进行对比和检验，使理论模型得以发展和优化，从而深入认识现有燃烧过程，预示新的燃烧现象，进一步揭示燃烧规律。将燃烧理论与错综复杂的燃烧现象有机地联系起来，使燃烧学科上升到系统理论的高度。

二、燃烧的基本形式与类型

所谓燃烧，就是指可燃物与氧化剂作用发生的放热反应，通常伴有火焰、发光和发烟的现象。燃烧区的温度很高，使其中白炽的固体粒子和某些不稳定（或受激发）的中间物质分子内电子发生能级跃迁，从而发出各种波长的光；发光的气相燃烧区就是火焰，它的存在是燃烧过程中最明显的标志；由于燃烧不完全等原因，会使产物中混有一些微小颗粒，这样就形成了烟。

从本质上说，燃烧是一种氧化还原反应，但其放热、发光、发烟、伴有火焰等基本特征表明，它不同于一般的氧化还原反应。如果燃烧反应速度极快，则因高温条件下产生的气体和周围气体共同膨胀作用，使反应能量直接转变为机械功，在压力释放的同时产生强光、热和声响，这就是所谓的爆炸。它与燃烧没有本质差别，而是燃烧的常见表现形式。

现在，人们发现很多燃烧反应不是直接进行的，而是通过游离基团和原子这些中间产物在瞬间进行的循环链式反应。这里，游离基的链锁反应是燃烧反应的实质，光和热是燃烧过程中的物理现象。

(一) 燃烧的基本形式

燃烧分为有焰燃烧和无焰燃烧两种模式。对于有焰燃烧模式，又可以分为预混火焰燃烧和非预混火焰(扩散火焰)燃烧。

燃烧的基本形式有有焰燃烧和无焰燃烧。有焰燃烧是蒸气或气体状态的燃烧，是能见火焰的一种燃烧。森林可燃物在受热后，首先释放出可燃气体，可燃气体燃烧产生火焰，这种燃烧称为有焰燃烧。无焰燃烧是固态的碳直接和氧反应的一种燃烧。这种燃烧又称表面燃烧。森林可燃物在进行有焰燃烧的同时，可燃物表面进行无焰燃烧，当没有足够的可燃气体产生时，有焰燃烧终止，无焰燃烧继续进行。

(二) 燃烧的类型

燃烧可从着火方式、持续燃烧形式、燃烧物形态、燃烧现象等不同角度做不同的分类(图1-1)。掌握燃烧类型的有关常识，对于了解物质燃烧机理有着重要的意义。

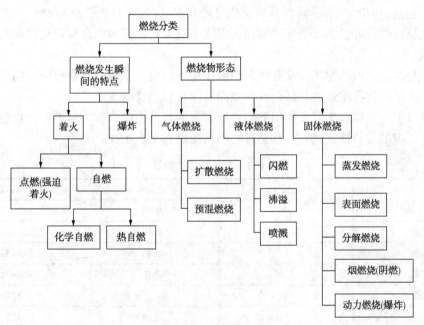

图1-1 常见燃烧分类方法

按照燃烧形成的条件和发生瞬间的特点，燃烧类型可分为闪燃、着火、自燃、爆炸四种。每一种类型的燃烧都有其各自的特点。

1. 闪燃

可燃液体的蒸气(随着温度的升高，蒸发的蒸气越多)与空气混合(当温度还不高时，液面上只有少量的可燃蒸气与空气混合)遇着火源(明火)而发生一闪即灭的燃烧(即瞬间的燃烧，大约在5s以内)称为闪燃。可燃液体能发生闪燃的最低温度，称为该液体的闪点。可燃液体的闪点越低,越容易着火,发生火灾、爆炸的危险性就越大。有些固体(能升华)也会有闪燃现象,如石蜡、樟脑、萘等。

闪点高低与饱和蒸气压及温度有关。饱和蒸气压越大,闪点越低;温度越高则饱和蒸气压越大,闪点就越低。所以,同一可燃液体的温度越高,则闪点就越低,当温度高于该可燃液体闪点时,遇点火源时,就随时有被点燃的危险。

2. 着火

可燃物质(在有足够助燃物情况下)与火源接触而能引起持续燃烧的现象(即火源移开后仍能继续燃烧)称为着火。使可燃物质发生持续燃烧的最低温度称为燃点或着火点。燃点越低的物质,越容易着火。

闪点与燃点的区别如下:

(1) 可燃液体在燃点时燃烧的不仅是蒸气,而且是液体(即液体已达到燃烧的温度,可不断地提供维持稳定燃烧的蒸气)。

(2) 在发生闪燃时,移去火源,闪燃即熄灭,而在燃点时,移去火源,能继续燃烧。

火驱的点火注气井应重点考虑原油燃点,而对于生产井应重点考虑产出流体与剩余氧气量满足的情况下的闪点问题。

3. 自燃

自燃因能量(热量)来源不同可分为受热自燃和本身自燃(自热燃烧)两种。

(1) 受热自燃。可燃物质受外界加热,温度上升至自燃点而能自行着火燃烧的现象,称为受热自燃。

(2) 本身自燃。可燃物质在没有外来热源作用下,由于本身的化学反应、物理或生物的作用而产生热量,使物质逐渐升高至自燃点而发生自行燃烧的现象。

自燃点:可燃物质在无明火作用下而自行着火的最低温度,称为自燃点。自燃点越低的物质,发生火灾的危险性就越大。常见可燃物质的燃点见表1-1。

表1-1 常见物质的燃点

常见物质	燃点/℃	石油类物质	燃点/℃
松节油	53	甲烷	650~750
黄磷	34~60	乙烷	520~630
樟脑	70	乙烯	542~547
橡胶	120	乙炔	406~460
纸张	130	甲苯/二甲苯	553
棉花	210	汽油	415
松香	216	柴油	350
麦草	222	沥青	250
木材	295	煤油	380
涤纶纤维	339		

在火烧油层中,通常采用自燃或电点火的方式点燃油层,油层不直接接触火源,属于受热自燃的燃烧方式。一旦油层可燃物质温度达到自燃点以上,在有足够氧气条件下,没有明火作用也会发生燃烧并持续进行下去。

4. 爆炸

物质由一种状态迅速地转变成另一种状态,并在瞬间以机械功的形式放出大量能量的现象。爆炸可分为物理性爆炸、化学性爆炸和核爆炸三类。

可燃性气体、易燃液体蒸气或粉尘等与空气组成的混合物并不是在任何浓度下都会发生爆炸和燃烧,而必须在一定的浓度范围内,遇着火源,才会发生爆炸。图1-2为不同状态物质燃烧过程示意图。

只有当某种物质的混合物浓度在爆炸极限范围内才会发生爆炸;当混合物浓度低于爆炸下限时,因含有过量空气,由于空气的冷却作用阻止了火焰的传播,所以不燃烧也不爆炸;同样,当混合物浓度高于爆炸上限时,由于空气量不足,火焰也不能传播,所以只会燃烧而不爆炸。

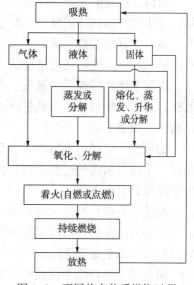

图 1-2　不同状态物质燃烧过程

三、燃烧的条件与热自燃理论

燃烧是包括流体流动、传热传质和化学反应及其相互作用的复杂过程。想要正确、充分地认识燃烧,首先就要知道物质燃烧时会产生哪些行为,以及产生这些行为的本质。物质在燃烧中产生的行为可以分为如下几类:热解、燃烧、爆炸和火灾。

(一) 燃烧的必要条件

物质燃烧过程的发生和发展,必须具备以下三个条件,即可燃物、氧化剂和温度(点火源)。只有这三个条件同时具备时,才可能发生燃烧现象。无论缺少哪一个条件,燃烧都不能发生。上述三个条件通常被称为燃烧三要素。燃烧能发生时,三要素可表示为封闭的三角形,通常称为着火三角形,如图1-3(a)所示。

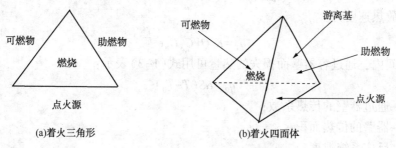

(a)着火三角形　　　　　　　　(b)着火四面体

图 1-3　着火三角形和着火四面体

(二) 燃烧的充分条件

可以清楚地知道,燃烧至少需要可燃物、助燃物和最初的引燃能量才可以发生。但并非只要三者存在,就可以燃烧,比如我们有火柴作为点火源,有厚实的放置在空气中的木板作为可燃物,用火柴在木板上熏烧,即使过长时间,可能也只是把木板与火柴火焰相接触的地方熏黑了一点,而无法点燃。

即使具备了三要素并且相互结合、相互作用,燃烧也不一定发生。要发生燃烧,还必须满足其他条件,如可燃物和助燃物有一定的数量和浓度,点火源有一定的温度和足够的热量等。

所以，燃烧的充分条件是：①一定的可燃物浓度；②一定的氧气含量；③一定的点火能量；④未受抑制的链式反应。对于无焰燃烧，前三个条件同时存在，相互作用，燃烧即会发生。而对于有焰燃烧，除以上三个条件外，燃烧过程中存在未受抑制的游离基（自由基），形成链式反应，使燃烧能够持续下去，亦是燃烧的充分条件之一。

根据燃烧的链锁反应理论，很多燃烧的发生都有持续的游离基（自由基）作"中间体"，因此，着火三角形应扩大到包括一个说明游离基参加燃烧反应的附加维，从而形成一个着火四面体，如图1-3(b)所示。

如果在一定的初始条件下，系统不能在整个时间区段保持低温水平的缓慢反应态，而将出现一个剧烈加速的过渡过程，使系统在某个瞬间达到高温反应态，即达到燃烧态，这个初始条件就是着火条件。

谢苗诺夫热自燃理论是基本的燃烧理论之一，描述了着火条件。任何反应体系中的可燃混气，一方面会进行缓慢氧化而放出热量，使体系温度升高，另一方面体系又会通过器壁向外散热，使体系温度下降。

谢苗诺夫热自燃理论认为，着火是反应放热因素与散热因素相互作用的结果。如果反应放热占优势，发生自燃；相反，如果散热因素占优势，则不能自燃。

为了使问题简化便于研究，假设：

(1) 容器壁的温度为T_0，并保持不变。
(2) 反应系统的温度和浓度都是均匀的。
(3) 由反应系统向器壁的传热系数为α_1且不随温度而变化。
(4) 反应系统放出的热量Q为常数（单位为J/mol）。

在着火时间内，反应速度可用式(1-1)和式(1-2)表示：

$$W = K_0 C_A C_B e^{-\frac{E}{RT}} \tag{1-1}$$

式中　K_0、Q、V——常数；

C_A、C_B——反应物A（燃料）、B（氧化剂）的浓度，mol/(m³·s)。

反应的放热速度为：

$$q_1 = K_0 Q V C_A C_B e^{-\frac{E}{RT}} \tag{1-2}$$

单位时间内，通过容器壁而损失的热量可用式(1-3)表示：

$$q_2 = \alpha S(T - T_0) \tag{1-3}$$

式中　α——通过器壁的传热系数；
　　　S——器壁的传热面积；
　　　T——反应系统温度；
　　　T_0——容器壁温度。

在反应初期，C_A、C_B与反应开始前的最初浓度C_{A0}，C_{B0}很相近，Q、V、K_0均为常数，因此放热速度q_1和混合气温度T之间的关系是指数函数关系，即$q_1 \sim e^{-\frac{E}{RT}}$。

散热速度q_2与混合气温度之间是直线函数关系，如图1-4中q_2直线所示。当容器壁的温度升高时，直线向右方移动。当放热速度小于散热速度时，反应物的温度会逐渐降低，不可能引起着火。反之，则混合气总有可能着火。

着火温度的定义不仅包括此时放热系统的放热速度和散热速度相等,而且还包括了两者随温度而变化的速度相等这一条件,即:

$$q_1 = q_2 \quad (1-4)$$

$$\frac{dq_1}{dT} = \frac{dq_2}{dT} \quad (1-5)$$

混合气体的着火温度不是一个常数,它随混合气的性质、压力(浓度)、容器壁的温度和导热系数,以及容器的尺寸变化。

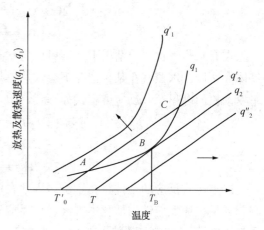

图1-4 混合气在容器中的放热和散热速度

在火驱过程中,其中重要的过程是点火,无论人工点火还是自燃点火,其本质都是设法满足原油燃烧的条件,进而建立并维持燃烧。尤其是在建立燃烧的过程中,选择点火问题、设置点火时间就是面临的基本工程问题,而这其中包含着外加能量放热和油层散热之间的能量传递,而储层的一些地质特点、开发历史特点等都影响这一过程。

四、燃烧中的反应及其动力学

(一)燃烧的链式反应

燃烧是瞬间进行的循环连续的化学反应,这种反应被称为燃烧链式反应或燃烧反应链。

1. 烃类燃烧反应链

烃类燃烧反应链极为复杂,以最简单的甲烷为例,一般认为按下列反应进行:甲烷分解成烷基游离基($\cdot CH_3$)和氢原子;氢原子与氧分子作用生成氢氧游离基和氧原子;烷基游离基与氢氧游离基作用生成甲醇(CH_3OH);甲醇氧化生成甲醛($HCHO$)和水;甲醛还可进一步分解生成氢分子和一氧化碳。其反应方程式如下:

$$CH_4 = \cdot CH_3 + H$$
$$\cdot H + O_2 = \cdot OH + \cdot O \cdot$$
$$\cdot CH_3 + \cdot OH = CH_3OH$$
$$CH_3OH + \cdot O \cdot = HCHO + H_2O$$
$$HCHO = H_2 + CO$$

2. 碳的燃烧反应链

碳与氧相遇会产生下面各种情况:

$$C + O_2 = CO_2$$
$$2C + O_2 = 2CO$$
$$4C + 3O_2 = 2CO_2 + 2CO$$
$$3C + 2O_2 = 2CO + CO_2$$

一氧化碳是可燃气体,它与氧反应生成二氧化碳。二氧化碳是燃烧的最终产物,但二氧化碳与炽热的碳粒子反应,生成一氧化碳,进行二次燃烧。其反应如下:

$$2CO+O_2 \Longrightarrow 2CO_2$$
$$C+CO_2 \Longrightarrow 2CO$$

在有水蒸气存在的情况下，碳可以与水蒸气反应，生成一氧化碳和甲烷（CH_4）这类可燃气体。所以，水蒸气在某种情况下会加速燃烧。过去曾用燃烧木炭加水生成甲烷，并作为汽车发动机的燃料。其反应方程式如下：

$$C+2H_2O \Longrightarrow CO_2+2H_2$$
$$C+H_2O \Longrightarrow CO+H_2$$
$$C+2H_2 \Longrightarrow CH_4$$

以上链式反应的条件是在燃烧区内存在活性物质，即游离基，这些活性物质称为活化中心，如果破坏反应链的活化中心，燃烧反应不能继续，燃烧就会停止。常用的灭火药剂氟利昂就是在分解时产生溴游离基，溴游离基再捕捉活化中心的氢原子、氢氧游离基，使火熄灭。原理就是中断燃烧反应链。其反应方程如下：

$$\cdot Br + \cdot H \longrightarrow HBr$$
$$HBr + \cdot OH \longrightarrow H_2O + \cdot Br$$

（二）燃烧的化学热力学与动力学相关概念

燃烧是典型的放热氧化反应，搞清燃烧过程中所依据的化学反应问题对于燃烧研究是十分重要的，对燃烧过程进行机理研究和实际调控就必须要掌握其内在氧化机制。在燃烧过程中，化学反应速率控制着整个燃烧速率，而且化学反应决定了放热的程度、污染物的生成和防治等各类问题。同时，点火与熄火等现象也与化学反应过程有关。就科研领域而言，尽管燃烧的计算机模拟已取得了很大的进展，但复杂流场中详细燃烧过程的预测仍有待解决，这是因为这种预测需要解决的问题，不仅包括流体力学问题，而且还包括复杂的化学反应问题。总体来说，单纯的流体力学问题本身就需要占用大量的计算资源，而详细化学反应的加入，使问题变得更为复杂。

化学热力学：主要是分析有化学反应时燃烧系统中化学能转化为热能的能量变化，这里主要是计算燃烧过程释放的能量、分析化学平衡条件和平衡时的系统状态。

化学动力学：解释化学反应快慢和反应历程的基本理论，是化学学科的一个重要组成部分。

标准生成热：由最稳定的单质化合成标准状态下 1mol 物质的反应热。以 Δh_{f298}^0 表示，单位为 kJ/mol。因为有机化合物大都不能从稳定单质生成，因此不能直接测定，可通过查表或计算得到。

反应热：等温等压条件下反应物形成生成物时，吸收或释放的热量称为反应热，以 ΔH_R 表示。其值等于生成物焓的总和与反应物焓的总和之差。在标准状态下的反应热称为标准反应热，以 ΔH_{R298}^0 表示，单位为 kJ。如果反应物是稳定单质，生成物为 1mol 的化合物时，反应热在数值上就等于该化合物的生成热。对于放热反应，反应热是负值，而对于吸热反应，反应热为正值。

燃烧热：1mol 的燃料和氧化剂在等温等压条件下完全燃烧释放的热量称为燃烧热。标准状态时的燃烧热称为标准燃烧热，以 Δh_{C298}^0 表示，单位为 kJ/mol。

绝热燃烧温度：某一等压、绝热燃烧系统，燃烧反应放出的全部热量完全用于提高燃烧产物的温度，则这个温度就叫绝热燃烧温度，该温度取决于系统初始温度、压力和反应物成分。

热力学平衡：当系统同时满足机械平衡、热平衡、化学平衡时，则该系统处于热力学平衡。此时的宏观表现是系统的所有状态参数保持不变。机械平衡是当系统内部或系统与环境之间不存在不平衡的力时，系统处于机械平衡；热平衡是指系统各部分均处于相同的温度并与环境温度相同时，系统处于热平衡；化学平衡是当系统不存在化学成分的自发变化趋势(不管多么慢)时，系统处于化学平衡。

根据系统 U、T、S、H、F、G 状态参数特性，可判定反应过程的变化方向和平衡条件，主要有以下三种判据。

(1) 熵判据。对孤立系统或绝热系统，有 $dS \geq 0$，表明如果该系统发生了不可逆变化，则必定是自发的，自发变化的方向是熵增的方向。当系统达到平衡态之后，如果有任何自发过程发生，则必定是可逆的，此时，$dS=0$。由于孤立系统的热力学能 U、体积 V 不变，因而熵判据可写为：

$$(dS)_{U,V} \geq 0$$

(2) 亥姆霍兹自由能判据。在定温、定容、不做其他功的条件下，对系统任其自燃，则反应发生的变化总是朝着亥姆霍兹自由能减少的方向进行，直到系统达到平衡状态，其判据可写为：

$$(dF)_{T,V} \leq 0$$

(3) 吉布斯自由能判据。在定温、定压、不做其他功的条件下，对系统任其自燃，则反应发生变化总是朝着吉布斯自由能减少的方向进行，直到系统达到平衡状态，其判据可写为：

$$(dG)_{T,p} \leq 0$$

则热力学平衡的必要条件为 $(dG)_{T,p}=0$，T 和 p 均为常数。

活化能：使普通分子变为活化分子所需的最小能量。

化学反应速率：单位时间内，反应物(或生成物)浓度的变化量。其单位为：$kg/(m^3 \cdot s)$、$kmol/(m^3 \cdot s)$、分子数$/(m^3 \cdot s)$。

(1) 例：

$$a\text{A}+b\text{B} \rightarrow c\text{C}+d\text{D}$$

式中 a、b、c、d——对应于反应物 A、B 和产物 C、D 的化学反应计量系数。

(2) 反应速率可以表示为：

$$r_A = -\frac{dC_A}{d\tau}, \quad r_B = -\frac{dC_B}{d\tau}, \quad r_C = \frac{dC_C}{d\tau} \text{或} r_D = \frac{dC_D}{d\tau}$$

(3) 化学反应速率与计量系数之间有如下关系：

$$-\frac{1}{a}\frac{dC_A}{d\tau} = -\frac{1}{b}\frac{dC_B}{d\tau} = \frac{1}{c}\frac{dC_C}{d\tau} = \frac{1}{d}\frac{dC_D}{d\tau}$$

$$\Rightarrow r_A : r_B : r_C : r_D = a : b : c : d$$

（4）化学反应速率的三种表示方法：反应物的消耗速度、生成物的生成速度、反应速度(r)。

$$-\frac{1}{a}\frac{dC_A}{d\tau}=-\frac{1}{b}\frac{dC_B}{d\tau}=\frac{1}{g}\frac{dC_G}{d\tau}=\frac{1}{h}\frac{dC_H}{d\tau}=r$$

$$r_A=-ar$$
$$r_B=-br$$
$$r_G=gr$$
$$r_H=hr$$

火烧油层过程中涉及混合物的燃烧，反应动力学一直以来是业界研究的热点，包括利用常规热力学研究设备（如热重等）研究反应过程中的活化能、原油氧化路径、反应阶段等问题。

第二节 火驱基本原理

ISC(In Situ Combustion，火烧油层或火驱)来自1923年沃尔科特和霍华德在美国的专利。第一次现场试验是在1930年的苏联，在Sheinman等的指挥下试图点燃一个很浅的油藏，但是没有继续扩大或者半商业开发。在由Kuhn/Koch(1953)和Grant/Szasz(1954)发表的第一个火驱实验研究结果之后，火烧油层现场试验在1952年再次开始并扩展。ISC作为注气方法持续了一段时间(Wilson, 1979)，现场测试产出尾气中CO_2含量达10%~15%，清晰地证实了地下发生自燃和燃烧的持续传播(Chu和Hanzlik, 1983)。

尽管理论上ISC热效率很高，但到目前为止，热力采油中的注蒸汽方法（主要是蒸汽驱）的应用更为广泛，其主要原因是：

（1）气窜导致火驱波及效率和油井产能低。

（2）蒸汽吞吐后恶劣的井下条件破坏了完井，在热突破之后更为严重。

（3）火驱是一个极复杂的过程，目标油藏需要经过严格的筛选，许多复杂机理需要专门人员提前研究。

（4）与蒸汽注入方法相比，火驱具有劳动密集型的特点。

如果火驱存在明显气体超覆或生产井引效的情况下，更会加剧气窜，从而出现过早的热突破，导致火驱项目过早终止。

本节详细介绍火驱工艺体系、油层驱油过程，以及驱油基本的微观机理和控制方法，为深入认识火驱并提出有效的调控方法提供基础知识。

一、火驱系统组成

在油藏岩石孔隙中，通过人工点火器、自燃或者其他方法，周围的石油可以被点燃，燃烧前缘（或者称为燃烧面）慢慢推进穿过整个油藏，石油由生产井产出。火驱生产系统主要由四部分组成（图1-5）：油层、注入井/生产井、地面注气系统、生产处理系统。油层及油层内变化在下一部分详细叙述，生产处理系统与常规生产区别不大，本部分介绍注入井/生产井以及地面注气系统。

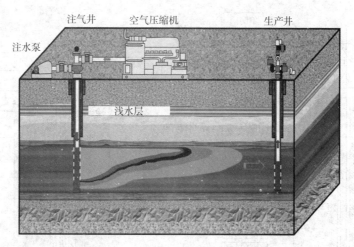

图 1-5 典型火驱工艺流程示意图

(一)注入井

火驱注入井(图 1-6)承担着点火和注入气体的工作,因此,与常规注入井有一定的区别。常见的注入井结构主要特点是:

(1)完井方式适应热采的需要,如砾石充填完井和耐高温水泥。

(2)注入管柱需要进行防腐蚀处理。

(3)井口需要满足注气的需要,并对注气量和注气压力进行单井计量。

(4)注入流程中考虑后期的湿式燃烧等。

(二)生产井

火驱生产井(图 1-7)承担着产出油、气、水的工作,由于火驱产出物的特殊性,与常规注入井有一定的区别。常见的生产井结构主要特点是:

(1)完井方式满足热采的需要,如砾石充填完井和耐高温水泥。

(2)生产管柱需要进行防腐蚀处理。

(3)对产出的油、气、水进行单井计量,气体组分组成需要定期分析。

(4)生产流程中对尾气中的有害气体 H_2S 需要单独处理。

(三)地面注气系统

地面注气流程由空气压缩机、高压集气装置、流量计及高压注气管线组成。其流程为空气压缩机→高压集气装置→流量计→井口。经压缩的高压空气,由高压集气装置进行收集、稳压,再经在线流量计计量后流向注气井注入油层。该流程应可以实现连续、稳定注气和连续计量。以上注气系统如果生产试验区规模较大,应考虑单独建站。

辽河油田杜 66 火驱试验区根据注空气的要求和特点建设火烧油层注气站一座,设计规模为 $95m^3/min$,单井注气设计规模为 $60m^3/min$,注气系统设计压力 25MPa。

1. 空气压缩系统

空压机组应能满足连续注气的要求,地面集输气流程是连接空压机和注气井的通道,其作用是将空压机产生的高压空气安全地输送到井口,并通过闸组调控注气速度达到设计要求。

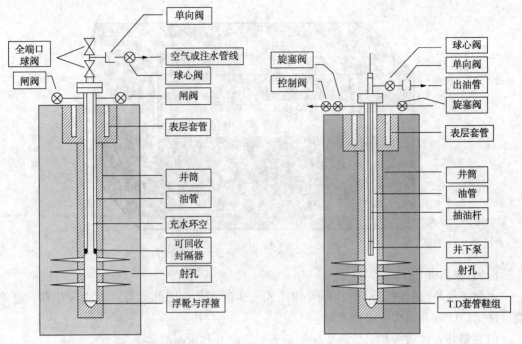

图1-6 典型火驱注气井　　　图1-7 典型火驱生产井

空气压缩系统包括七级压缩、冷却、分离。50m³/min左右机组多级配置，将空气增压到15.0~25MPa，温度≤40℃的中压空气进入分离缓冲系统。

2. 空压机冷却供水系统的组成

冷却水要求进口温度最高水温≤35℃，水温过高，冷却水耗量增加，冷却水应是经过处理的中性水，以减少对压风机系统的损坏。

3. 地面集输气流程

地面集气装置采用撬装结构，各阀组件及高压管件均与撬体牢固焊接，配备有稳压球、防空调压器及高压防爆装置。

二、火驱燃烧的启动

火驱是利用地层原油中的重质组分裂解后的产物作为燃料，利用空气或者富氧气体作为助燃剂，采取自燃或者人工点火的方法使原油燃烧，使重质油高温裂解为轻质油，从而流向生产井被采出。因此，火驱的启动过程也就是原油点火的过程。火驱点火的过程与常规燃烧不同，火烧油层属于地下燃烧，在燃烧的过程中首先需要吸收一定的热量，地下原油的燃烧过程如图1-8所示。

从图1-8中看出，火驱原油燃烧首先是低温氧化积累热量，然后是原油进一步裂解形成结焦带，在结焦带燃烧以后，完成点火。由此可见，点火初期吸收一定的热量是火驱后期燃烧持续推进的能量来源，在原油低温氧化被启动及裂解时都需要吸收热量，在焦炭燃烧前，这一能量一般来自电点火加热或者自燃点火，以及原油低温氧化阶段生成的热量。可见，点火初期吸收一定的热量对点火的意义重大，该热量一般来自电点火加热或者自燃点火。

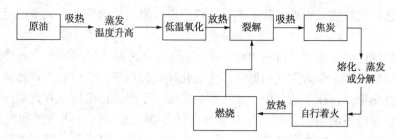

图 1-8 原油地下燃烧过程示意图

点火形成燃烧之后,地下原油燃烧主要是裂解、焦炭沉积、燃烧过程的闭路过程,如果中间出现闭路的中断,反应又会从头开始。

三、燃烧与流体运移规律

火驱过程的持续(燃烧前缘是移动的)是由于连续注入空气(富氧空气)或空气/水,小部分石油(5%~10%)燃烧给岩石和流体供给热量,因此火驱基本上可以看成是一个用热作为辅助提高采收率的注气过程。火驱燃烧面可以是垂直的、倾斜的或者几乎水平。火驱燃烧面移动的主要作用如下:

(1) 从被烧掉的体积中直接驱油,这部分相对较少(占总体积的 15%~30%)。
(2) 降低燃烧面和燃烧面周围原油的黏度。
(3) 在压力作用下的蒸汽和热气体的生成/位移。
(4) 轻组分气化冷凝后产生一个有限的油墙。
(5) 通过热裂解得到一定量的轻油。

火烧油层中的燃料是指原油经过蒸馏和热裂解后沉淀在岩石上可供燃烧的焦炭量。对火烧油层来说,燃料含量是一个变量,它是影响火烧油层方案成功与否的最重要的因素,直接决定了地下燃烧是否能够持续。如果焦炭生成量太少,油层中就不能产生足够多的热量以维持燃烧过程,反之,如果焦炭含量过多,就会耗费大量的空气,注气成本上升,产量也不会很理想。

随着燃烧前缘离开注入井向生产井方向推进,清楚地形成几个不同的区带,它们构成了燃烧驱油的各种作用机理。由图 1-9 可见,从注入井左端开始,分为已燃区、燃烧区、蒸馏区、凝结区、集水带、集油带、未受影响区。这些区带在空气流动方向上运动着。

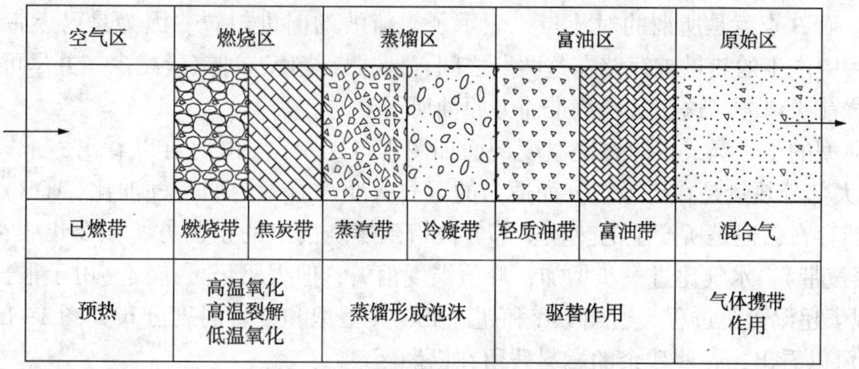

空气区	燃烧区		蒸馏区		富油区		原始区
已燃带	燃烧带	焦炭带	蒸汽带	冷凝带	轻质油带	富油带	混合气
预热	高温氧化 高温裂解 低温氧化		蒸馏形成泡沫		驱替作用		气体携带作用

图 1-9 火烧油层各个区带的示意图

已燃区：已燃区被空气充满，基本不含有机燃料，但岩层内滞留有大量的反应热，因此温度较高。

燃烧区：燃烧区温度最高，可达400℃以上。原油中的重油裂解后产生的焦炭以残渣的形式附着在岩层砂粒上，作为空气与原油发生氧化反应的燃料，反应后生成燃烧气体，燃烧生成的水则以过热形式存在于地层中。结焦带内温度低于燃烧区温度，在此温度下，地层水变成过热蒸汽，轻质原油蒸发，重质原油裂解成油焦和气态烃，过热蒸汽和气态烃向前流动，油焦沉积在岩石上，成为燃烧的燃料。在高温氧化带之后基本上只遗留纯砂体而没有可燃物了。

蒸馏区：来自结焦区的气体向前流动时，过热蒸汽把热量传递给岩石，释放出潜热，致使原油黏度迅速降低，流动性增加；气态烃则与原油混合后冷凝，产生混相驱替作用，由于蒸汽和气态烃发生冷凝相变，基本上保持饱和温度状态，因此凝析区的温度变化比较平缓。

原油区：和蒸汽驱基本类似，由于原油黏温关系的可逆性特征，凝析区下游与初始油藏区之间产生原油富集。

随着燃烧前缘由注入井逐渐向生产井方向移动，未受影响区逐渐缩小，生产井采出燃烧过程的所有产物——原油、燃烧气体、气态烃和水。

上述描写的各个区是假定明显地区分开的，但并不是所有的实际情况都如此。所有区带之间都有过渡地带、虽然总是能判别出一个区内某一种现象占优势，但通过毗邻区带之间的过渡区可以看出机理的逐渐变化。

基于ISC燃烧面传播方向与气流方向，火驱过程可分为正向燃烧和反向燃烧。正向燃烧也叫顺流燃烧，因为燃烧面的前进方向和气流方向一致；反向燃烧也被称为逆流燃烧，因为燃烧面的方向和气流方向相反。截至目前，只有正向燃烧已经达到了商业应用水平。根据注入流体性质，正向燃烧进一步分为"干式燃烧"和"湿式燃烧"，空气用于干式燃烧，空气和水用于湿式燃烧。

正向火驱按照燃烧和驱动关系可以进一步分为同步火驱和异步火驱。对于原油不很稠且油层相对薄（$H<5\sim6m$）的情况，同步火驱是可以实现的，而对于厚层会发生异步火驱。关于正向燃烧有很多理论与文献，尽管在现场人们认为同步火驱与异步火驱类似都是正向燃烧，然而较少涉及异步火驱。

典型干式正向火驱的温度及饱和度剖面如图1-10所示。图中两点较突出：点A代表了燃烧前缘，而B点就是所谓的对流点，表示了对流波的前进位置。因为是已燃带，大多数在火驱过程中产生的热量被存储在这两点之间，湿式燃烧使这种热量减少，并尽可能将热量传输到燃烧前缘前方，这正是燃烧带前方原油所需要的。

比较典型的干、湿式正向燃烧温度剖面如图1-11所示。由此可以看出，干式燃烧（水气比为0）大部分热量是在已燃区。而适当的湿式火驱，有稳定的空气油比（AOR）值，高峰值温度仍然存在，但是所产生的热较多部分被带到燃烧前缘的正前方，主要集中在蒸馏区、冷凝区（蒸汽带）。水气比进一步增加，峰值温度消失，但火驱仍可持续，由于很长的"燃烧区"，实现了超湿火驱过程。适当ISC和超湿ISC典型饱和度、温度分布如图1-12和图1-13所示，可以看出，一些残余的燃料残留在已燃区。

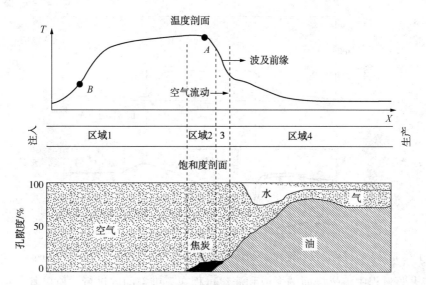

图1-10 干式燃烧温度和饱和度剖面[据Burger等(1985),有改动]

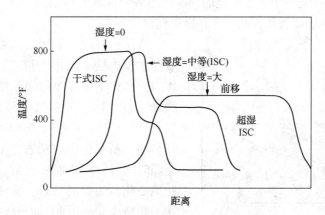

图1-11 干式、中等、超湿ISC温度剖面(据Chu和Crawford,1983)

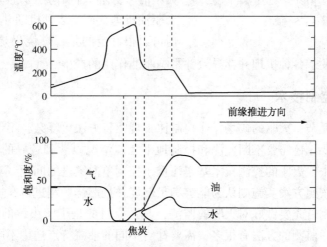

图1-12 适度湿烧的温度和饱和度剖面(联合国训练研究所提供,Mehta和Moore,1996)

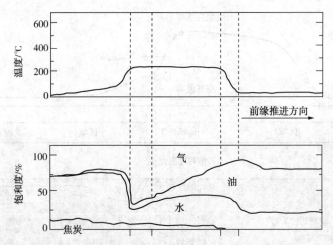

图 1-13 超湿 ISC 过程温度和饱和度剖面（联合国训练研究所提供，Mehta 和 Moore，1996）

在异步火驱过程中，燃烧面的形成和演化过程在三维空间内进行，所以其典型的温度剖面难以描述。图 1-14 是一个非常简化的异步火驱各个区域的示意图。这种火驱过程通常在注气井有效厚度的下半部射孔，而生产井避射储层的顶部。

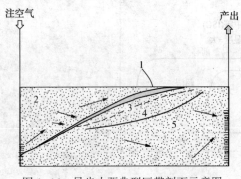

图 1-14 异步火驱典型区带剖面示意图
1—燃烧前沿；2—燃烧层；3—水蒸气区；
4—冷凝区；5—油墙

从几种典型火驱区带图可以看出，火驱过程存在压力场、流体饱和度场、温度场等多场作用，在火驱过程中的注采扰动会导致油藏的燃烧状态变化、蒸发与冷凝、烟道气体驱替、岩石变形/变温等现象，并且处于一种复杂的相互影响、相互作用的状态之中，并且这种状态是随时间、空间不断变化的。由于渗流条件不断地变化，油藏的含水、含油、含气饱和度也在不断地变化。因此，火烧油层的注采过程是典型的多势场共同作用的过程，不是单独哪一个驱油机理，而是多种机理并存的动态的过程。但可以很肯定的是，燃烧仍是火烧油层驱油的原动力，由燃烧引发了各种机理并存导致并影响驱油作用的产生。

四、火驱的控制技术

由于驱油机理复杂，火驱的矿场操作控制比常规驱替方法更复杂，不仅需要控制注入参数满足原油驱替需要，还需要不断监测和控制地下燃烧情况以达到较好的驱替效果。目前，在矿场的应用实践中，火驱的控制技术基本注重于控制单向突进的问题。对于燃烧本身的控制研究很少，只要按照方案实施则认为能够满足燃烧并且燃烧顺利进行，这显然是不够的。

对于火驱的控制首先要做好对火驱的监测，其主要目的是了解火线的位置、燃烧状态、火驱波及的程度等。监测的方法有很多，需要针对不同的油藏特点选用不同的监测方式或者监测方法体系。通常监测产出物中油、气、水的产量是不够的，基于火驱的特殊性还需要监测产出物中的组成变化，从侧面分析地下燃烧状态。火驱过程中储层的物性发生了一系列的变化，包括已燃区电阻率升高、油墙饱和后电阻升高、燃烧面附近岩矿演化，以及燃烧面附近发生微震现象，通过对这些现象的捕捉，可以了解燃烧面的位置及其发展。

监测的最终目的是发现火驱过程中的不协调现象，着重解决燃烧效果差和波及不均匀的问题，以问题为导向，寻找造成该问题的地质成因和开发成因，进而通过对注入和产出端有针对性地调整，实现火驱持续稳定地高温燃烧，并且均匀有效波及的目的。

重力超覆是火驱过程中常见的一种现象，严重影响了开发效果，尤其是在常规直井井网面积火驱条件下。刘其成等通过注气井和生产井的选择性射孔，在一定程度上调整火驱前缘在油层纵向上的发育，可以遏制重力超覆现象；通过生产井产出流体流量控制和调整，可以改变火驱前缘在平面上的展布方向和范围。

中国的火驱现场试验过程中总结了很多有益的经验，如辽河油田从生产操作角度提出系统的监测方式，及时掌握火驱在平面上出现单向突进、气窜，纵向上吸气不均等问题，从尾气组分监测中掌握地下燃烧状况，排除硫化氢、氧气、可燃气体造成的安全、环保隐患，从而及时调整火驱注采参数，开展注气井调配、分注、调剖、油井引效、空气助排、捞油转抽、长停复产等工作，并有针对性地进行调整，如：强制封闭气窜通道，对于低温燃烧方向油井，实施吞吐引效。

在矿场实际条件下，水平井火驱难度更大，当水平井射孔段暴露于高温注入空气之下时，一旦操控不当，氧气随着高温可动油进入水平段，就会发生燃烧。从油藏上看，一旦形成热前缘突破，会大大降低平面波及系数，且很难调整和逆转。防止燃烧前缘沿水平井的突破是保证矿场顺利实施的关键因素。根据现有的室内三维物理模拟实验结果和操作经验，关文龙等建议矿场试验在井网模式、点火参数和注采制度等几个方面采取措施。

第三节 火驱理论研究方法

一、火驱地下燃烧的特殊性

（一）常规自由燃烧与火驱地下燃烧对比

许多学者很早就开始了对燃烧现象、燃烧理论的研究，并且取得了丰硕的成果。但是，其研究对象大多是经过理想化处理后的燃烧现象，与实际工程的燃烧过程还有很大距离。传统燃烧理论从反应动力学、传热和传质相互作用的角度建立了着火、火焰传播等经过大量简化后由数学形式描述，并有解析解的典型模型，但都经过大量简化，因而所有这些典型模型仅能揭示燃烧现象的某些特征。

火烧油层燃烧过程与常规自由燃烧过程不同，它发生于地下高温高压的多孔介质内，涉及气、液、固三相，因多孔介质结构的随机性和复杂性，燃烧机理与自由火焰有极大的不同，变得更为复杂，火焰传播也有了新特点。从文献调研了解的情况看，对地下高温高压多孔介质内的传热、火焰传播机理与特性的研究仅停留在动力学、统计学的归纳推导，没有更为清楚的认识。

（二）多孔介质燃烧理论与火驱地下燃烧的异同

在洁净燃烧技术领域对于多孔介质燃烧机理的研究较多，而石油领域的火烧油层的燃烧机理研究很少，一般采用热传导率进行计算。多孔介质燃烧技术是一项新型多学科交叉技术，它涉及材料学、燃烧学、流体力学、传热传质和计算燃烧学。对自由火焰而言，燃烧机理的研究本来就是综合了湍流、传热、化学动力学等方面因素的复杂问题，多孔介质条件下，燃烧机理与自由火焰有极大不同，因多孔介质结构的随机性与复杂性，其燃烧机理变得更为复杂，流动与传热是两相流问题，火焰传播也有新的特点。

从20世纪80年代初开始，美、日、德等国就开展了多孔介质燃烧技术的基本原理、相关基础及燃烧数值模拟等方面的研究。德国Erlangen-Nuremberg大学流体力学所十分注重该技术的开发应用，近几年来已研发了几型实验样机，为此Durst教授和Trimis博士还获得了欧洲的Italgas奖。在研发过程中，多孔介质燃烧技术基础还不够完善，尚存在大量的基础问题有待深入研究，如传热特性和在多孔介质中的火焰传播特性的研究等。

我国对多孔介质燃烧技术的研究还十分有限。王补宣院士率领的学术组对颗粒床多孔介质的流动、传热做过较深入的研究。李艳红等就城市燃气在规则多孔陶瓷板燃烧室中的NO_x排放特性和预混燃烧数学模拟做过探讨。吕兆华等采用中段进气分段燃烧的结构方式，实验研究了氧化铝多孔泡沫陶瓷在燃烧管中的布局、进气方式对燃烧性能的影响。由于陶瓷试样材料、孔隙直径变化有限，缺乏普遍意义的结果。

回顾多孔介质燃烧技术的发展、研究历程可以看到，早期的研究者致力于该洁净燃烧技术的可行性探索，如多孔介质材料、结构的对比，污染物排放水平的测量和空间温度分布的测量。近年来，开展对燃烧过程的模拟，经历了从一维模型、单步化学反应向二维模型、考虑几十种组分、上百种反应的化学反应动力学模型转变的发展历程。

火烧油层属于地下燃烧，与地面的多孔介质燃烧有着相同之处，燃烧发生介质均为多孔介质，但也存在许多不同之处：

（1）地下多孔介质比洁净煤燃烧中的多孔材料（如多孔陶瓷板）非均质性强得多，尺寸大，砂岩粒径从$1\mu m$到$1mm$分布，油层厚度一般$1\sim 60m$，注采井距$70\sim 120m$，而洁净煤多孔介质燃烧的尺度达不到这么大。

（2）燃料不同。多孔介质洁净燃烧的燃料多为可燃的预混气，而火烧油层的燃料为原油裂解产物——固态焦炭，燃烧过程不单一，与驱替过程耦合进行，其燃料转化与燃料燃烧异位同步进行，相互强烈作用，过程更复杂。

（3）火烧油层的燃烧环境更复杂。火烧油层发生于地下高温高压条件下，地层压力有时高达$35MPa$，油层同时存在顶底层散热、强迫对流流动、多相流体的相态变化、多项化学反应导致物质间的转换等现象，均不能忽略。

（4）现有多孔介质燃烧理论无法解决驱油动态及效果的计算与预测问题。

以上涉及的因素对火烧油层的影响有多大，火烧油层的燃烧机理是否与其他热力学现象相同，都需要进一步探讨。

油气田开发领域的火驱不同于常规燃烧，火驱的燃烧是在地下连续多孔介质内的伴随强烈多相流动及裂解反应的燃烧，其目的在于产出更多的原油，而不是如何实现更好的燃烧，常规燃烧理论不能解决如何更好地产出原油的问题。火烧油层是在地下高压连续多孔介质内发生的伴随燃烧的驱替原油的过程，是一个极其复杂的物理、化学过程。燃烧作为驱替的动力，是主要的驱油机理，而对火驱燃烧的控制却是燃烧学中的空白，也是油气田开发工程的新课题。

火烧油层属于典型的多场耦合问题，是燃烧学与渗流力学交叉问题，目前燃烧学理论无法解决火烧油层的诸多现象与问题。借鉴目前燃烧学多孔介质燃烧的方法，分析计算其特有的燃烧特征，并深入结合渗流力学驱油理论与规律耦合研究，才能得到较为可靠真实的、能够应用于生产的燃烧与驱油理论。

二、火驱的研究方法

火烧油层是一个极其复杂的物理、化学过程。它涉及化学反应动力学及多孔介质中的多相流传热和传质等问题，其研究方法主要有：室内实验、数值模拟和矿场试验。

室内实验是研究火烧油层的基础，能够定性甚至定量得出较为重要的参数和结论。研究火烧油层的燃烧-驱油特性必须获取火烧油层温度场的动态，但由于火烧油层的过程在地下进行，使得研究人员无法直接获得这种燃烧过程的动态信息（如反应区的压力、温度、组分的分布，反应区的扩展方向和速度、原油运移的驱动力等），而通过间接的手段获得的信息（如产液温度、产液量、示踪剂的变化）又十分有限。因此，必须通过室内燃烧管实验获得上述火烧油层热力学过程的规律，应用多种数学方法对实验结果进行处理分析，将加深对火烧油层燃烧特性和驱油机理的认识，对完善火烧油层理论研究具有重要意义。

室内实验主要包括机理实验与比例模型实验。每种实验的方法和所得出的结论都不相同，在火驱不同研究阶段与研究目的下需要分别选取和制定实验方案。这部分是本书介绍的重点，在后续章节详细阐述。

数值模拟不仅是火驱的研究主要手段之一，目前也成为油藏工程研究的重要手段，已成为油田开发方案设计、调整的不可缺少的工具，同时也为各种提高采收率措施的应用提供了有力手段。火烧油层工艺过程非常复杂，进行现场试验之前有必要开展物理模拟和数值模拟。数值模拟可以反复多次进行，操作成本低，可以研究火烧油层工艺的动态特性，从而为火烧油层的筛选、方案设计等提供重要资料。火烧油层数值模拟需要考虑传热、相变和化学反应，需要同时计算压力场和温度场，较常规数值模拟技术复杂。火驱油藏数值模拟的模型建立离不开室内实验提供必要的原油氧化动力学参数、空气需要量等动态基础参数。

基于矿场试验与实践的油藏动态分析是认识油藏开发状况和开采规律的唯一途径；是改造油藏、实现油藏科学有效开发的基础和前提；是及时发现问题，实现油藏最佳监控的有效手段，可以促进认识手段、研究手段和研究水平的不断提高，因此对采用火烧油层技术进行开采的稠油油田进行动态分析是十分必要的。

火驱动态特征和水驱及气藏动态特征有所不同，既有类似的分析项目也有独特的生产特征，综合火驱生产的特点认为，火驱动态分析要遵循"立足于油水变化，时刻关注产气特征"这一原则。注气井和生产井是火驱开发油藏的基本单元。随着注入空气缓慢地离开注入井发生径向移动。随着燃烧前缘离开注入井向生产井方向推进，油层中的油、气、水始终处于不断变化的状态，燃烧状况也在变化。这些变化不断地通过注气井、生产井的日常生产和录取到的生产数据反映出来。这样，把不同范围内注气井、生产井的动态变化情况综合起来，就可反映出井组、区块乃至整个油藏的生产及地下燃烧状况的变化。因此，要掌握好驱替-燃烧动态,根据它们的变化趋势及时采取解决问题的措施,以维持油层均匀、稳定地燃烧,实现火驱最佳经济技术指标之目的。火驱动态分析仍应以所建立的火驱的燃烧或驱油理论为基础进行,应以前期室内实验为依据。

此外,也可通过统计、数据分析等方法分析火驱的案例与大量实验数据,得到较为一致性的结论以指导生产。

总之,火烧油层的物理和化学机理增加了工艺过程的复杂性,火烧油层的现场试验又是费钱、费时的,这些使人们在决定进行现场试验之前,致力于在实验室的简化模型上开展试验研究;同时利用数学方法和计算机预测火烧油层开发效果。这两种近似模拟方法分别称为物理模拟和数值模拟,都可以使工程项目减小盲目性和风险性,节省投资费用和获得较好的收益。无论如何,对于机理十分复杂、矿场实施风险大的火烧油层,室内实验十分重要,既是矿场试验的前提,又为数值模拟提供必要的参数,是理论研究的重要手段。

第二章　火烧油层室内驱替实验分析

驱替实验无论是对于常规注水开发还是提高采收率技术都十分重要。本章介绍火烧油层最经典、最通用的燃烧管实验，从基本原理、实验过程及主要结果出发，讨论火烧油层的驱油特征、燃烧宏观特征与微观特征，揭示火驱的机理，为工程应用提供一定的实验基础。

第一节　典型火驱燃烧管实验

一、火烧油层室内模拟实验系统组成

（一）火驱实验系统基本组成

国外火烧驱油物理模拟系统最具有代表性的是美国的立式物理模拟系统和法国的卧式物理模拟系统。为了研究火线前缘的布展和推进规律，科研人员又研制了高压三维火驱实验装置，而最有代表性、分析技术最成熟的是水平燃烧管实验。无论是哪一种实验装置，火烧油层室内驱替模拟基本组成是类似的，主要由模型本体、注气系统、注水系统、油气分离系统、测量与控制系统五部分组成，整套系统由计算机控制（图2-1）。

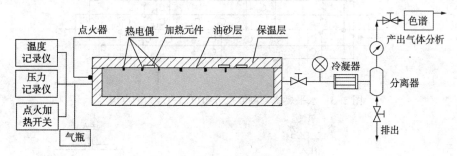

图2-1　典型火驱实验系统组成

1. 注气系统

注气系统由空气压缩机、缓冲罐、过滤罐、体积流量计、压力表、阀门等组成。流量计可以显示空气的瞬时流量和累积流量，可自动记录。

2. 注水系统

注水系统由位水罐、计量泵及阀门等组成。注水系统的主要作用是在实验过程中把水从饱和燃烧管左端注入燃烧管进行湿式燃烧实验。

3. 油气分离系统

油气分离系统主要由冷凝器和分离器组成，用来对产出物进行气液分离。

4. 测量与数据采集系统

在燃烧管内外壁沿线焊有热电偶引出管，每个引出管中插有1~3对封装在不锈钢管之中的热电偶，用来测量燃烧管内不同横截面上的温度。

5. 模型本体

预充填油砂实现火驱模拟的燃烧管本体部分。

（二）火驱模型本体

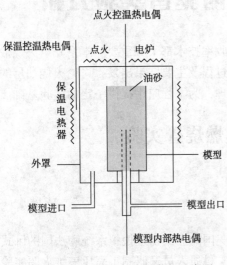

图 2-2 典型的燃烧釜实验装置示意图

火烧油层室内驱替实验主要有燃烧釜、燃烧管、三维模型实验，其中最成熟为燃烧管实验。

燃烧釜装置实验（图 2-2）尺寸小、模拟快、使用简便，控制温度和气体流量精确，主要用来研究油藏条件、原油性质、点火温度和通风强度等因素对空气耗量及燃烧模式的影响。

燃烧管实验是一种模拟实际油层条件下的火烧油层室内实验，燃烧管实验比燃烧釜尺寸偏长，通常为 1～2m，属于一维实验，因此燃烧管实验比燃烧釜能够得到更多的信息，尤其是燃烧前缘推进速度等，其结果对矿场更有借鉴意义。燃烧管模型在国内外广泛应用，主要有水平放置（图 2-3）和垂直放置（图 2-4）两类，卡尔加里大学设计了具有高效热容量的燃烧管（抗压可达 41.4MPa，实验过程中维持绝热）及圆锥形燃烧反应器（图 2-5）。

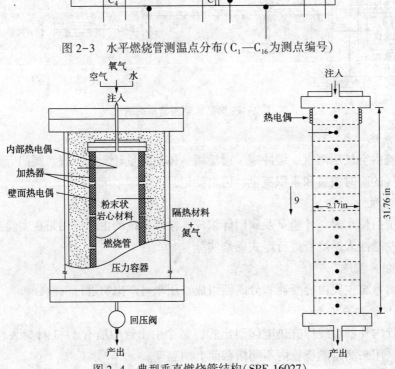

图 2-3 水平燃烧管测温点分布（C_1—C_{16} 为测点编号）

图 2-4 典型垂直燃烧管结构（SPE 16027）

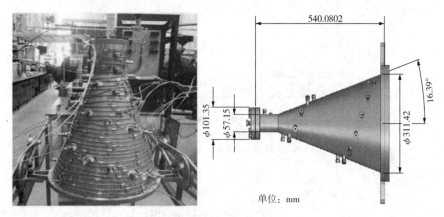

图 2-5　圆锥形燃烧反应器模型及示意图(据 Alamatsaz 等,2011)

燃烧管实验可以获得以下参数:燃料耗量、空气耗量、燃料视 H/C 原子比、空气/燃料比、燃烧区采收率、湿式燃烧中的水/空气比、产出流体特性和成分、燃烧前缘温度和稳定性。燃烧管实验不但可以用来确定油藏燃烧特性,还可以评定油藏燃烧过程的稳定性,进而分析现场项目的可行性,预测火驱现场项目的效果。因此,实验室燃烧管的研究是 ISC 项目设计中必要的第一步。

三维填砂模型,主要用于模拟带有水平井的 THAI 火驱等实验。典型的三维模型如中国石油勘探开发研究院所建立的模型(图 2-6),内部三维尺寸为 500mm×500mm×100mm,模型中均匀排布上、中、下三层热电偶,经过软件反演可以得到油层中任意温度剖面。通过温度剖面可以判断燃烧带前缘在平面和纵向上的展布规律。模型本体整体放置在高压承压舱中,以耐受较大的实验压力。

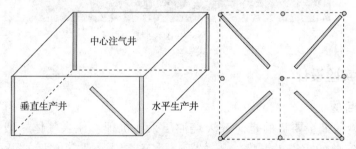

图 2-6　典型的三维火驱模型(据中国石油勘探开发研究院)

(三) 典型燃烧管结构组成

燃烧管由一根内管(岩心管)和一根同心的外管(外护套)构成(图 2-7)。燃烧管装砂主体部分最长可达 1~2.0m,内径 0.05~0.191m。保温层充填物为硅酸铝等。内管外壁焊有不锈钢法兰。在内管外壁上缠有电阻丝,用于加热内管外壁,维持内管内外壁温度基本相同,减少热损失。热电偶的引出管位于每段电阻丝的中间位置。模型上装有转动机构,使燃烧管可以在其轴线上所在的竖直平面内任意转动并可固定在水平及竖直位置。燃烧管左侧装有点火电热管,在实验开始时点燃油砂(图 2-8)。燃烧管一般至少可以承受的最高压力为 3MPa,最高温度为 900℃。

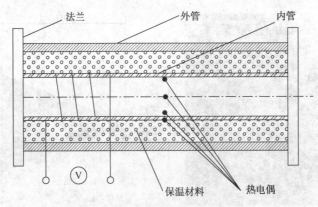

图 2-7 燃烧管结构示意图

图 2-8 燃烧管实物图

二、火驱实验设计

(一) 实验目的

燃烧管实验的最主要目的是研究火烧油层采油机理,注入气体一般为空气,氧气的浓度为21%。实验的重点是温度、压力、产量等监测,研究火驱的可行性,获取以下基本信息:

(1) 通过燃烧管实验来获取研究估算燃烧前缘产生热量的基本数据。
(2) 利用水平放置燃烧管研究火烧油层温度场分布研究。
(3) 注气参数对采收率的影响分析。
(4) 产出液性质及产出气体组成分析。
(5) 提供数值模拟研究所需的基本参数及注气速度等控制条件。

(二) 实验设计及方案制定

火烧油层矿场实施中,根据不同的油藏和原油特性,向油层注入空气的压力和流量范围很大,压力范围为2.0~25MPa,注气速度为3~167Nm³/min。可以根据实验结果制定和调整操作参数。

合理的实验方案是成功实验的保证。根据已有的文献及著作，整理火烧油层室内实验的注入参数设计方法和范围。

1. 温度

室内实验中，燃烧管温度应该与油藏温度保持一致，且应使管壁温度略低于岩心中央的温度，以防止外界的热量传入至实验的岩心中，避免燃料自燃。有的实验控制在管壁温度低于岩心中央的温度十几度，有的实验管壁温度低于岩心中央的温度1℃。由于油藏温度并不是很高，温差控制在5℃内。

2. 注气压力

国内已进行过的室内实验中，某些实验装置设计最高压力为3.0MPa。《热力法提高石油采收率》（[法]J. 布尔热等著）燃烧管实验结果表明当压力增大时，燃烧面速度和温度会有轻微的变化，但其变化量较小。实验采用0.5~2MPa压力注入空气。

3. 空气需要量 V_R

根据公式 $V_R = \dfrac{112.5 m_R}{12+X}(1-0.5m'+0.25X)\dfrac{Nm^3(空气)}{m^3(油层)}$（注：$Nm^3$表示标准立方米），燃烧消耗量 m_R 的范围一般在 13~45kg/m³，实验空气需要量 V_R 在 100~450Nm³/m³。

4. 空气注入速率

一般采用控制空气流量密度（单位时间内通过单位截面积的体积流量）的方式进行实验，注气速度是通过空气流量密度和实验装置中的燃烧管的内管的横截面积计算得到的。

若管径为18cm，管长为2m，空气注入速率应在 6~37Nm³/d，即 4~26L/min。

5. 注入水/注入空气比值 F_{wa}

对于湿式燃烧实验，需要设计此参数。有的实验采用 0.00kg/m³、1.25kg/m³、1.50kg/m³、1.65kg/m³、2.00kg/m³、2.50kg/m³ 等参数进行实验。

（三）实验前的准备工作

1. 实验用砂性质测定

（1）粒径分析。需要测定实验所用砂粒度组成数据及粒度组成分布，见表2-1。最好能用目标储层的岩石作为实验用砂，这将使结果更具有参考价值。

表2-1 实验用砂粒度分析数据表

粒度/μm	300	280	154	125	100	<100
质量百分数/%	0.8	0.025	0.325	83.05	7	8.8
累积质量百分数/%	0.8	0.825	1.2	84.25	91.25	100

（2）测定砂的密度。利用体积法测定实验用砂的密度 ρ_s。

2. 实验用原油性质测定

（1）不同温度下的原油的密度测定。在常压下测得的不同温度下原油密度的测试结果见表2-2。

表2-2 典型原油密温实验数据表

序 号	温度/℃	密度/(g/cm³)
1	20	0.9923
2	35	0.972

续表

序 号	温度/℃	密度/(g/cm³)
3	45	0.969
4	50	0.9665
5	55	0.965
6	70	0.959
7	80	0.951
8	85	0.946

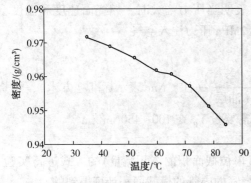

图 2-9 某原油密度-温度曲线

根据测试结果,回归出密度与温度的关系式(图2-9)为:

$$\rho = 1.0119 + 0.0011t + 1.0 \times 10^{-5} t^2 - 6.0 \times 10^{-8} t^3$$

式中 ρ——原油密度,g/cm³;
t——温度,℃。

(2) 原油黏温特性测试。利用旋转式黏度计可以测定常压下的原油黏度。不同温度下原油黏度的测试结果见表2-3。根据测试结果,原油黏度对温度反应敏感,温度每升高10℃原油黏度降低50%左右。

表 2-3 实验用原油典型黏度数据表

序 号	温度/℃	转速/(r/min)	原油黏度/mPa·s
1	31.5	750	6000
2	40	750	2900
3	45	750	1900
4	50	750	1310
5	55	750	800
6	60	750	586
7	65	750	390
8	71	750	260
9	75	750	200
10	80	750	148
11	85	750	109
12	90	750	85

可以看出,黏度与温度呈负指数关系。根据测试结果,拟合出的黏度与温度关系式为:

$$\mu = 0.05137 \cdot \exp(-0.0732t) \tag{2-1}$$

式中 μ——原油黏度,mPa·s;
t——温度,℃。

(3) 原油分析。在火驱实验前应对实验用原油进行有机元素分析和族组分分析实验,以便于火驱前后对比,见表2-4。

表2-4 典型稠油有机元素分析数据

元素	C	H	N	S	H/C
含量/%	84.91	11.32	0.70	0.36	1.60

3. 配制油砂

按照油藏含油饱和度按一定比例配制油砂。翻搅均匀,装砂。

由砂的密度及填砂质量可求装砂体积V_s,燃烧管内腔的体积V已知,得到燃烧管内孔隙度为$\phi = \dfrac{V-V_s}{V} \times 100\%$,填油油体积$V_o$及原油密度已知,则燃烧管内初始含油饱和度可计算为:

$$S_o = \frac{V_o}{V-V_s} \times 100\%$$

4. 实验步骤

(1) 打开控制柜电源,启动计算机,先给燃烧管内温度加热到室温28℃,并实时监测温度,保持燃烧管内与保温层的温度一致,防止燃烧管内外的热交换产生。

(2) 点火器通电点火,保证点火入口处温度达到300℃,按设计注入空气的速度注入空气并调节保持温度。待燃烧管内轴心线上第二个热电偶温度超过300℃时停止点火电热管通电(视实验温度变化快慢和高低的程度而定)。

(3) 燃烧实验中,要不间断地测取轴心和外周部分的温度,以及空气注入的流量和产出气体流量,并记录下来。视燃烧前缘的推进速度,每隔30min记录累计注气量及累计采气量,并用气袋取烟道气的气样。

(4) 用量筒收集由燃烧管出口排出的油或水,并测定其中的含水量和采出的油量。

(5) 在实验过程中,为减少燃烧管的热量损失,要密切监视燃烧管内外温度的变化,根据燃烧管内外壁的温差来调节燃烧管保温加热器的功率,使燃烧管内外温度保持基本一致,确保燃烧前缘能够稳定地向前推进。

(6) 为了不损坏燃烧管及出口端设备,当燃烧管前缘推进到第10个测温剖面时,降低保温电加热器的功率,控制燃烧管后几段温度,直到燃烧管中的油烧净为止,停止实验。

(7) 测定实验过程中所取油样的密度、黏度。

(8) 残留焦炭量的测定。为测定在油层内残留的焦炭量,在实验后,将燃烧管冷却至室温,采集分析用试样。残留焦炭量的测定在常压下进行,从燃烧管中取出部分岩心烘干称其质量,之后将其冲洗干净烘干再称其质量,两次的质量差即为残余焦炭的质量。

(9) 关闭所有设备电源,整理实验数据。

三、实验测量值及其处理

1. 氧利用率(Y)

$$Y = 1 - \frac{79c(O_2)}{21c(N_2)} \tag{2-2}$$

式中 Y——氧利用率,小数;

$c(O_2)$——燃烧气中的含氧量，%；

$c(N_2)$——燃烧气中的含氧量，%。

$c(N_2) = 100 - [c(CO_2) + c(CO) + c(O_2)]$。$Y$值越大越好，燃烧好时应大于0.85。

2. 燃料的视H/C原子比

视氢碳原子比X亦可称为当量氢碳比，只考虑高温氧化(燃烧)反应，不考虑低温氧化反应及油层内矿物质和水的化学反应，即认为氧与有机燃料的反应，结果生成CO、CO_2和H_2O等基本反应物，燃烧产物中H原子与C原子的摩尔百分比。视H/C原子比X公式为：

$$X = \frac{1.06 - 3.06CO - 5.06(CO_2 + O_2)}{CO_2 + CO} \tag{2-3}$$

式中 CO、CO_2和O_2——燃烧产物中CO、CO_2和O_2的摩尔(即容积)成分，小数(无因次)。

3. 燃料消耗量

燃烧消耗量m_R指每单位油层容积中存留的燃料量，SI制单位为kg/m^3，可利用实验数据进行计算，公式如下：

$$m_R = \frac{12(V_{CO_2} + V_{CO})(X+12)}{22.4 \quad 12V} = \frac{(V_{CO_2} + V_{CO})(X+12)}{22.4V} \tag{2-4}$$

式中 V——稳定燃烧中某时间段内油层燃烧体积；

V_{CO_2}、V_{CO}——稳定燃烧中某时间段内燃烧产物中CO_2和CO所占的体积。

燃料消耗量也可由燃烧实验开始时油层内存在的原油量减去采到的油量、气体量和残留的焦炭量来计算。因气体只是微量，可忽略。

如果原始含油13.77kg，采到的油量为11.3kg，残余焦炭量为1.35kg，则燃烧管内燃烧消耗量m_R为19.26kg/m^3。

4. 空气需要量(Nm^3/m^3)

空气需要量定义为燃烧$1m^3$油层需要的标准状态下空气的体积，单位为Nm^3/m^3(油层)。利用燃料消耗量和视H/C原子比可计算出烧尽每立方米油层燃料所需的空气量为：

$$V_R = \frac{112.5 m_R}{12+X}(1 - 0.5m' + 0.25X) \frac{Nm^3(空气)}{m^3(油层)} \tag{2-5}$$

式中 V_R——燃尽$1m^3$油层的空气消耗量，Nm^3/m^3；

m_R——燃料消耗量，kg/m^3；

X——视氢碳原子比，根据实验室数据计算；

m'——燃料产物中$CO/(CO+CO_2)$的摩尔成分比，根据实验室测量数据得到。

空气需要量V_R越大，越不经济，火线推进也越快。

5. 风油比(气油比)

风油比指生产每立方米原油所消耗的空气量。

6. 计算油层开发效果指标

可根据测得数据计算产水量、驱油量和采收率等表征火烧油层开发效果的若干指标。从产出水的pH值和氯离子含量的测定结果中反映水中溶解有机酸的多少，以及燃烧生成的蒸气越过燃烧前缘后凝结的数量。

四、燃烧管实验计算实例

以下实例提供了来自卡尔加里大学第115号实验,AOSTRA第29号实验的实际燃烧管数据。在2760kPa的压力下用Athabasca Oil Sands岩心和空气在进行干燃烧管实验。

应注意的是,这里给出的计算是基于燃烧管实验数据,用于评估燃烧参数和燃料消耗量等火驱项目所需参数。火驱现场和实验室条件存在差别,火驱现场通常不会大面积地取心和进行温度观察,另一个差异在于注气井和生产井的连通情况差异较大。

燃烧管实验参数(表2-5)计算基于注采整体情况,部分采用稳定段数据或者稳定段某一气体组分进行计算。计算中忽略已燃段存储的空气和烃中加入的氧,在常压下是允许的,但是在高压下这部分不能忽略。燃烧管实验数据见表2-6。

表2-5 燃烧管参数

项 目	参 数	项 目	参 数
初始填充砂/g	22593	初始填充水/g	669
初始填充油/g	5355	燃烧管横截面积(S_t)/m²	7.767×10⁻³

表2-6 燃烧管实验注采数据

注 入		采 出		
注气速度/(m³/h)	0.367	产出气总量/m³	N_2	3.606
			O_2	0.01
			CO_2	0.67
			CO	0.177
总注入量/m³	4.44m³	采出油/g	4743	

燃烧管内驱扫体积为0.0143m³,原油采收率为4743/5355×100%=88.6%。

1. 燃烧管实验整体数据分析

碳燃烧量:mols C = mols CO_2 + mols CO;

$$\text{mols } CO_2 = \frac{0.67 \text{m}^3}{23.6445 \text{m}^3/\text{kmol}} = 0.028 \text{kmol};$$

$$\text{mols CO} = \frac{0.177 \text{m}^3}{23.6445 \text{m}^3/\text{kmol}} = 0.007 \text{kmol};$$

mols C = mols CO_2 + mols CO = 0.0352 kmol。

碳燃烧质量:mass C = mols C × 12 kg/kmol = 0.420 kmol。

氧气消耗量:mols O_2 consumed = Mols O_2 injection − Mols O_2 produced。

$$\text{mols } O_2 \text{ consumed} = \frac{(4.440 \times 0.21 - 0.01) \text{m}^3}{23.6445 \text{m}^3/\text{kmol}} = 0.039 \text{kmol}。$$

氢的消耗和燃烧生成水:

反应生成燃烧水 O_2 量:mols O_2 onsumed − moles CO_2 − $\frac{\text{moles CO}}{2}$

$$= 0.039 - 0.028 - \frac{0.007}{2} = 0.008 \text{kmol}。$$

因为2mol的H_2和1mol的O_2反应生成1mol的水，所以：

参加反应H_2的量：$2×0.008=0.016$ kmol。

参加反应H_2的质量：$0.016×2$ kg/kmol$=0.032$ kg。

生成水的质量：$2×0.008$ kmol$×18$ kg/kmol$=0.288$ kg。

消耗的燃料＝碳燃烧质量+参加反应H_2的质量$=0.420$ kg$+0.032$ kg$=0.452$ kg。

总的碳氢原子比：$H/C = \dfrac{0.016 \text{kmol} \times 2}{0.035 \text{kmol}} = 0.91$。

燃料耗量F_R：$F_R = \dfrac{\text{燃料质量}}{\text{驱扫体积}} = \dfrac{0.452 \text{kg}}{0.0143 \text{m}^3} = 31.6 \text{kg/m}^3$。

空气耗量A_R：$A_R = \dfrac{\text{注入空气体积}}{\text{驱扫体积}} = \dfrac{4.440 \text{m}^3}{0.0143 \text{m}^3} = 310 \text{m}^3/\text{m}^3$。

也有人将燃料耗量表示为 kg/kg 砂，这样的话：$F_R = \dfrac{\text{燃料质量}}{\text{砂质量}} = \dfrac{0.452 \text{kg}}{22.593 \text{kg}} = \dfrac{0.02 \text{kg}}{1 \text{kg}} = 2.0 \dfrac{\text{kg}}{100 \text{kg}}$。

2. 燃烧管实验稳定燃烧段数据分析

根据燃烧前缘温度为500℃，0.75~11.75h 的时间段内的数据计算燃烧前缘速度V_f：$V_f = 0.144$ m/h。

空气流量A_F（在管道入口处测量）为：$A_F = \dfrac{\text{注入速度}\ V_f}{\text{截面积}\ S_t} = \dfrac{0.367}{7.767 \times 10^{-3}} = 47.3 \text{m}^3/\text{m}^2 \cdot \text{h}$

因此，基于空气注入通量的空气需求A_R是：$A_R = \dfrac{A_F}{F_V} = \dfrac{47.3}{0.144} = 328 \text{m}^3/\text{m}^3$

这略高于空气需求的整体值$310 \text{m}^3/\text{m}^3$。

可以使用两种方法来评估稳定的空气和燃料要求以及稳定的燃烧参数。

(1) 方法1：

该方法基于稳定期间的产出气体组成和注入流量的平均值。稳定期内的平均产品气体成分见表2-7。

表2-7 实验稳定期间的产出气的平均组成

成 分	组成/%	归一化/%
CO_2	14.47	14.65
CO	3.67	3.72
O_2	0.21	0.21
N_2	80.43	81.42
H_2	0.27	—
C_1^+	0.85	—
H_2S	0.10	—
	100	100

H/C = 1.14;氧气燃料比 = 2.15m³/kg;空气耗量 A_R = 328m³/m³;空气燃料比 = 10.11m³/kg;燃料耗量 F_R = 空气耗量 A_R/空气燃料比 = 328/10.11 = 32.1kg/m³;氧气利用率 = 99.0%。

该方法的优点(基于平均产品气体分析)是它独立于产品气体流量计量设备。但是,只有在产品气体分析相对稳定的情况下才能使用该方法。

(2)方法2:

该方法基于产出速度增加,在0.75~11.75h的时间内,产出气体的累计产量为(表2-8):

表2-8 实验产出气体的累计产量

成分	体积 V/m³	kmol*
N_2	3.123	0.132
O_2	0.008	0.0003
CO_2	0.579	0.0245
CO	0.148	0.00626

注:kmol* = V(m³)/23.6445m³/kmol。

碳的质量:

$$\text{mass C} = (\text{moles CO}_2 + \text{moles CO})\left(\frac{12\text{kg}}{\text{kmol}}\right)$$

$$= (0.0245 + 0.00626)\text{kmoles}\left(\frac{12\text{kg}}{\text{kmol}}\right) = 0.369\text{kg}$$

反应的氧气量:

$$m_{OR} = \text{moles O}_2 = \text{moles O}_2\text{inj} - \text{moles O}_2\text{pro}$$

$$= \left[\frac{\text{moles N}_2}{(y_{N_2} - y_{O_2})} - \text{moles O}_2\text{pro}\right] = \left[\frac{0.132\text{kmol}}{\left(\frac{0.78}{0.21}\right)} - 0.0003\text{kmol}\right] = 0.0352\text{kmol}$$

生成水消耗氧气量:

$$m_{OR} = \text{moles CO}_2 - \frac{\text{moles CO}}{2}$$

$$= 0.0352 - 0.0245 - \frac{0.00626}{2} = 0.0076\text{kmol}$$

反应的氢气量:

$$m_{HR} = \text{moles H}_2 = 0.0151\text{kmol} \times \frac{2\text{kg}}{\text{kmol}} = 0.0303\text{kg}$$

消耗燃料质量:

$$\text{mass fuel} = \text{mass H}_2 + \text{mass C}$$

$$= 0.0303 + 0.369 = 0.3993\text{kg}$$

所以,空气燃料比 AFR 为:

$$\text{AFR} = \frac{N_2 m^3}{\left(\frac{0.79}{3.71}\right)} \left(1 + \frac{0.79}{0.21}\right) / 0.3993 \text{kg}$$

$$= 9.93 \text{m}^3/\text{kg}$$

燃烧管被驱扫体积 V_s：

$$V_s = V_f \times S_t \times \Delta T$$

$$= 0.144 \times 7.767 \times (11.75 - 0.75) = 0.0123 \text{m}^2$$

空气耗量 A_R：

$$A_R = \frac{N_2 m^3}{\left(\frac{0.79}{3.71}\right)} \left(1 + \frac{0.79}{0.21}\right) / V_s [\text{m}^2] = \frac{3.965}{0.0123} = 322 \text{m}^3/\text{m}^3$$

燃料耗量 F_R：

$$F_R = \frac{\text{燃料质量}}{\text{驱扫体积}} = \frac{0.3993 \text{kg}}{0.0123 \text{ m}^2} = 32.5 \text{kg/m}^3$$

稳定的 HC 比：

$$\frac{H}{C} = \frac{\text{mass } H_2}{\text{mass } C} \times \frac{12 \text{kg}}{\text{kmolC}} \times \frac{1 \text{kmolC}}{\text{katomC}} \times \frac{1 \text{katomH}}{1 \text{kgH}} = 0.98$$

稳定氧化气体比 $\dfrac{CO_2 + CO}{CO}$：

$$\frac{CO_2 + CO}{CO} = \frac{0.579 + 0.148}{0.148} = 4.91$$

氧气利用率 Y：

$$Y = \frac{N_2/3.71 - O_2}{N_2/3.71} = \frac{0.841 - 0.0008}{0.841} = 0.990$$

稳定燃烧化学计量式可表示为：

$$CH_n + \frac{1}{Y}\left(\frac{2m+1}{2m+2} + \frac{n}{4}\right)O_2 + \frac{R}{Y}\left(\frac{2m+1}{2m+2} + \frac{n}{4}\right)N_2 \rightarrow$$

$$\frac{m}{m+1}CO_2 + \frac{1}{m+1}CO + \frac{(1-Y)}{Y}\left(\frac{2m+1}{2m+2} + \frac{n}{4}\right)O_2 + \frac{n}{2}H_2O + \frac{R}{Y}\left(\frac{2m+1}{2m+2} + \frac{n}{4}\right)N_2$$

式中，

$$m = \frac{CO_2}{CO} = \frac{CO_2 + CO}{CO} - 1$$

$m+1 = 4.91$，$m = 3.91$；$n = H/C = 0.98$；$Y = 0.99$。

所以：

$$\left(\frac{2m+1}{2m+2} + \frac{n}{4}\right) = 1.143$$

$$\frac{1}{Y}\left(\frac{2m+1}{2m+2} + \frac{n}{4}\right) = 1.155$$

$$\frac{R}{Y}\left(\frac{2m+1}{2m+2} + \frac{n}{4}\right) = 3.71 \times 1.155 = 4.284$$

$$\frac{m}{m+1}=\frac{3.91}{4.91}=0.796$$

$$\frac{1}{m+1}=\frac{1}{4.91}=0.204$$

$$\frac{(1-Y)}{Y}\left(\frac{2m+1}{2m+2}+\frac{n}{4}\right)=0.012$$

$$\frac{n}{2}=\frac{0.98}{2}=0.49$$

化学计量式为：

$CH_{0.98}+1.155O_2+4.284N_2=0.796CO_2+0.204CO+0.012O_2+0.49H_2O+4.284N_2$

这个化学计量式可以用于火驱数值模拟中。

第二节 基于实验的火驱特征研究

实验是机理研究最直接、最重要的手段，通过火烧油层的驱替实验可以研究火烧油层的驱油机理。本节基于室内燃烧管和燃烧釜驱替实验，分析火烧油层驱油过程中的空间区带分布特征，以及随时间变化的火烧油层注采各参数阶段性特征，分析火烧油层特征，从而指导现场的生产设计与调控。

一、火驱的区带特征

在驱替实验中，利用氮气进行中途灭火终止实验，可以清晰地观察到火烧油层的区带特征。图2-10是燃烧釜纵向点火模型的灭火后模型内情况。可以观察到油砂按照条带状分布，呈现距离点火端和产出端不同位置的不同特征。

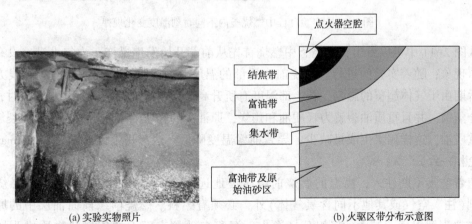

(a) 实验实物照片　　　　　　　　　　(b) 火驱区带分布示意图

图2-10　燃烧釜纵向点火的不同条带示意图

随着燃烧前缘离开注入井向生产井方向推进，清楚地形成几个不同的区带，它们构成了干式向前燃烧驱油的各种作用机理。由图2-10可见，从注入井(左端)开始，分为已燃区、燃烧区、结焦带(蒸发和裂解蒸馏区)、集水带、富油带及未受影响区。

(1) 已燃烧区带：燃烧前缘通过后的热油层，可以预热注入空气或氧气。

(2) 燃烧前缘：正在燃烧的狭窄地带，燃烧温度主要取决于注入助燃气量和残碳量。实验终止时，焦炭质地较硬，温度越高焦炭质地越硬。

(3) 结焦带：原油焦化裂化后残碳的沉积地带，为燃烧前缘推进提供燃料。实验终止后，打开模型为呈现半软的焦炭。

(4) 热水带和轻质油带：蒸汽进入温度相对较低的地带时，形成水蒸气及轻质烃凝析物聚集区。蒸汽凝析时放出大量的潜热，加热油层岩石和流体，使原油黏度降低，凝析油与原油混合将给原油提供热力学能和稀释原油，从而增加了原油的流动性。

(5) 富油带：被驱替到前缘的油带，由于热力作用和轻质油的稀释，以及部分燃烧废气的溶解，其黏度已大大降低。

(6) 原始含油带：热力作用尚未影响到的地区，保持着油层点燃前的状况。

这些区带在空气流动方向运动着。随着燃烧前缘由注入井逐渐向生产井方向移动，未受影响区逐渐缩小，生产井采出燃烧过程的所有产物——原油、燃烧气体、气态烃和水。利用实验数据绘制燃烧釜内不同时刻温度场变化，如图 2-11 所示。

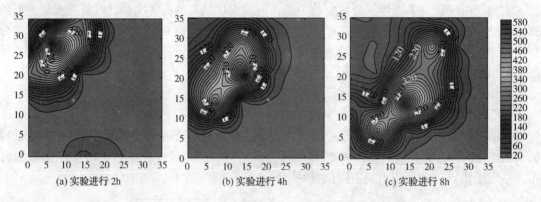

图 2-11 实验过程中燃烧釜内不同时刻温度变化规律

从图 2-11 中可以看出，燃烧釜中燃烧首先从前端开始发生燃烧，均匀推进，没有突进或气窜现象；随着实验的进行，燃烧前缘后部的温度有所降低，燃烧前缘沿对角线方向推进，后期由于气体超覆的影响，右上部温度有所升高。当燃烧前缘推进到某一位置时，轻质油组分蒸馏，并且重质油裂解为轻质油和焦炭，原油中的轻质油组成增加，轻质油裂解程度低于重质油，这样焦炭生成量减少，导致前缘温度降低。这与哥伦比亚学者 M. Kumar 得到的结论相一致。

随着空气不断注入，高温的燃烧前缘缓慢地远离注入井，但是要维持油层燃烧除了氧化剂(注入空气或其他不同含氧气体)外，必须有燃料。燃烧前缘前面油层中的原油被蒸馏和热裂解以后，其中的轻组分烃逸出，沉积在砂粒表面上的焦炭状物质成为燃烧过程的主要燃料，因此向前燃烧法中实际燃烧的燃料不是油层中的原生原油，而是热裂解和蒸馏后的富炭残余原油，只有在这些燃料基本燃尽后，燃烧前缘才开始移动，燃烧过程才能维持下去。因此油层中这种燃料的含量，以及与之匹配的空气需要量成为燃烧成功与否的关键参量。

二、火驱动态特征分析

由于火驱驱替过程的特殊性，火驱的生产动态也呈现出明显阶段性，随着燃烧前缘的不断推进，产出气体和流体性质也呈现出与燃烧或者氧化密切相关的特征。

（一）火驱生产的阶段性

火驱过程中，生产井的产量变化与燃烧前缘距离注采端的远近有很强的相关性，所以一般按照火线推进距离来研究火驱阶段特征。

1. 产液规律

火烧油层是带有强烈的氧化反应、相间热交换的采油方法，产液量变化规律与含水的变化规律与常规的采油方法必然有所不同。

采出程度在初期和后期都增加缓慢，在20%~80%增加明显，其中尤以40%~80%增加迅速，从采出程度变化曲线上看，这一阶段的斜率是上阶段的2倍以上；到了油井高温生产期，燃烧前缘推进超过井距的80%，采出程度增长的幅度变缓，与油井见效期基本持平，也就是说该阶段的产量与油井见效期基本持平(图2-12)。

虽然在热效驱替阶段采出程度增长最快，产出大量的油，但该阶段持续的时间并不长，这是由于产液速度提高的缘故。

2. 含水率变化规律

（1）燃烧初期，火线推进注采井距的20%，室内实验基本不产水，或者低产水。而现场的火烧油层试验由于储层一般经过蒸汽吞吐或者注水等开采方式，因此现场在燃烧初期可能会含水。

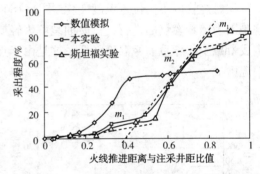

图2-12 不同实验的采出程度变化曲线

（2）油井见效阶段，火线推进注采井距的20%~40%，含水率上升非常快。

（3）热效驱油阶段，火线推进注采井距的40%~80%，含水稳定平缓上升。

（4）油井高温生产期，火线推进注采井距的80%以上，含水率上升非常快。

油田含水率与采出程度关系曲线直接反映油田不同开发阶段的含水率上升规律和开发状况，可以反映开发过程中实施开发调整后的效果和最终开发效果(图2-13)。

3. 空气油比变化规律

空气油比(AOR)是衡量火烧油层经济效果的重要指标，一般在1000~4000m³/t之间。该值越大，火烧油层成本越高，在某种程度上比采收率更能表现出火烧油层矿场项目的经济性。空气油比在整个火驱过程中变化较大，在初期较高，呈现逐渐下降的趋势(图2-14)。

对空气油比的规律进行幂函数拟合，公式如下：

$$AOR = 11851x^{-0.475} \tag{2-6}$$

式中　AOR——累计空气油比，m³/t；

　　　x——燃烧程度，火线位置与注采井距的比值(无量纲)。

（二）燃烧前缘推进特征

在火驱过程中，由于火线的高温作用，导致在火线附近发生了剧烈的氧化反应，主要表

现为 O_2 浓度迅速下降至很低水平，CO_2 含量升高至 10% 以上，温度达到 400℃ 以上，随着距离燃烧面距离的增加，温度迅速下降(图 2-15)。

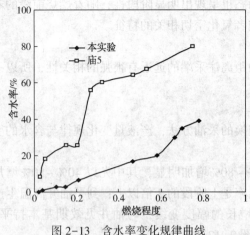

图 2-13　含水率变化规律曲线

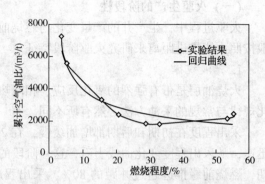

图 2-14　累计空气油比与燃烧程度的关系曲线

从燃烧管内不同位置温度变化(图 2-16)可以看到，距点火端越远，前缘最高温度越低，这是因为随着燃烧的进行，重质油裂解为轻质油和焦炭，原油中的轻质组分逐渐增加，焦炭生成量减少，导致前缘温度降低，这是由于点火后停止加热，注入的冷空气降低了已燃区域的温度。

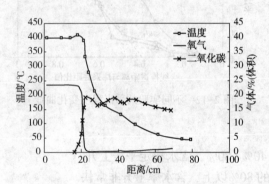

图 2-15　干式正向燃烧时典型温度和组分剖面

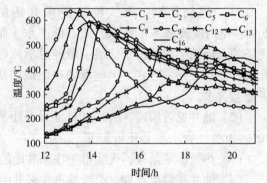

图 2-16　西安石油大学实验室燃烧管内
不同位置温度变化
(C_1，C_2，…，C_{16} 分别为测温点号)

1. 燃烧前缘推进速度

燃烧前缘推进速度直接反映燃烧状态，应当是区别燃烧阶段的重要标志，也是现场判断燃烧阶段的主要目标，知道了燃烧阶段就能判断燃烧速度的范围，从而可以预测该阶段的生产时间和累计产油量等各类生产指标。

从各类资料中所能获得的燃烧速度结果来看，虽然实验的条件不同导致燃烧速度各有不同，但是燃烧速度的变化仍存在较明显的阶段性(图 2-17)。

从图 2-17 中可以基本划分 4 个阶段，从本次实验以及其他实验可以看出以下特征：

(1) 燃烧初期，火线推进注采井距的 25%，此时燃烧速度较慢，室内实验在 3.8～12cm/h。

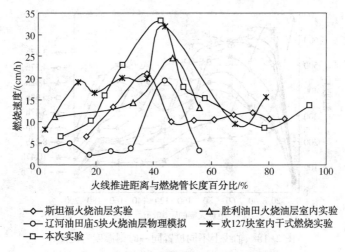

图 2-17　燃烧管各部位燃烧速度

（2）油井见效阶段，火线推进注采井距的 25%~55%，此时燃烧速度最快，室内实验在 15~25cm/h。

（3）热效驱油阶段，火线推进注采井距的 55%~80%，此时燃烧速度变缓，室内实验在 10cm/h。

（4）油井高温生产期，火线推进注采井距的 80% 以上，火线推进到达生产井井底，实现注气连通，燃烧速度有所增加，将超过 10cm/h，此阶段应加强生产井检测，做到适时关井，否则生产井将遭到高温破坏。

2. 燃烧带厚度

一般认为，火烧油层的燃烧前缘是一个很薄的区带，它的数量级在"厘米"（SPE 16027）。在实验的结果分析中也发现这一规律。但是我们又发现另一规律：可以称得上是高温燃烧的区带范围比较宽，且成规律变化。对比勘探开发研究院在 1997 年所做的火烧油层实验进行分析。

根据不同实验的不同时刻温度曲线（图 2-18），可以看出一个明显的特征，均呈现高温范围随着时间变得越来越宽的特点，从点火初期的 20cm 发展到燃烧末期的 140~160cm。随着燃烧的进行，燃烧前缘向前推进，燃烧前缘前方的准柜台与点火器的区别并不大，而燃烧前缘后方将存储大量的剩余热量，致使高温范围变得更宽。

如果将火烧油层燃烧阶段仍划分 5 个阶段，从实验显示可以看出以下特征：

（1）燃烧初期，火线推进注采井距的 20%，此时高温范围较窄，室内实验可以达到 20cm 以内。

（2）油井见效阶段，火线推进注采井距的 20%~40%，室内实验高温范围可以达到 40cm 左右，是点火期的 2 倍。

（3）热效驱油阶段，火线推进注采井距的 40%~80%，室内实验高温范围可以达到 90cm 左右，是点火期的 4 倍，比油井见效期增宽了一倍。

（4）油井高温生产期，火线推进注采井距的 80% 以上，室内实验高温范围可以达到 120cm 左右，是点火期的 6 倍。

（5）油井见火阶段，火线推进到达生产井井底。此阶段燃烧到达末期，高温范围在室内

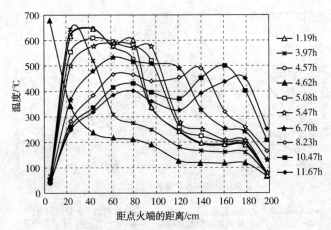

图 2-18　轴线上不同位置同一时刻温度变化图
（注：图中时间为燃烧进行的时间。）

实验可以达到 150cm 左右，是点火期的 7~8 倍。

由此也可以得到一个启示，随着燃烧的进行，剩余未得到的热量将越来越多，这一部分热量进行有效利用将大大提高火烧油层的热利用效率。为此，反向燃烧和 THAI 是值得实验和应用的技术。

入口端热电偶由于需要进行辅助点火，因此其温度要高于其他点，而出口端的温度由于受端盖散热影响，波动较大。结合实验进程可以观察到，各点温度在火驱开始后，随着燃烧前缘的推进，逐步升高，峰值温度在 490~600℃。结合分析实验中原油的氧化特征，峰值温度点与高温氧化峰重合，代表着燃烧前缘的所处位置，温度峰值的传播速度及燃烧根据前面实验所测温度数据，回归出燃烧管垂向剖面的温度分布（图 2-19）。从温度等值线可以看出，燃烧存在一定的重力超覆现象，管壁存在一定的热量损失。前缘的推进速度，大约为 0.16m/h。

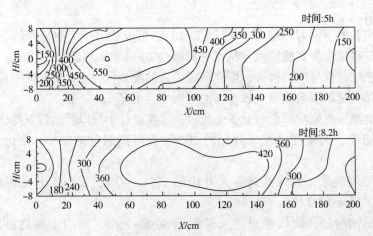

图 2-19　室内实验燃烧管内高温温度分布逐渐扩大（单位：℃）

3. 燃烧前缘温度

利用本实验结合国内外火烧油层的室内实验结果，分析火烧油层过程中的最高温度变化规律(图2-20)。当火线位置推进到整个注采井距0~20%时,燃烧前缘最高温度有的较高,有的则较低,分析原因,可能与点火的方式和方法有关。

当火线位置推进到整个注采井距20%以上时,前缘最高温度随着距点火端距离的增加而降低,沿燃烧管的微小的温度峰值降低是由于轻质油在油相中的含量增加。

回归燃烧前缘最高温度与燃烧程度的关系公式如下:

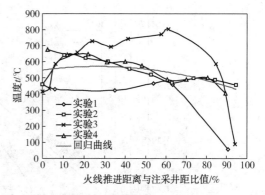

图2-20 各燃烧部位温度变化

$$T_f = -0.0307x^2 + 1.6593x + 549.08$$

式中　T_f——燃烧前缘最高温度,℃;
　　　x——燃烧程度,火线位置与注采井距的比值(无量纲)。

(三)产出油气水的监测与分析

1. 火驱产出油的性质变化

在火烧油层过程中,原油化学反应主要包括裂解反应和氧化反应,其中氧化反应又可分为低温氧化反应和高温氧化反应。低温氧化阶段主要是原油与氧结合的过程,生成$C=O$和—OH等含氧基团。高温氧化反应是原油与O_2反应直接生成CO_2、CO、H_2O的过程。室内火驱实验产出油的性质在不断地改善,黏度持续下降,沥青质持续减少(图2-21)。

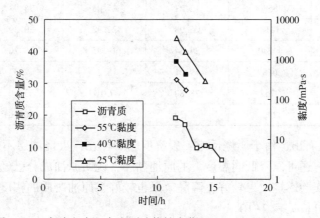

图2-21 实验室火驱产出原油物性变化(Alireza Alamatsaz, 2014)

在产油初期,产出的油量与原地油量相差不大,因为产油过程只是单纯的燃烧面的推动;但是由于裂解和蒸发使油的轻质组分增加,原油变得越来越轻和黏度低。在实验结束时,氧化产物在油中出现使其酸值升高;并且水的pH值增大。密度与水接近的油形成了极其稳定的水-油乳化物(图2-22)。

在火烧油层过程中,燃烧的主要是原油中重质组分经高温裂解,聚合而成的焦炭类物质。换言之,火烧油层过程中燃烧掉的部分主要是少量的原油重质组分,原油中绝大部分组

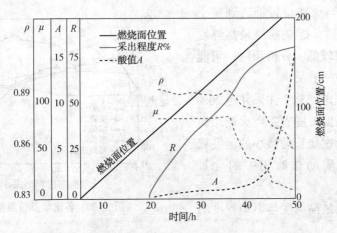

图 2-22 正向燃烧实验时产出油的性质(数据来自 Burger&Sahuquet,1973)

分都被驱替出来,而驱替出来的产出油组分将发生明显变化。对实验后的产出油样进行物理化学性质分析,结果见表 2-9,分析可知火烧后的原油密度、黏度较火烧前都有显著的降低。原油族组分分析结果表明,火烧后原油中饱和烃相对含量增大,芳烃、胶质、沥青质相对含量降低,原油性质发生了明显改善(表 2-9、表 2-10)。经分析认为,原油品质得到改善的主要原因是原油中胶质、沥青质等重质组分参与了裂解、高温氧化反应,使其含量下降,其中部分反应产物转变成饱和烃、芳烃,导致其含量明显增加。

表 2-9 不同类型稠油火烧油层前后原油物化性质分析(据程海清,2012)

项 目		黏度(50℃)/ mPa·s	族组分/%			
			饱和烃	芳烃	胶质	沥青质
超稠油	火驱前	73580	12.27	27.03	23.47	37.23
	火烧后	1411	25.98	22.32	20.39	31.31
特稠油	火驱前	44240	25.34	19.35	28.20	24.66
	火烧后	6.8	59.01	15.21	12.33	3.03
普通稠油	火驱前	9767	28.80	7.10	33.00	31.10
	火烧后	232	42.30	6.60	30.30	20.90

从图 2-23 可以看出,由于燃烧反应、裂解反应的存在,火烧油层不仅可以升高油层温度以降低原油黏度,还可以降低同温度下的原油黏度,说明原油成分已经发生了变化,火烧油层使稠油改质。实验燃烧效果较好,降黏效果也较好,原油改质的幅度较大。

产出油样元素分析见表 2-10。

表 2-10 有机元素分析数据

元 素	C	H	N	S	H/C
燃烧前原油含量/%	84.91	11.32	0.70	0.36	1.60
实验后产出油样含量/%	86.55	11.29	0.37	0.36	1.57

原油元素组成的变化更直观地说明火烧驱出的原油性质已经发生了改变,火烧具有稠油改质的作用。

通过以上实验,得出本次火烧实验对原油的性质作用较大,实验前属稠油,实验后基本属于常规原油,燃烧过程起到了对原油的改质作用。

2. 火驱产出尾气的性质

尾气组分是最直接的储层燃烧状态判识的方法,常用的分析指标有 CO_2 浓度、氧气利用率、视 H/C 原子比。氧气从点火开始迅速下降, CO_2 上升,如果燃烧不充分会产生 CO 上升,如图 2-24 所示,到 6000s 时,气体体积分数趋于稳定。

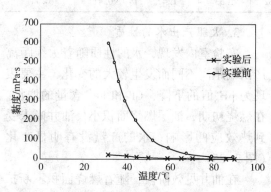

图 2-23 实验前后原油黏度变化

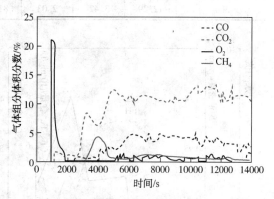

图 2-24 燃烧管产出气体体积分数随时间的变化

一般认为,当 CO_2 浓度超过 12%,视 H/C 原子比为 1~3,氧气利用率大于 85.0% 时,即达到高温氧化条件。氧气利用率只能反映注入的 O_2 参与反应的程度,并不能界定参与反应的具体类型,原油的低温氧化也可产生一定的 CO_2 和 CO。

在整个燃烧过程中,CO 和 CO_2 是燃烧的主要产物,随着不同的燃烧阶段有不同的含量特征,N_2 不参与反应,这里引入气体指数 GI 来作为燃烧阶段的辅助判断指标:

$$GI = \frac{v(CO+CO_2)}{0.269v(N_2) - v(O_2)} \tag{2-7}$$

式中 $v(CO+CO_2)$——产出气体中 CO 和 CO_2 的体积含量,%;

$v(N_2)$——注入气体中 N_2 的体积含量,%;

$v(O_2)$——产出气体中 O_2 的体积含量,%。

表 2-11 为实验过程中不同温度条件下产出尾气组分浓度及相关评价指标。由表 2-11 可知:随着温度升高,CO_2、CO 浓度增大,O_2 浓度下降,即原油的氧化程度逐渐增强;150℃时氧气利用率已达到了 89.56%,但视 H/C 原子比远大于 3、气体指数仅为 0.11,实际上仍处于低温氧化阶段;综合比较尾气组分的 3 个评价指标,视 H/C 原子比与气体指数具有较好的一致性,当气体指数超过 0.5 时,可认为达到了高温氧化阶段。

表 2-11 典型火驱实验不同温度条件下氧化反应产出尾气组分浓度及评价指标

温度/℃	尾气组分浓度/%					评价指标		
	CO_2	CO	O_2	N_2	H_2	视 H/C 比	氧气利用率	气体指数
20	0	0	21	79	0	—	0	0.00
100	0.424	0.01	14.46	85.01	0	58.13	36.03	0.04
150	2.06	0.67	2.63	94.63	0.01	29.37	89.56	0.11

续表

温度/℃	尾气组分浓度/%					评价指标		
	CO_2	CO	O_2	N_2	H_2	视 H/C 比	氧气利用率	气体指数
200	3.8	0.97	2.48	92.7	0.04	15.11	89.95	0.19
250	4.04	1.21	2.36	92.09	0.03	13.3	90.26	0.21
300	8.68	0.4	2.25	87.7	0.11	5.45	90.35	0.38
500	12.29	3.42	2.03	81.62	1.33	1.47	90.41	0.71

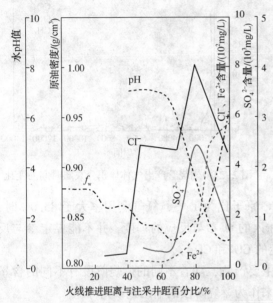

图 2-25 火线推进距离与燃烧动态显示关系曲线图

3. 火驱产出水的性质

实验室内发现,水的性质随着火线距产出端距离不同而发生较大的变化,主要表现为 pH 值的下降,Cl^- 和 Fe^{2+} 含量的增加。在燃烧初期,油层燃烧面积小,油井尚未受到热效应的影响,水的产量没有明显变化(图 2-25)。

在油井见效阶段,随着燃烧面积不断扩大,当火线到达生产井距的 20%~40% 时,生产井井底温度缓慢上升,油井开始含水。

在热效驱油阶段,当火线推进到生产井距的 40%~80% 时,油井温度明显上升,油层中束缚水被蒸发,燃烧生成水不断增加,连同燃烧气一起流向生产井并冲刷油层的矿物成分,因此油井含水率上升较快、游离水中的 SO_4^{2-}、Cl^-、Fe^{2+} 含量增加,pH 值下降(图 2-25)。

在油井高温生产期,油井含水比 70%~80%,产出气携带大量蒸汽,由于燃烧水被大量产出,SO_4^{2-}、Cl^- 含量下降;pH 值、Fe^{2+} 含量上升。当井底温度上升到 180~270℃ 时,产出的游离水呈茶色。

(四)火烧油层阶段划分

燃烧学定义:燃烧发展规律是指物质燃烧在一定条件下发展变化的一般必然的趋势。虽然各种物质的燃烧特性不同,燃烧速度有快有慢,但燃烧发展规律却大同小异,突出体现在,根据燃烧时间的延续以及燃烧的不同表现(如温度的变化、火焰的特征和作用、燃烧面积、蔓延速度等),燃烧可以划分为几个阶段。

不同燃烧情况研究均表明,燃烧存在阶段性。图 2-26 为通道火灾的

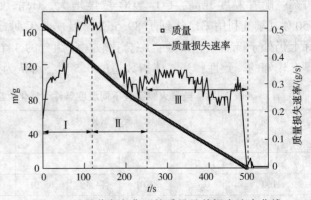

图 2-26 通道火灾典型的质量及其损失速率曲线

研究结果。

对于火烧油层,燃烧阶段的划分尤为重要,根据油层燃烧过程油井变化特征的动态参数指标,可以粗略地分析、确定火线的位置。同时,根据油层动态参数可以调节、控制注气量和采取各种合理的措施。例如,当生产井井底温度达到80℃时,可定期循环冷水,或温度达100℃时,向油层挤冷水等措施,来延长油层热效生产期。当火烧到生产井距50%~70%时,采用停风注水利用油层余热驱油的措施;当火线达到生产井距70%~80%时关井,以防止油井高温腐蚀,实现"移内接火"连片燃烧的目的。

目前,技术人员最常见的做法是引用《中国油藏管理技术手册——稠油分册》中的阶段划分方法,各阶段的划分及特征如表2-12描述。

表2-12 火烧油层传统方法燃烧阶段的划分

燃烧阶段	特征描述
燃烧初期	油层燃烧面积小,油井尚未受到热效的影响,产量、井底温度无变化,唯有油层压力随着注气量的增加而上升,产出气中CO_2含量保持在10%以上,说明油层已建立了稳定燃烧带(火线),并向四周生产井推进
油井见效阶段	随着燃烧面积的不断扩大,当火线到达生产井距20%~40%时,生产井普遍见效,产油量增加2~5倍,原油轻质馏分增加,密度、黏度下降,井底温度缓慢上升,日平均上升0.1~0.5℃,油井开始含水
热效驱油阶段	当火线推进到生产井距40%~80%时,油层原油在热力、油气水的综合驱动下,轻质油进一步蒸馏,原油密度、黏度大幅度下降,油井产量成十倍的增加,是火驱的高产期,油井60%~80%的原油在此阶段产出。油井温度明显上升(日上升温度2~3℃),油层中束缚水蒸发,燃烧生成水不断增加,连同燃烧气一起流向生产井洗刷油层中的矿物成分,因此油井含水率上升较快,游离水中SO_4^{2-}、Cl^-、Fe^{2+}含量增加,pH值下降
油井高温生产期	火线距生产井80%以上,原油在高温裂解和氧化作用下,轻质馏分的原油大部分被采出,此时原油物性回升,产量下降,原有颜色由黑色变成咖啡色,井底温度达100℃以上,油井含水比70%~80%,产出气携带大量蒸汽,由于燃烧水被大量产出,SO_4^{2-}、Cl^-含量下降,pH值、Fe^{2+}含量上升。当井底温度上升到180~270℃时,产量迅速下降,原油在高温作用下变成稀沥青,产出的游离水呈茶色,气体为淡蓝色的烟道干气,CO_2含量为14%~15%,O_2含量为0.2%~0.5%
油井见火阶段	当火线到达生产井井底时,最高井底温度在420℃以上,沥青受高温作用,进一步焦化为黑色、发亮、多孔状坚硬的焦块。产出气体有浓焦味,油井产液降为0

随着辽河油田杜66、杜48等区块火烧油层现场试验的进行,发现这一划分方法并不可行。以热效驱油阶段为例,日上升温度2~3℃,一个月井底温度就会上升60~100℃,而这一阶段将要占整个火烧油层的20%~40%的时间,至少要2年才能结束,这样,2年时间,井底温度将会上升2920℃,这是不可能出现的情况。因此,有必要重新标定燃烧阶段的划分的各项标准,为现场操作参数的调整提供有效的依据。

以室内实验为基础,结合国内外的试验和现场实例,综合分析各项指标的变化规律,结合数值模拟的概念模型,提出较全面的火烧油层的燃烧发展规律及驱油特征,以期为现场提供有价值的参考。

根据以上分析,选取阶段划分对比指标如下:

产量增加倍数,采出程度,含水率,空气油比,生产井的O_2、CO_2及CO含量以及含量导数，压力高频分量，燃烧前缘推进速度，燃烧带厚度、燃烧前缘温度、注气、产出端温度变化等16个指标。

将火烧油层燃烧阶段划分以下4个阶段：

(1) 燃烧建立阶段。油层燃烧面积小，油井尚未受到热效的影响，油层开始建立稳定燃烧带(火线)，并向四周生产井推进至注采井距的20%；产量、井底温度无变化，如果是蒸汽吞吐后期的油井，这一阶段中会排出一定量油层中滞留的水，出现短暂的含水率高值；油层压力以注入井为中心，随着注气量的增加而上升；氧气含量较正常空气含氧量明显下降，大概在17%左右，而CO_2、CO开始出现，含量分别在4%、2%左右。空气油比呈现很大的值，实验室结果在6000以上；此时，在产出端基本检测不到温度的变化。燃烧建立期燃烧速度慢，燃烧逐渐稳定，如果操作不当，极易熄灭，为此，此阶段要及时监控和调整注气井的注气速度。

(2) 油井见效阶段。随着燃烧面积的不断扩大，当火线到达生产井距20%~40%时，生产井普遍见效，产油量增加2~5倍，原油轻质馏分增加，密度、黏度下降，井底温度缓慢上升，油井开始含水；氧气含量比上一阶段明显下降，大概在5%左右，而CO_2、CO明显上升，CO_2含量为12%~15%，高者可以达到18%；CO含量也有所上升，在5%左右，在燃烧稳定的情况下，气体各组分含量呈现稳定状态；空气油比基本稳定，实验室结果在2000m^3/m^3左右；产出端的温度有小幅的上升，但速度缓慢，整个阶段能够上升10℃左右。

(3) 热效驱油阶段。当火线推进到生产井距40%~80%时，油层原油在热力、油气水的综合驱动下，轻质油进一步蒸馏，原油密度、黏度大幅度下降，油井产量成十倍的增加，是火驱的高产期，油井60%~80%的原油在此阶段产出。含水稳定平缓上升；氧气含量明显上升，大概在15%左右，而CO_2、CO明显下降，CO_2含量在5%左右，CO含量也有所下降，在2%左右。空气油比基本稳定，实验室结果在2000m^3/m^3左右；产出端的温度明显上升，整个阶段能够上升近100℃，但仍在200℃以下。

(4) 油井见火阶段。火线推进注采井距的80%以上，产液量急剧下降，含水上升快。火线推进到达生产井井底，实现注气连通，燃烧速度有所增加，将超过10cm/h，此阶段应加强生产井检测，做到适时关井，否则生产井将遭到高温破坏。由于空气窜通的影响，空气油比上升，明显大于平稳燃烧时的值，实验室结果显示2500m^3/t以上；产出端的温度急剧上升，可以在较短时间内达到300℃。

根据前述，建立燃烧阶段划分的标准，见表2-13。

表2-13 燃烧阶段划分评判依据

评判依据	阶段划分			
	燃烧建立阶段	油井见效阶段	热效驱油阶段	油井见火阶段
燃烧程度/%	0~20	20~40	40~80	>80
产量增加倍数(Q/Q_0)	无变化	2~5倍	2~10倍	迅速下降
采出程度/%	5	快速上升至50左右	平稳上升至80	保持稳定，>80
含水率/%	低产水	20左右	平稳上升至40	快速上升，可达80
氧气含量/%	较正常空气含量明显下降	15	明显上升至5	达正常空气含量

续表

评判依据	阶段划分			
	燃烧建立阶段	油井见效阶段	热效驱油阶段	油井见火阶段
氧气含量导数	凸起状，>0	下凹状，<0	稳定，近于0	凸起状，>0
二氧化碳含量/%	4	12~15	保持稳定	明显下降，5左右
二氧化碳含量导数	>0	快速上升	稳定，趋于0	下降，<0
一氧化碳含量/%	2	5	保持稳定	明显下降，2左右
一氧化碳含量导数	>0	快速上升	稳定，趋于0	下降，<0
压力高频分量波动性	波动大	平稳	平稳	波动大
燃烧前缘推进速度/(m/d)	缓慢，0.04左右	快速上升，达0.13左右	回落，保持稳定，0.07	回升，0.1左右
燃烧带厚度/m	0.2	0.4	1左右	1.5左右
燃烧前缘温度/℃	300左右	上升至500	保持稳定	下降至300
注气端温度变化/(℃/d)	出现明显的升高，可以判断是否燃烧	温度维持在100以下		
产出端温度变化/(℃/d)	无变化	平稳上升	明显上升	迅速上升
空气油比/(m³/t)	大于经济值	趋稳定，2000左右	趋稳定，2000左右	高出稳定值

燃料燃烧过程的变化及其各阶段的长短，不仅与燃料的物理化学特性有关，而且与注气政策、地质条件、非均质性、黏土矿物组成等有很大关系。燃烧阶段的划分是相对的，实际上这些阶段互相交错重合，并没有明显的分割点，在划分燃烧阶段时，考虑各参数主要变化规律，进行多参数的比较后综合划分燃烧阶段。参数选择时，关注一些和生产密切相关的参数，如产液量、压力、产出气体含量和温度等，这些参数具有动态、连续、容易获得等特征。

第三节 火驱温度和压力传播特征

自20世纪60年代以来，人们进行了大量室内实验，得到火烧油层的燃烧特性参数及其影响因素，但多从动力学、统计学角度归纳推导，没有对多孔介质内的燃烧机理和传热深入研究。燃烧釜及燃烧管实验是火驱的动态实验，实验数据是火驱机理的直观反映。火烧油层与常规燃烧不同，发生在地下多孔介质内，影响因素众多，温度场和压力场呈现强烈非线性变化。由非线性过程产生的时间序列表现在一维空间是病态曲线，是物理化学机理在宏观的反映，研究温度与压力的时序变化可以对火烧油层燃烧机理进一步认识，也为现场控制燃烧提供重要的依据。

一、温度场时序分析燃烧机理和特征

以室内燃烧管实验中的温度时间序列为对象，应用分形理论中的重建相空间技术，计算其关联维数，探讨火烧油层温度场的分形特征，并在此基础上，利用分形研究中的R/S分析方法，分析火烧油层中的传热机理；通过温度波动信号用Daubechies 2阶小波在1~9尺度

下对其分解,然后用 R/S 分析方法研究火烧油层温度波动动力学的复杂特征,对比于通常意义上的燃烧过程,以研究油层内燃烧过程的非线性特征。

(一)温度时间序列的关联维分析

分形理论的出现,为解释复杂系统动力学行为机制及进行预测研究提供了有力的工具,目前已在物理、化学、地质、气象等领域得到了广泛应用。对于具有内在规律而表面呈随机状态的时间序列,可运用分形方法进行分析。研究表明,地下油藏多孔介质孔洞裂缝结构、渗透率空间分布、油藏级的黏性指进均具有分形特征,而热采过程中热力学特征作为主要驱油机理,至今还无人从时间序列角度研究其分形特征。

关于分维的测算,根据分形的基本概念,如果具有大于 r 的特征尺度的客体数目 $N(r)$ 满足关系式(2-8):

$$N(r) \propto r^{-D}, \text{ 其中 } D = \lim_{r \to 0} \frac{\lg N(r)}{\lg(1/r)} \tag{2-8}$$

式(2-8)定义了一个分形集合。式中,D 为客体的分维,可以看出,标尺 r 愈小,其反映的客体的细节也就愈多。

选取不同测温点计算火烧油层温度时序的相关维,时间列长度 N 为同一测温点的数据数量。分别取嵌入维为 3~50,首先计算这几种情况下不同距离 r 时的互相关系 $C(r)$,对近似直线区段(r 接近 0),用最小二乘法进行曲线拟合,确定其斜率即可求得相关维。计算火烧油层温度序列的相关维为 1.04,说明火烧油层传热方式主要以导热和相间热交换为主,对流作用很少(图 2-27)。

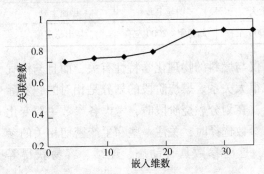

图 2-27 嵌入维数 m 与关联维数 d 的关系

关联维分析结果表明,火烧油层室内实验的燃烧过程属于动力工况控制。根据固体燃烧理论,动力燃烧特点为燃烧速率主要取决于化学反应速率,并随温度的增加呈指数关系急剧增加,因此,提高燃烧温度将对火烧油层燃烧的稳定和平稳性推进影响很大。

对于研究较多的湍流火焰,其温度脉动的时间序列相关维在 1.3~2.5,较火烧油层的温度时序相关维高,属于扩散控制工况。说明火烧油层温度场的湍流燃烧紊乱程度明显低于常规燃烧时的湍流程度低,表明火烧油层的传热速度较常规的湍流火焰慢。火烧油层与常规火焰的最大区别在于火烧油层发生于地下的高温高压多孔介质内,由于多孔介质的作用使得火烧油层的燃烧湍流特征低,这会导致其传热速度慢,其燃烧剖面更具规律性,火烧油层的人为可控制性较常规的湍流燃烧强。

(二)温度时间序列的 R/S 分析

由于火烧油层燃烧过程中物理和化学反应的复杂性,使其温度时序信号具有线性和非线性共存的特点,其非线性部分具有所谓的"随机性"的特点,而所谓"随机性"则是系统内部过程的不稳定性体现出来的,这种不稳定性常被模化成连续时间的 Markov 过程。计算时序的 Hurst 指数,可以用来度量系统的混乱程度,同时还可以对时序的未来发展趋势做出定性预测(图 2-28)。

根据火烧油层室内实验中各测点的温度时序曲线，绘制 $\ln t \sim \ln(R/S)$ 曲线（图2-28），可以看到各温度点基本呈直线变化。说明其时间序列存在 Hurst 现象。用最小二乘法拟合曲线，得到同一次实验中3个不同位置的温度时序 Hurst 指数分别为1.03、0.99和0.97。这3个测点温度信号相当光滑，其 H 值>0.5，且趋于1更合理，表明这些测点的温度序列具有持续性，表现了温度场变化的稳定性。火烧油层体系中流体紊乱程度明显低于流化床（Hurst 指数在0.29~0.45）。由于多孔介质的存在，流体流动主要以强涡流、高摩擦为特征，动量和能量交换强烈，导致介质与流体常处于热平衡状态，使得温度场的变化具有一定的稳定性。

（三）温度波动的多尺度特征

火烧油层气液两相流动具有时空多尺度的特性。注入端为稀相流动，产液端为密相流动，而燃烧前缘则形成了非均匀两相流动结构，从而使得火烧油层呈现多尺度的特征：气相与单液滴运动的微尺度、乳化相与小液流运动的介尺度和液相运动的宏尺度。火烧油层的复杂性主要在于其结构不均匀性、流域多态性及其非线性行为，而这些复杂性很大程度地体现在温度信号的波动上。提取温度波动信号的特征信息对深入理解火烧油层动力学复杂性具有很好的促进作用。在信号分析处理中，应用得较为成功的分析方法是小波分析。

对火烧油层的某次燃烧管室内实验中22个小时测得的18个测温点温度值分别处理，得到18个子样本，每个子样本包含4000个温度值，分解9个尺度后对每个延迟 τ 计算 $R(t,\tau)/S(t,\tau)$，最后取其平均值得到 $\lg(R/S)\sim\lg\tau$ 关系（图2-29）。

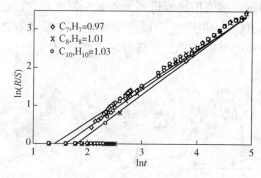

图2-28 各测点温度 R/S 分析

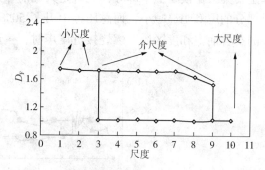

图2-29 测温点不同尺度下温度波动信号的分维

由火烧油层干式燃烧室内燃烧管实验的温度波动信号的多尺度特征分析可见，在火烧油层过程中，燃烧管内温度变化具有一定的宏观稳定性；微尺度下的气相和单液滴作用的动力学较为简单、单一；介尺度作用下的乳化相动力学存在多种过程的耦合，更为复杂；气液两相流的复杂性主要是由于液相更随机的运动和团聚造成的。

二、压力时频分析火烧油层稳定性

图2-30给出了一维火驱燃烧管进口压力变化。从图中可以看出，在油墙形成时进口压力明显上升。

在形成稳定的燃烧前缘后，由于燃烧前缘温度很高形成强烈的蒸馏作用，原油被蒸馏后与燃烧后的烟道气向下游运移，在下游的冷油层中被蒸馏的原油冷凝，形成油饱和度较高的油墙，由于气相饱和度降低，烟道气通过油墙的阻力提高，使空气注入压力提高。油墙形成

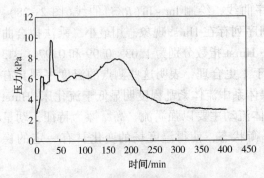

图 2-30 一维火驱燃烧管进口压力变化

后向出口方向移动,同时驱动油层中的油水前进,直至产出。

燃烧稳定性对火烧油层具有重要意义,直接决定现场试验的成败。由于火烧油层的过程在地下多孔介质进行,反应区的温度受流体运移、介质的传热性质、边底水分布等诸多因素综合影响,并且由于燃烧前缘的移动,现场测量燃烧前缘温度来检测燃烧稳定性几乎不可实现。通过室内燃烧管实验中的压力波动信号小波分解,研究火烧油层压力波动动力学的复杂特征,实现对火烧油层燃烧稳定性的间接检测。

胜利油田采油院于 2005 年进行了一组一维火烧油层物理模拟实验(据关文龙,郑 408 块火烧油层物理模拟研究)。岩心管长 400mm 竖直放置,沿轴向间隔 30mm 均布 13 支温度传感器,同时设置了 2 个差压变送器,将岩心管等分为两段,分别测试火烧油层过程中的岩心两端总的压差及岩心上半部分的压差。最小采样周期为 1s。实验岩心取自郑 408 块取心井,在 $V(苯):V(乙醇)=3:1$、温度 69~72℃ 条件下,将岩心用洗油仪清洗,清洗后的样品在 85℃ 条件下烘干后混匀。实验油样取自胜利油田郑 408-3 井。

图 2-31 为不同时刻燃烧带前后压降变化曲线。在点火初期,总的生产压差要上升,压降主要集中在模型上半部分,也就是火烧前缘附近。火烧前缘推进到 1/4 岩心长度之后,已燃部分的压降明显减小,而总压差上升了 50%~100%,说明生产压差主要集中在燃烧带之前的高含油饱和度区域。燃烧接近尾声时,生产压差急剧下降,压降分布重新均衡。

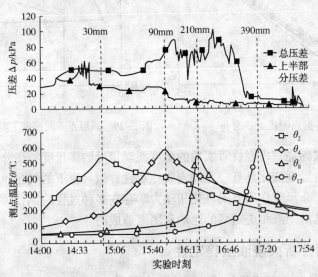

图 2-31 不同时刻燃烧带前后压降变化

由不同时间燃烧前缘位置,还可以计算燃烧前缘推进速度,如图 2-32 所示。

火烧油层现场无法测量任意点之间的压力数据,但对注入井和生产井之间的生产压差可测,因此对燃烧管总压力数据运用小波单尺度分析,将复杂的压力波动信号分解为低频分量和高频分量。前者是压力波动曲线的粗略外形,描述了压力波动的近似变化规律,主要体现了整体流体动力场变化引起的压力波动,而高频分量主要反映了湍流脉动和燃烧前缘锋面快速脉动引起的压力波动,它与燃烧状态的关系更加紧密。

由于采用不同小波进行研究的结果会稍有不同,因此选用分解重构误差最小的作为分解用小波以提高精度。如表 2-14 所示是运用不同小波函数(Dau-bechies 1 阶~Daubechies 5 阶,简称 Db1~Db5)对图 2-31 的压力信号进行单尺度分解与重构的误差。由表 2-14 可见,Db1 的分解和重构误差是最小的,因此,选用 Db1 作为本书的分解小波函数。

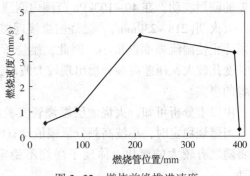

图 2-32　燃烧前缘推进速度

表 2-14　Db1~Db7 小波但尺度分解重构的误差

小波函数	分解重构误差	小波函数	分解重构误差
Db1	2.60×10^{-18}	Db5	3.04×10^{-14}
Db2	3.63×10^{-15}	Db6	1.20×10^{-14}
Db3	1.68×10^{-14}	Db7	7.33×10^{-15}
Db4	2.28×10^{-14}		

为更深入验证火烧油层燃烧稳定性状态与压力波动小波高频分量间的关系,对室内实验从点火到启动时的不稳状态、再到稳定燃烧、最后停止燃烧压火的整个过程的小波分量进行了分析。如图 2-33 所示为小波分解的结果。

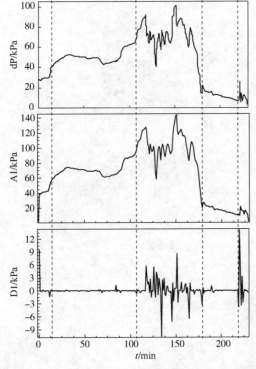

图 2-33　火烧油层室内实验压力信号与小波分量

由图 2-33 可见,整个燃烧可分为 5 个阶段:点火期、稳定燃烧 Ⅰ 期、调整期、稳定燃烧 Ⅱ 期、灭火期。

点火期,燃烧启动过程中,总的生产压差要上升,燃烧开始启动,湍流强度和燃烧前缘的脉动增加;虽然从原始信号曲线中只能看出燃烧管内整体压力水平的变化,但观察高频分量却发现此时高频信号波动是很大的。

稳定燃烧阶段,燃烧管内总压差维持在 50kPa 左右,高频分量基本维持恒量(±1.5kPa),说明了燃烧处于较稳定的状态。

调整期(110~180min),由于通风量的增加,总压差迅速升高到 90kPa,燃烧前缘推进速度也从 1mm/s 迅速增加到 4mm/s,燃烧开始增强,压差高频分量的幅值变化比较剧烈,在 -11~9kPa 波动,说明燃烧管内的流体(气体和液体)不稳定渗流流动和燃烧前缘的脉动增加,致使燃烧不稳定;不稳定的燃烧也导致总压差的剧烈波动,在 40~100kPa 范围内剧烈波动。

灭火期(218~230min),燃烧前缘接近燃烧管末端,压火停止实验阶段,燃烧受到抑制,供风停止使湍流强度也很小。因此,燃烧管内压力水平接近于 0,但燃烧从平稳过渡到熄火,变化较大,压差高频分量出现较大波动,最大为 14kPa,逐渐降低至 0,符合此时燃烧不稳的事实。

由以上分析可知,火烧油层燃烧管实验的燃烧稳定性状态和小波高频分量是紧密联系的。当燃烧稳定时,小波高频分量幅值没有明显变化。而燃烧不稳定时,小波高频分量的幅值将随之有较大的变化,体现了燃烧不稳定时燃烧前缘的不稳定推进和流体湍流强度的变动。

当燃烧稳定时,整体流场和燃烧处于平衡状态,燃烧强度和流体流动也是基本稳定的。因此,如果利用小波对压力波动信号进行分解,则小波高频分量应处于比较稳定的状态。而如果检测到小波高频分量有较大的幅值变动时,则可以推断是由于燃烧前缘不稳定脉动或流体流动正发生显著的变化。前者是燃烧状态不稳定的直接表现,后者的变化必将引起燃烧状态不稳定(前提是确保燃烧并未熄灭)。因此,通过小波高频分量的分析就可以间接检测火烧油层燃烧的不稳定,它比直接考察原始压力信号的可靠性有所提高。

第三章 原油静态氧化实验及其分析方法

静态氧化实验是指定温度压力下封闭绝热体系内的原油氧化测定。由于该类温度达不到火烧油层的高温氧化范围(一般低于300℃)，在火烧油层实验研究中主要用来研究稠油低温氧化规律。本章首先介绍各类实验方法，然后介绍典型的静态氧化实验及分析方法，基于此，给出了基于低温氧化分析的点火阶段注气速率控制参数，最后详细分析了原油氧化的组分转化路径。

第一节 典型静态氧化实验及数据处理方法

一、原油低温氧化原理

在火烧油层中，低温氧化是为高温燃烧积累燃料的过程，这一过程中原油消耗 O_2 生成 CO_2，氧原子和碳氢化合物连接，羧酸、醛、酮、醇或过氧化氢部分氧化会生成大量的氧化物和水，即加氧反应，少部分 CO_2 和 H_2O 的产生是反应产生的已氧化的油组分经再度氧化成 CO_2。虽然稠油火驱过程中不希望出现过多的低温氧化，但是这一过程不能跨越，对于稀油注空气过程而言，低温氧化占主导地位，所以对低温氧化进行细致研究是十分必要的。

产生低温氧化的条件有两个：一是原油在油藏温度会触发自燃燃烧，但只能在高速注空气条件下才可能产生高温氧化反应或燃烧，否则低温氧化占优势；二是由于氧在非均质油层中低速燃烧，不能消耗所有注入氧，余下的氧绕过燃烧前缘，放热不连续，导致原油只能经历低温氧化。原油的低温氧化是在油藏温度下发生的自发氧化反应，对其反应机理分析后认为，注空气低温氧化机理涉及非常复杂的化学反应过程，低温氧化反应机理如下(图3-1)：

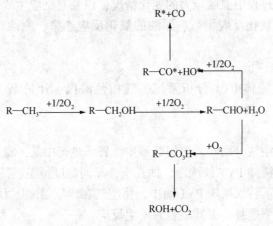

图3-1 低温氧化反应机理

从图 3-1 可以看出，低温氧化导致氧原子与碳氢化合物分子连接，所生成的醛、酮、醇等会被继续氧化生成大量碳的氧化物和水。低温氧化反应可用两步反应进行简化。首先用一个氧化反应来说明原油被氧气氧化生成烃类氧化物，再用一个燃烧反应来说明烃类氧化物被进一步氧化生成水、CO 和 CO_2 等产物。

设参与氧化反应的 H 原子数与 C 原子数之比为 x，参与氧化反应的 O 原子数与 C 原子数之比为 y，CO 和 CO_2 的物质的量比为 β，则氧化反应和燃烧反应方程式分别为：

$$R—CH_x + \frac{y}{2}O_2 \longrightarrow R'—CH_xO_y \tag{3-1}$$

$$R'—CH_xO_y + \left[\frac{2+\beta}{2(1+\beta)} + \frac{x}{4} - \frac{y}{2}\right]O_2 \longrightarrow R' + \frac{1}{1+\beta}CO_2 + \frac{\beta}{1+\beta}CO + \frac{x}{2}H_2O \tag{3-2}$$

x，y 和 β 随着原油性质不同而各异。有研究表明，密度中等的原油 x 为 1.6，轻质油 y 约为 0.5，空气驱实验得出 β 为 0.05~0.20。

CH_x 和 CH_xO_y 分别叫做燃料和极性化合物，燃料是原油的部分氧化物，合成的极性组分主要是醛、碳酸、酮和醇。前者是"加氧反应"，燃料消耗氧气形成极性化合物。后者是"键裂解反应"。氧气与极性化合物反应形成燃烧气体 CO_2 和 CO。注空气法能否取得成功，是否发生键裂解反应是关键。低温氧化反应最主要进行的是加氧反应，因而会消耗大量的 O_2，生成的 CO_2 含量较少。

事实上，以上两步反应虽然说明了低温氧化过程，但是在实验中仍无法测定中间产物，只能通过最终的产物来确定反应的进行程度。记录反应过程中的温度和压力变化，结合 O_2 的消耗，可以计算原油氧化反应的活化能。

二、静态低温氧化反应实验模型与基本方法

原油静态低温氧化反应实验是将一定量的原油装入反应容器中，并注入所需压力的高压空气，让原油发生反应。待到反应压力不再变化，视为反应完毕，收集反应尾气与反应后原油进行分析。所涉及的实验装置有 PVT 筒实验和反应釜实验。

（一）PVT 筒实验

实验仪器采用静态氧化装置（图 3-2），该实验装置可以模拟地层条件下的静态低温氧化实验，通过监测实验过程中温度压力的变化情况，以及对反应生成的尾气成分进行收集和分析，进而可以对原油氧化反应级数、原油的氧化反应速率、原油样品的活化能参数进行分析。

实验条件：定温、定压。

实验仪器：油气藏流体 PVT 分析系统、气相色谱仪、计量泵、气量计、烘箱、中间容器。

实验步骤：

(1) 将脱气原油和空气分别转入中间容器中，置于烘箱中某一温度恒温、恒压，待用。

(2) 将无汞油气藏流体 PVT 仪洗净，抽真空，相同温度恒温，待用。

(3) 将脱气原油向下转入高压 PVT 筒中，将空气在地层温度压力下转入高压 PVT 筒中，在预置实验温度、压力下搅拌，促其混合并发生反应。

(4) 依次在反应相同时间间隔段分别取出少量气体，分析其组成。

(5) 实验结束后测量原油的气油比、气相组成。

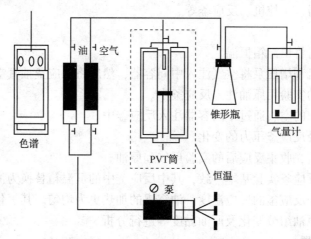

图 3-2　低温氧化 PVT 筒实验流程图

(二) 反应釜实验

反应釜实验是实验室研究低温氧化反应的重要手段，研究在不同温度下的压力变化、气体组分变化以及原油组分变化。通过原油的氧化实验可以对氧利用率、耗氧速率、原油组分变化及原油黏度等进行分析(图 3-3)。

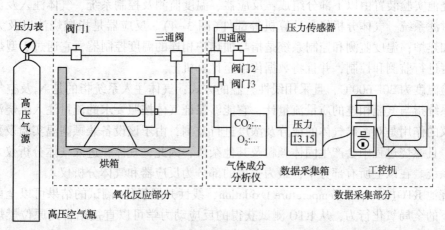

图 3-3　低温氧化反应釜实验流程

实验装置可以模拟不同地层条件下的静态低温氧化实验，通过监测实验过程中温度压力的变化情况，以及对反应结束后的气体成分进行分析，进而可以找出温度、压力、含水饱和度等因素对低温氧化过程的影响。实验装置主要由氧化反应部分、数据采集部分和高压气瓶三部分组成。数据采集部分主要包括数据采集箱、工控机和气体成分分析仪。反应釜内部温度、烘箱内部温度以及反应釜内部压力都可以在数据采集箱面板上显示出来，通过数据采集软件输出保存在电脑上。待反应停止后，采集反应釜内的气体，用气体含量测试仪来测量 O_2 和 CO_2 的含量。

实验条件：实验开始时可以设定反应釜中温度、压力，反应过程可以通过恒温箱控制恒温。

实验仪器：固定式螺杆空气压缩机、增压泵、旋片式真空泵、恒温箱、中间容器、压力传感器、温度传感器、工控机、反应釜等。

实验步骤：

（1）实验开始时将恒温箱恒温。

（2）通过压缩机和增压泵将空气注入中间容器，然后将反应釜抽真空。

（3）将一定量的实验用原油注入反应釜中。

（4）把适量体积的空气通过中间容器注入反应釜中。

（5）监测并记录反应釜压力的变化。

（6）实验结束后，收集反应后的实验尾气和原油。

油浴锅实验和反应釜实验基本一致，其中反应釜中的恒温箱替换为油浴锅，实验通过保持油浴锅恒温来保证反应釜的反应温度，油浴锅的加热更为均匀。其氧化实验也可以对氧利用率、耗氧速率、原油组分变化及原油黏度等进行分析。

（三）燃烧池装置

该方法所用的实验装置为燃烧池，是将火烧油层物理模型与热分析动力学相关理论结合起来而建立的反应活化能测定方法。它采用线性升温的方式来模拟火烧驱油过程，除了可以测定火烧过程的基本参数外，还可以运用热分析动力学的相关理论进行计算，得出反应动力学的关键参数——活化能的值。

燃烧池实验装置由以下部分组成：反应器、温度监测及控制系统、气体注入及流速控制系统、过滤系统、气体分析仪和计算机等部件（图3-4）。反应器是指燃烧池以及为其提供热量的加热炉；温度监测和控制系统是指与加热炉相连的温度控制器，它通过J型热电偶对实验温度进行监测和控制，并且将数据传输至计算机上。

实验温度为20~600℃，且采用线性升温的方式；气体注入系统指的是N_2及空气瓶；流量控制系统指与气瓶相连的质量流量计，它能够保证气体按照要求的流量注入燃烧池内；气体分析仪的作用是对产出气体的成分及浓度进行监测，由于该设备兼顾高温实验及数据的动态监测，且燃烧过程中会产生固体颗粒及其他杂质，因此，气体在进入气体分析仪之前要经过过滤系统。在以上所有部分中，最为关键的部分为反应器和气体分析仪。

燃烧池RTO（Ramped Temperature Oxidation，线性升温氧化）测试的结果可以全面了解各种温度下的全局氧化行为，从RTO测试获得的反应动力学可以直接结合到原位燃烧过程的数值模拟中（据Moore等，1999；Chen等，2014）。

燃烧池实验装置可以监测原油火烧过程中的温度及产出物浓度变化，然后对浓度数据进行处理求得转化率α随时间的变化曲线，进一步处理后就可以得到$\frac{\beta d\alpha}{dT}$与$1/T$的关系曲线，通过曲线的斜率求出活化能的值。

三、典型反应釜实验

（一）实验设计

采用静态氧化实验装置进行实验。氧化反应部分包括烘箱和反应釜。烘箱温度最高可达300℃，本次实验最高温度为250℃。反应釜装置如图3-5所示，是一个耐高压的不锈钢容器，体积很小，容积为112mL。采用金属密封圈密封，顶部有两个孔，分别接温度传感器和

第三章 原油静态氧化实验及其分析方法

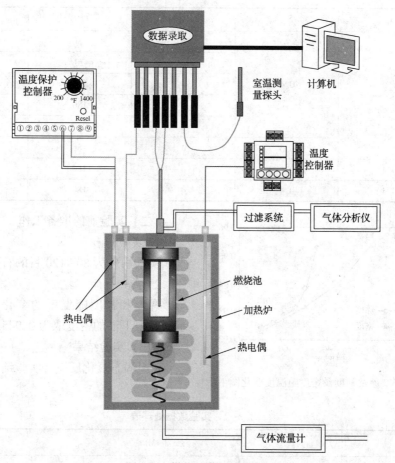

图 3-4 燃烧池装置示意图

进气口,进气口又与压力传感器相连通。

实验目的:

(1) 研究温度、压力、地层含水饱和度对原油与空气低温氧化过程的影响。

(2) 确定在实验条件下原油与空气低温氧化过程的反应动力学参数。

对于室内实验,考察空气注入油藏后,氧气与原油发生的低温氧化反应,除了原油自身性质的影响外,该反应过程还受到各种外在条件的影响,影响因素主要有:反应压力、反应温度、原油性质、注空气速度与含氧量等。本

图 3-5 放热量实验反应釜装置图

次实验考虑温度、压力、含水饱和度及含氧量的不同,设计实验方案(表 3-1)。

表 3-1 实验方案计划表

组数	S_o	S_w	P/MPa	T/℃	含氧量/%
1	0.4	0.2	4	180	21

续表

组数	S_o	S_w	P/MPa	T/℃	含氧量/%
2	0.4	0.4	6	180	21
3	0.4	0.4	4	70	21
4	0.4	0.4	4	120	21
5	0.4	0.4	4	180	21
6	0.4	0.4	4	250	21
7	0.4	0.5	4	180	21
8	0.4	0.6	4	180	21
9	0.4	0.4	4	180	50

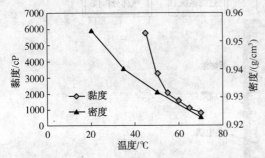

图 3-6 原油黏度及密度随温度变化图

（二）实验前的准备工作

1. 实验用砂

实验用砂为 80~120 目的石英砂。

2. 实验用油

黏度和密度随温度的变化如图 3-6 所示，常温下油的密度取为 $0.945 g/cm^3$。

（三）实验结果

8 组静态氧化反应釜实验结果见表 3-2。

表 3-2 实验数据处理表

项目	压力 4MPa							压力 6MPa
温度/℃	70	120	180	250	180	180	180	180
S_w	0.4	0.4	0.4	0.4	0.2	0.5	0.6	0.4
S_o	0.4	0.4	0.4	0.4	0.4	0.4	0.4	0.4
温度/K	343	393	453	523	453	453	453	453
反应前 P_0/MPa	4	4	4	4	4	4	4	6
反应后 P_t/MPa	3.76	3.53	3.73	3.86	3.76	3.81	3.75	5.69
反应时间/h	70	27	4.5	0.5	4.5	4.5	3.5	3.8
CO_2/%	0.50	1.10	1.50	1.60	2.05	1.40	1.30	1.60
O_2/%	14.60	4.00	2.90	1.80	3	4.30	6	1.90
质量差/g	1.79	1.56	1.31	1.49	7.59	15.83	16.93	1.25
ΔP_t	0.24	0.47	0.27	0.14	0.24	0.19	0.25	0.31
ΔP_x	0.24	0.47	0.27	0.14	0.25	0.19	0.25	0.31
$\Delta P_x/\Delta t$	0.0034	0.0174	0.0600	0.2800	0.0556	0.0422	0.0714	0.0816

四、反应速率的计算方法

静态氧化最大的优势是能够进行各温度下反应速率的测定,这是燃烧管动态实验达不到的。原油静态氧化反应速率是指单位体积原油在单位时间内消耗氧气的量,单位为 $molO_2/h\text{-}mL\ oil$,具体表达如式(3-3)所示:

$$v_{O_2} = -dn_{O_2}/V_{oil}dt \tag{3-3}$$

在国内外研究中,计算原油静态氧化反应速率的方法主要是压力降法。

$$C_xH_{2x+2} + \left(x+\frac{x+1}{2}\right)O_2 = xCO_2 + (x+1)H_2O \tag{3-4}$$

原油经过低温氧化反应,则氧气的消耗为 n,根据质量守恒定律,系统物质的量的减少值 $\Delta n(t)$ 为:

$$\Delta n(t) = \frac{\frac{x+1}{2}}{x+\frac{x+1}{2}} n_{O_2} = \frac{x+1}{3x+1} n_{O_2} \tag{3-5}$$

相应地,使用减少的物质的量 $\Delta n(t)$ 表示氧气参加反应的物质的量:

$$n_{O_2} = \frac{3x+1}{x+1} \Delta n(t) \tag{3-6}$$

将式(3-6)代入式(3-4),可得原油静态氧化反应速率:

$$v_{O_2} = -\frac{dn_{O_2}}{V_{oil}dt} = -\frac{d\left[\frac{3x+1}{x+1}\Delta n(t)\right]}{V_{oil}dt} \tag{3-7}$$

空气中氧气与油反应消耗氧气,使系统压力降低。根据压力的变化可以计算出单位体积油的耗氧速率。

根据气体状态方程:

$$PV_g = ZR_nT \tag{3-8}$$

进行转化:

$$\Delta P(t)V_g = ZR_{\Delta n(t)}T \tag{3-9}$$

可得

$$\Delta n(t) = \frac{\Delta P(t)V_g}{ZRT} \tag{3-10}$$

对于原油来说,所含组分一般都比较重,烷烃 C_xH_{2x+2} 中 x 相对来说比较大,所以有:

$$\frac{3x+1}{x+1} \approx 3 \tag{3-11}$$

将(3-10)、式(3-11)代入式(3-7),可得

$$v_{O_2} = -\frac{3V_g}{V_{oil}ZRT} \frac{d[\Delta P(t)]}{dt} \tag{3-12}$$

又有压力降 $\Delta P(t)$ 为

$$\Delta P(t) = P(t)'\Delta t \tag{3-13}$$

将式(3-13)代入式(3-12):

$$v_{O_2} = -\frac{3V_g}{V_{oil}ZRT}P(t)' \tag{3-14}$$

即氧化反应速率为

$$v_{O_2} = -\frac{3V_g}{V_{oil}ZRT}P(t)' = -\frac{3V_g}{V_{oil}ZRT}\frac{d[\Delta P(t)]}{dt} \tag{3-15}$$

式(3-15)为原油氧化反应速率,通过低温氧化反应测得高压反应釜中的压力随时间的变化,就可以计算任意时间点处的氧化反应速率,同时也可以计算平均氧化反应速率。

低温氧化的氧气消耗量远低于高温氧化的消耗速率,大约为高温氧化的1/3(图3-7)。

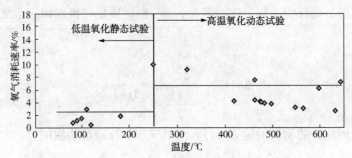

图3-7 某稠油油样不同氧化阶段的氧气消耗速率

第二节 基于静态反应釜实验的原油低温氧化研究

一、低温氧化的影响因素分析

(一) 压力

压力对低温氧化反应速率的影响比较复杂,目前尚无统一的认识。部分国外文献表明,在压力较小的情况下,轻质油与空气的氧化速率受压力影响较小;在高压力下,氧化速率有所增加。又有研究表明,在较高压力下轻质油低温氧化速率受总压或氧气分压的影响较小。

对比本实验4MPa和6MPa下的实验结果,做出压降速率图3-8和耗氧速率图3-9,以及反应结束后的O_2和CO_2含量,可以看出,在温度一定的情况下,在一定范围内,压力越高,原油的活性越好,反应速率越快,O_2含量大幅度下降,CO_2的生成量也有升高(图3-10)。

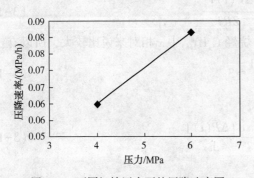

图3-8 不同初始压力下的压降速率图

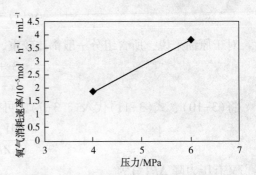

图3-9 不同初始压力下消耗氧气的速率

压力越高,氧气分压升高,在相同的接触面积上,氧浓度增大,同时原油中溶解的氧气浓度也增加,导致氧化速率略有提高。

（二）温度

温度对氧化速率影响较为显著,这在很多研究中都有表明,随着温度升高,氧化速率明显增大。有无岩心氧化速率差别很大,有岩心的情况下,油与空气反应能力大大提高。对这一现象有两种解释:一是油的反应能力可能由岩心物质催化促进;二是如果反应是由扩散所

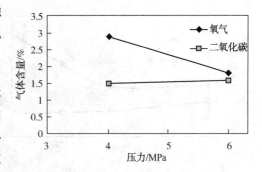

图 3-10　反应结束后 O_2 和 CO_2 含量

控制,岩心能为空气与油接触提供很大的表面积。固结岩心与经粉碎的岩心对氧化速度的影响无明显差别;另外,盐($MgCl_2$、$CuCl_2$ 等)的存在,对原油低温氧化有一定影响,反应后的 CO_2/CO 及 H/C 比值会受盐量的影响。本实验仍然符合以往研究成果,不同温度对比结果见表 3-3。

表 3-3　不同温度下低温氧化速度

项　目	温度 70.0℃	温度 120.0℃	温度 180.0℃	温度 250.0℃
反应时间/h	70.0	27.0	4.5	0.50
$CO_2/\%$	0.50	1.10	1.50	1.60
$O_2/\%$	14.60	4.00	2.90	1.80
氧气消耗速率/[10^{-5}mol/(h·mL)]	0.0805	0.4310	1.8357	10.0418
$\Delta P_x/\Delta t$	0.0034	0.0174	0.0600	0.2800

油品对原油的氧化速率影响很大,不同温度下不同原油的氧化速率存在较大的差异。随着温度的升高,不同油品的原油氧化速率的变化值也大不相同。稠油与稀油相比,低温下的氧化速率是最快的,随温度的变化也较为明显。

（三）含水饱和度

理论上,实际油藏中,原油相对于注入氧气始终是过量的。然而,含水饱和度不同,对原油氧化速率也会有影响。一般而言,参与反应的物质浓度越大,化学反应的速度会越快。

对比含水饱和度不同的气体含量的实验结果,作出反应结束后的 O_2 和 CO_2 含量(图 3-11),可以看出,在温度、压力一定的情况下,在一定范围内,含水饱和度越高,O_2 含量越高,CO_2 含量越低,说明氧化反应不够充分,当含水饱和度在 0.4~0.5 时,反应出现拐点,在这一区域以外,含水饱和度越高,反应越难以进行。

对比实验结果,作出不同含水饱和度下的耗氧速率图(图 3-12)。从图中可以看出,随着含水饱和度的增大,耗氧速率逐渐上升,在 S_w 为 0.4 时出现拐点,在 S_w 小于 0.4 时,耗氧速率上升缓慢,这是因为这种情况下,可以参与反应的物料处于主体地位,含水饱和度影响较小;在 S_w 大于 0.4 时,耗氧速率迅速上升,此时可以参与反应的物料相对减少,从而导致计算耗氧速率的基数减小,耗氧速率增大。

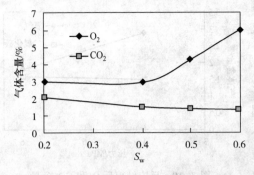 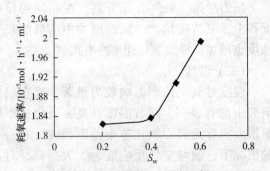

图 3-11 不同 S_w 下的 O_2 和 CO_2 含量　　　图 3-12 不同 S_w 下的耗氧速率

(四) 氧气含量

稍早的实验证实,氧气含量对低温氧化具有一定的影响。在氧气含量充足的情况下,氧气含量的变化不会对原油的氧化速率产生明显的影响,两条压降曲线斜率非常接近(图 3-13)。

随着氧气含量的减少,含氧量少的压降曲线逐渐发生弯曲,原油的氧化速率降低,而含氧量较多的压降曲线依然保持为直线(图 3-14)。可见,氧气含量对原油产生影响只有在氧气含量不足的时候才会发生,且变化很小。

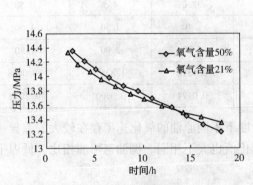 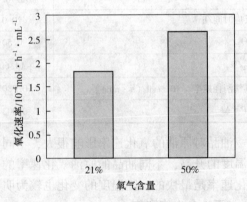

图 3-13 实验压力与含氧量的关系曲线　　　图 3-14 不同含氧量下的反应速度

二、氧化动力学参数的求取

在化学反应中,反应物的分子要能够参加反应,必先处于活化状态,即须先具有一个最低限度的能量。此最低限度的能量通常较分子的平均能量要高,两者之间的差值叫活化能。活化能是决定反应速度的一个重要因素。在一定温度下,活化能愈小,反应速度愈快;温度升高,可使反应速率常数增大。

在化学反应中,为了使反应物的分子参与反应,必须提供使普通分子变成活化分子所必要的最小能量。在一定温度下,活化能愈大反应愈慢;活化能愈小反应愈快。

根据静态实验结果,结合阿累尼乌斯(Arrhenius)方程可计算在不同压力条件下低温氧化动力学参数 E 和 k。根据物理化学中反应速率的定义,可知原油氧化反应速率:

$$v = k[O_2]^m[oil]^n \tag{3-16}$$

根据阿累尼乌斯(Arrhenius)方程的微分形式:

$$\frac{\mathrm{d}\ln k}{\mathrm{d}T} = \frac{E}{RT^2} \tag{3-17}$$

对式(3-17)积分,可得反应常数 k 为:

$$k = k_0 \mathrm{e}^{-\frac{E}{RT}} \tag{3-18}$$

再将式(3-18)代入式(3-16)得

$$v = k_0 \mathrm{e}^{-\frac{E}{RT}} [\mathrm{O}_2]^m [\mathrm{oil}]^n \tag{3-19}$$

式中 E——活化能,J/mol;

R——通用常数,J/mol·K;

T——绝对温度,K;

k_0——指前因子,L/(s·kPa);

m,n——反应级数。

一般由于 O_2 处于过量状态,O_2 浓度与时间呈线性关系,因此可得出原油氧化为零级反应,则反应级数 m,n 为 0,因此式(3-19)可简化为:

$$v = k_0 \mathrm{e}^{-\frac{E}{RT}} \tag{3-20}$$

式(3-20)两边取对数,经简化可得

$$\ln v = \ln k_0 - \frac{E}{R} \cdot \frac{1}{T} \tag{3-21}$$

根据式(3-21),选取几组实验数据,绘制氧化反应中反应速率和温度的散点图,进而对其进行线性回归分析,通过回归直线的斜率和截距,确定氧化反应中的活化能 E 和指前因子 k_0。

8组静态氧化反应釜实验结果见表3-2,分别利用氧气分压力降模型和气体含量法计算低温氧化反应的活化能。

(一)利用氧气分压力降模型计算活化能

1. 基本假设

(1) O_2 消耗与系统总压力降有关。

(2) 忽略气体溶解的瞬时影响,忽略产生的 CO。

(3) 氧化反应消耗 O_2、产生 CO_2 气体,导致系统总压力降低。

(4) 在油藏温度与高压实验条件下,产生的水蒸气凝结。

2. 氧气分压力降理想模型

根据以上假设与低温氧化反应过程,可以将系统总压力降 ΔP_t 表述为:

$$\Delta P_t = \Delta P_x - \Delta P_{\mathrm{CO}_2} \tag{3-22}$$

式中 ΔP_t——实验系统的总压力降,MPa;

ΔP_x——实验系统的氧气压力降,MPa;

ΔP_{CO_2}——实验系统的 CO_2 压力降,MPa。

实验表明,与消耗掉的 O_2 相比,低温氧化生成的 CO_2 含量非常少,所以在计算中把总压降近似看成 O_2 的压降。由上述关系式计算出 $\Delta P_x/\Delta t$,做出压降速率随温度的变化曲线(图3-15)。

由图3-15和图3-16可以看出,温度越高,O_2 分压降低得越快,即反应速率也越快,O_2 含量大幅度降低,生成 CO_2 量升高。由此可知,温度越高,氧化反应越充分,反应速率越高。

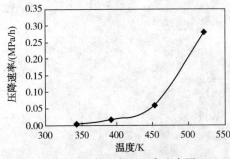

图 3-15　各温度下压降速率图　　　　图 3-16　反应结束后各温度下的 O_2 和 CO_2 含量

对阿累尼乌斯方程两边取对数，得：

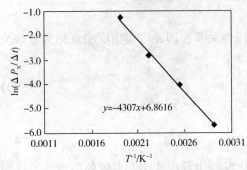

$$\ln \frac{\mathrm{d}P_x}{\mathrm{d}t} = \ln A - \frac{Ea}{RT} \quad (3-23)$$

做出 $\ln \dfrac{\Delta P_x}{\Delta t}$ 与 $\dfrac{1}{T}$ 的曲线，如图 3-17 所示。由曲线斜率算出活化能 E_a 为 35.808 kJ/mol，反应频率因子 A 为 954.89 MPa/h。

（二）气体含量法计算活化能

气体含量评价方法利用反应前后测得的 O_2 物质的量，计算单位体积原油（或油砂）单位反应时间内消耗 O_2 的摩尔数，即为氧化反应速率。该方

图 3-17　$\ln(\Delta P_x/\Delta t)$ 与 $1/T$ 关系曲线图

法主要依赖于反应后氧气的含量，但是由于本次实验中压力较低、气体含量少，会导致测量不准确，将会给氧化速率计算造成较大误差。因此，此方法仅作为氧化速率的参考计算法。

由理想气体状态方程 $PV=nRT$ 算出反应前后的氧气的物质的量的变化 Δn，即消耗氧气的速率，做随温度变化的曲线。由图 3-18 中也可以看出，温度越高，原油的活性越高，氧气下降幅度增大，反应速率也相应增加。

对阿累尼乌斯方程两边取对数，得

$$\ln v = \ln A - \frac{Ea}{RT} \quad (3-24)$$

做 $\ln v$ 与 $1/T$ 的曲线图，如图 3-19 所示。由曲线斜率为 E_a/R 算出活化能 E_a 为 39.479 kJ/mol，曲线截距为 $\ln A$，计算反应频率因子 A 为 0.773 mol/(h·mL)。

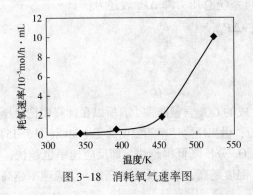
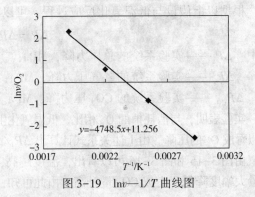

图 3-18　消耗氧气速率图　　　　　　图 3-19　$\ln v$—$1/T$ 曲线图

综合氧气分压力降模型和气体含量法两种方法计算的结果，得到活化能及预幂率指数见表3-4。

表3-4 不同实验条件下的动力学参数

编号	压力/MPa	S_w	温度/℃	活化能/(J/mol)	预幂率指数/[L/(s·kPa)]
1	4		75	43403.2698	9.59×10^4
2	4		120	40632.1300	14.48×10^4
3	4	0.4	180	32065.3681	0.15×10^4
4	4		250	25966.5161	0.26×10^4
5	6		180	20326.79	1.16×10^4
6	4	0.5	180	38654.1105	4.8×10^4

从表3-4中可以看出，实验所给予的不同恒温箱温度条件下，反应活化能随温度的升高而降低，说明低温氧化反应(75~250℃)随温度的升高越容易启动；在不同的含水饱和度下活化能也不同，含水饱和度越高，活化能越高，呈现出低温氧化反应越难进行的规律；在实验温度在180℃、含水均在0.4的情况下，随着压力的升高反应活化能降低，说明化学反应越容易进行。

(三) 反应焓的计算

反应焓用化学键理论说就是化学键断裂和形成导致的能量变化。Burger和Sahuquet从反应物的角度，提出了原油氧化的几种主要方式：

完全燃烧反应：

$$R-\underset{H}{\overset{H}{C}}-R' + 1.5O_2 \longrightarrow RR' + CO_2 + H_2O \tag{3-25}$$

不完全燃烧反应：

$$R-\underset{H}{\overset{H}{C}}-R' + O_2 \longrightarrow RR' + CO + H_2O \tag{3-26}$$

氧化形成羧酸反应：

$$R-\underset{H}{\overset{H}{C}}-H + 1.5O_2 \longrightarrow R-\overset{O}{\underset{OH}{C}} + H_2O \tag{3-27}$$

氧化形成醛反应：

$$R-\underset{H}{\overset{H}{C}}-H + O_2 \longrightarrow R-\overset{O}{\underset{H}{C}} + H_2O \tag{3-28}$$

氧化形成酮反应：

$$\text{R}-\underset{\underset{\text{H}}{|}}{\overset{\overset{\text{H}}{|}}{\text{C}}}-\text{R}' + O_2 \longrightarrow \text{R}-\overset{\overset{\text{O}}{\|}}{\text{C}}-\text{R}' + H_2O \qquad (3\text{-}29)$$

氧化形成醇反应：

$$\text{R}-\underset{\underset{\text{R}''}{|}}{\overset{\overset{\text{R}'}{|}}{\text{C}}}-\text{H} + 0.5O_2 \longrightarrow \text{R}-\underset{\underset{\text{R}''}{|}}{\overset{\overset{\text{R}'}{|}}{\text{C}}}-\text{O}-\text{H} \qquad (3\text{-}30)$$

氧化形成氢过氧化物反应：

$$\text{R}-\underset{\underset{\text{R}''}{|}}{\overset{\overset{\text{R}'}{|}}{\text{C}}}-\text{H} + O_2 \longrightarrow \text{R}-\underset{\underset{\text{R}''}{|}}{\overset{\overset{\text{R}'}{|}}{\text{C}}}-\text{O}-\text{O}-\text{H} \qquad (3\text{-}31)$$

在高温下，原油与氧气主要发生反应式(3-25)和反应式(3-26)，产生大量的碳氧化物(CO、CO_2)和水，即碳键剥离反应；在低温下，原油与氧气主要发生反应式(3-26)~式(3-31)，生成含氧的碳氢化合物和水，即加氧反应。

低温氧化的反应热可以通过实验方法测定，也可以通过在反应过程中的化学键的变化计算。文献表明，由键能法所计算的值与实验值非常接近。基本氧化反应涉及的反应物和生成物的键能、原子雾化能和共振能，见表3-5和表3-6。

表3-5 不同化学键的键能

键	C—C	C—H	C—O	O—H	C=O（醛）	C=O（酮、酸、CO、CO_2）
键能/(kJ/mol)	347.9	413.4	138.9	462.8	715.5	728

表3-6 原子雾化能和共振能

雾化能/(kJ/mol)	共振能/(kJ/mol)		
O	CO	CO_2	RCOOH
247.5	347.3	150.6	117.2

首先，以氧化反应式(3-25)为例，用键能方法计算完全燃烧(形成CO_2和H_2O)的反应焓：
该反应形成的键的能量：
1个C—C，347.7kJ/mol；2个C=O，1456kJ/mol；2个O—H，925.6kJ/mol。
1摩尔分子CO_2的共振能量：150.6kJ/mol。
所以，Σ形成的键能量=347.7+1456+925.6+150.6=2879.9kJ。
消失键的能量：
2个C—C，695.4kJ/mol；2个C—H，826.8kJ/mol；3个O原子的雾化能，742.5kJ/mol。
所以，Σ消失的键能量=695.4+826.8+742.5=2264.7kJ。
$-\Delta H$=Σ形成的键能量-Σ消失的键能量=2879.9-2264.7=615.2kJ。

所以，$\Delta H = -615.2\text{J}$。

1mol O_2 参加上述反应产生的热量为（水为气态）：

$$\Delta H = \frac{-615.2}{1.5} = -410.13\text{kJ/mol} \tag{3-32}$$

在标准条件下，1mol 水的蒸发热为 43.9kJ/mol，1mol O_2 参加氧化反应类型式(3-25)，产生的热量为（水为液态）：

$$\Delta H = \frac{-615.2 - 43.9}{1.5} = -439.3\text{kJ/mol} \tag{3-33}$$

用该方法计算氧化反应类型式(3-25)~式(3-31)的反应焓，计算结果见表3-7。

表3-7 氧化反应类型以及反应焓

反应类型	$Q/(\text{kJ/mol})$	
	生成的水为液态	生成的水为汽态
完全燃烧	439.3	410.1
不完全燃烧	375.3	331.4
形成羧酸反应	430.5	401.2
形成醛反应	363.2	319.3
形成酮反应	375.7	331.8
形成醇反应	306.7	—
形成氢过氧化物反应	118.4	—

实际上，过氧化物是一种极不稳定的、具有分解产生其他氧化物（醇、酸等）或二次氧化趋势的化合物。根据形成稳定产物的类型，消耗 1mol 的 O_2（H_2O 为液态）释放的热量在 306~440kJ。

由室内实验氧化结果，在120℃下，稠油与空气反应结束反应测得的气体含量：CO_2 为 1.1%，O_2 为 4.0%。可以假设空气总量为 100mol，而氮气在反应前后没有变化，氮气为 79mol，计算出反应后气体中 CO_2、O_2、N_2 的量（表3-8）。

表3-8 反应前后气体的组成

气体	N_2/mol	O_2/mol	CO_2/mol	总物质量/mol
氧化反应前	79	21	0	100
氧化反应后	79	4.0	1.1	84.1

由表3-8可知，17mol 的 O_2 参加了氧化反应，产生了 1.1mol 的 CO_2，由完全燃烧（形成 CO_2 和 H_2O）反应式知，产生 1.1mol 的 CO_2 所需消耗的 1.65mol 的 O_2，剩下的 15.35mol 的 O_2 参加了其他六类氧化反应。因为过氧化物是一种极不稳定的、具有分解产生其他氧化物（醇、酸等）或二次氧化趋势的化合物。因此，根据形成稳定产物的类型，假设生成的氧化物为羧酸、醛、酮、醇（或苯酚），并且假设参加这五类反应的 O_2 摩尔比为 1:1:1:1:1，则反应生成含氧碳氢化合物平均反应焓为：

$$\overline{\Delta H} = \frac{375.3 + 430.5 + 363.2 + 375.7 + 306.7}{5} = 370.28\text{kJ/mol} \tag{3-34}$$

那么消耗 17mol O_2，所产生的热量为：
$$Q = 1.65 \times 439.3 + 15.35 \times 370.28 = 6408.643 \text{kJ} \tag{3-35}$$
所以，平均每消耗 1mol 的 O_2 所产生的热量为：
$$\overline{Q} = \frac{6408.643}{17} = 376.979 \text{kJ/mol} \tag{3-36}$$

用键能法计算低温氧化反应(温度 120℃ 的条件下)每消耗 1mol 的 O_2 产生的热量为 376.979kJ。由于氧化产物以及氧化反应类型与温度有关，温度越高，反应产生的 CO_2 越多，那么平均每消耗 1mol 的 O_2 所产生的热量随着增加。在注空气低温氧化中，平均每消耗 1mol 的 O_2 所产生的热量为 350~400kJ。

三、低温氧化反应方程式

在稠油火驱的方案设计过程中，往往要使用油藏工程概算或者数值模拟方法，而且往往都要用到氧化反应的化学计量式，虽然不能反映火驱中复杂的机理及反应过程，但是化学计量式给火驱方案设计提供了便捷的途径。一般将火驱过程分解为几个典型的反应，对各个反应确定其化学计量式。

稠油低温氧化反应通过氧气与原油反应生成 H_2O、CO_2 及烃类化合物，为了确定稠油低温氧化反应化学计量式，可进行反应釜低温氧化实验。反应釜低温氧化实验方案见表3-9。

表3-9 反应釜低温氧化实验方案

实验序号	P/MPa	T/℃
1	6	180
2	4	70
3	4	120
4	4	180
5	4	250

实验采用杜66原油，实验数据见表3-10。

表3-10 实验结果数据表

项 目	压力 4MPa				压力 6MPa
温度/℃	70	120	180	250	180
反应前 P_0/MPa	4	4	4	4	6
反应后 P_1/MPa	3.76	3.53	3.73	3.86	5.69
反应时间/h	70	27	4.5	0.5	3.8
CO_2/%	0.5	1.1	1.5	1.6	1.6
O_2/%	14.6	4	2.9	1.8	1.9
质量差/g	1.79	1.56	1.31	1.49	1.25

温度越高，氧气分压降低越快，即反应速率也越快，氧气含量大幅度降低，生成 CO_2

量升高。由此可知，温度越高，越有利于低温氧化反应的进行，氧化反应速率也越高。

以120℃的实验结果为例，已知17mol 的 O_2 参加了氧化反应，产生了1.1mol 的 CO_2，由完全燃烧(形成 CO_2 和 H_2O)反应式：

$$R+1.5O_2 \longrightarrow R'+CO_2+H_2O \tag{3-37}$$

可知，产生1.1mol 的 CO_2 所需消耗1.65mol 的 O_2，剩下的15.35mol 的 O_2 参加了其他六类氧化反应。由于过氧化物不稳定，仍然假设只发生式(3-27)~式(3-31)这五种反应，并且假设这五种反应中的氧气的摩尔分数比为 1:1:1:1:1，故将这五类反应合并为通式：

$$R+O_2 \longrightarrow R'+0.2CO_2+0.8H_2O \tag{3-38}$$

按照 1.65×式(3-37)+15.35×式(3-38)的比例将反应式(3-37)、式(3-38)对应合并，得到120℃的反应式为：

$$R+1.0485O_2 \longrightarrow R'+0.0971CO_2+0.1806CO+0.8194H_2O \tag{3-39}$$

按照这种方法，分别计算出70℃、180℃和250℃的反应式，见表3-11，其中，R 代表参与反应的碳氢化合物，R′为生成的轻质组分及有机化合物，两者均为混合物，可以看出，生成物 CO_2、CO、H_2O 中的氧原子数小于参与反应的氧原子数，即 R′中含有氧原子，说明原油氧化过程中，既有"加氧反应"，又有"裂键反应"。

表3-11 不同温度下的低温氧化反应式

温度/℃	反应方程式
70	R+1.0586O_2 ⟶ R′+0.1172CO_2+0.1766CO+0.8234H_2O
120	R+1.0485O_2 ⟶ R′+0.0971CO_2+0.1806CO+0.8194H_2O
180	R+1.0622O_2 ⟶ R′+0.1243CO_2+0.1751CO+0.8249H_2O
250	R+1.0625O_2 ⟶ R′+0.125CO_2+0.175CO+0.825H_2O

结合各个温度下反应方程式中的系数，将该油样与氧气发生低温氧化反应的方程式定为：

$$R+1.06O_2 \longrightarrow R'+0.12CO_2+0.18CO+0.82H_2O \tag{3-40}$$

调研发现，轻质原油低温氧化反应方程式中 O_2 与 CO_2 的系数比为1.5，即生成1molCO_2 需要消耗1.5molO_2[式(3-37)]；由反应方程式(3-40)知，该稠油油样生成1molCO_2 需要消耗8.83molO_2，这说明加氧反应在稠油低温氧化过程中占的比例远远大于燃烧反应，即稠油发生加氧反应的活性高于稀油。

通过燃烧管的高温燃烧稳定段数据与高温燃烧反应化学式相结合，可以确定火驱高温燃烧的化学计量式，这一问题已经在第二章第三节中进行了详细阐述，这里就不再赘述。表3-12是学者们关于氧化反应方程式及反应活化能的总结。

四、基于低温氧化分析的点火阶段注气速率控制

最小注气速率的建立首先要考虑到低温氧化的影响，反应原油的体积假定为圆柱体：

$$V=\pi r^2 h\phi S_0 \tag{3-41}$$

式中 V——原油的体积，m^3；

r——燃烧带宽度，m；

表 3-12 文献中主要的反应模型

作者时间	反应物	反应模型	置前因子	反应活化能	反应焓
Lin 等, 1884	26.5 °API	$HO \longrightarrow 3.65LO+1.91Coke$ $LO+13O_2 \longrightarrow 10CO_x+9.6H_2O$ $HO+59O_2 \longrightarrow 48CO_x+43.5H_2O$ $Coke+1.15O_2 \longrightarrow CO_x+0.5H_2O$		72910(Btu/lb-mole) 64460(Btu/lb-mole) 59450(Btu/lb-mole) 25200(Btu/lb-mole)	
Kumar 1987	26 °API	$HO \longrightarrow 3.71LO+7.13Coke$ $LO \longrightarrow 11.96Coke$ $HO+56.99O_2 \longrightarrow 51.53CO_x+28.34H_2O$ $LO+13.23O_2 \longrightarrow 11.96CO_x+6.58H_2O$ $Coke+1.11O_2 \longrightarrow CO_x+0.55H_2O$	1.73E12(h^{-1}) 2.1E9(h^{-1}) 3.02E10($h^{-1} \cdot psi^{-1}$) 3.02E10($h^{-1} \cdot psi^{-1}$) 4.17E4($h^{-1} \cdot psi^{-1}$)		
Tinggas 等, 1996	North Sea Volatile Light Oil	$C_{7+} \longrightarrow 0.2C_{2-6}+13.75Coke$ $C_{7+} \longrightarrow 0.6CH_4+13.75Coke$ $Coke+0.9O_2 \longrightarrow 0.8H_2O+CO$ $C_{7+}+13.13O_2 \longrightarrow 11.87H_2O+14.4CO$ $C_{2-6}+3.68O_2 \longrightarrow 4.25H_2O+3.11CO$ $CH_4+1.5O_2 \longrightarrow 2H_2O+CO$ $CO+0.5O_2 \longrightarrow CO_2$	3.352E10(h^{-1}) 3.352E10(h^{-1})	33300(Btu/lb-mole) 27000(Btu/lb-mole) 25200(Btu/lb-mole) 33300(Btu/lb-mole) 33300(Btu/lb-mole) 59450(Btu/lb-mole)	
Fassihi 等, 2000	32.7 °API	$C_{12-17} \longrightarrow 0.6663Coke+1.5276C_{7-11}$ $C_{18+} \longrightarrow 1.255Coke+2.8774C_{7-11}$ $C_{7-11}+12.062O_2 \longrightarrow 8.541CO_2+7.145H_2O$ $C_{12-17}+19.395O_2 \longrightarrow 13.734CO_2+11.488H_2O$ $C_{18}^++36.353O_2 \longrightarrow 25.871CO_2+21.639H_2O$ $Coke+1.455O_2 \longrightarrow 1.0CO_2+0.9366H_2O$	4.0E10($h^{-1} \cdot psi^{-1}$) 4.0E10($h^{-1} \cdot psi^{-1}$) 4.0E10($h^{-1} \cdot psi^{-1}$) 1.0E8($h^{-1} \cdot psi^{-1}$)	77435(Btu/lb-mole) 77435(Btu/lb-mole) 48600(Btu/lb-mole) 48600(Btu/lb-mole) 48600(Btu/lb-mole) 14967(Btu/lb-mole)	225000(Btu/lb-mole) 4740000(Btu/lb-mole) 9000000(Btu/lb-mole) 12500000(Btu/lb-mole) 0 0
Kuhlman 等, 2000	32 °API	$C_{8-17}+16.66O_2 \longrightarrow 10.54H_2O+11.39CO_2$ $C_{18-34}+35.86O_2 \longrightarrow 29.8H_2O+24.47CO_2$ $C_{34+}+79.92O_2 \longrightarrow 30.77H_2O+61.54CO_2$ $C_{34+} \longrightarrow 2.386C_{18-34}$	2500000(day^{-1}) 2.5E6(day^{-1}) 1E6(day^{-1}) 1E7(day^{-1})	18610(kcal/g-mole) 18055(kcal/g-mole) 25000(kcal/g-mole) 26388(kcal/g-mole)	0(kcal/g-mol O_2) 0(kcal/g-mol O_2) 100(kcal/g-mol O_2) 100(kcal/g-mol O_2) 100(kcal/g-mol O_2) 100(kcal/g-mol O_2)

ϕ——油藏孔隙度;

S_0——油藏含油饱和度;

h——油藏厚度,m。

注气量一定要保证低温氧化的顺利进行,因此根据低温氧化实验及 Arrhenius 方程,由低温氧化实验不同温度和压力下测得的 O_2 消耗速率范围,根据实验测定 O_2 的消耗速率 v_{O_2},那么油田矿场火驱时,为满足氧气消耗,而需要的注气速率为:

$$v = 0.5376 v_{O_2} \pi r^2 h \phi S_0 \qquad (3-42)$$

式中 v——满足 O_2 消耗的注气速率,m^3/d。

空气中原有 O_2 含量为 21%,排出尾气中 O_2 含量仍然很高,假设折算到初始状态 O_2 含量达到 $x\%$,则所需最小注气速率(v_{min})为:

$$v_{min} = \frac{v}{21\% - x\%} \qquad (3-43)$$

辽河油田某区块原始地层压力为 9.39~11.38MPa,压力系数为 1.02,目前地层压力为 1.05~1.50MPa;原始温度为 55℃。该区油样低温氧化耗氧速率平均为每毫升原油 $2×10^5$ mol/h,结合区块地质情况,孔隙度 0.23,含油饱和度 0.6,油层有效厚度按照 15m 计算,点火阶段注气强度应大于 $571m^3/d$,才能保障低温氧化顺利进行,火驱点火才能顺利点燃,点燃前的 CO_2 排放量约为 $20m^3/d$。

第三节 加速低温氧化的添加剂研究

针对轻质原油在低温下活性较低、不易点燃,即点火成功率低的情况,研究加入添加剂如助燃、催化剂等来加速氧化反应,增加耗氧率,提高空气驱的成功率。

一、添加剂的分类筛选

国内关于添加剂对促进轻质原油注空气氧化反应效果研究的报道比较少,通过国内外文献调研及对促进煤燃烧的催化剂研究,初步将添加剂分为以下四类。

(一)黏土类

法国 Nancy University 的 P. Faure 等研究指出,黏土可以催化原油中正烷烃组分的低温氧化反应。P. Faure 等确认黏土矿物比表面积大,可以阻止 C_{15} 以下组分的挥发。他们认为,在黏土矿物中存在钠蒙脱石时,可以生成新的化合物,证实了黏土矿物可以催化氧化低温氧化过程中非常稳定的化合反应物。

黏土矿物对原油的催化作用主要包括两方面:一是比表面效应和黏土矿物成分自身的催化作用。二是黏土的存在可以加速原油的氧化反应速率,降低反应的活化能。

不同黏土矿物的催化能力表现差异很大。对某轻质油藏研究表明,在原油氧化催化能力方面,蒙脱石最优,其次为伊利石,第三为绿泥石,高岭石最差。即对蒙脱石含量高的轻质油藏实施空气驱时,蒙脱石可迅速展现其优越的催化能力,短时间内可使原油进入低温氧化模式,会释放出大量热量,可能很快实现自燃。然而,不同轻质油藏的研究结果还发现,在原油氧化方面,催化能力由高到低依次为:绿泥石、高岭石、伊利石、蒙脱石,这些黏土矿物催化能力间的差异与黏土矿物中的金属盐类型和相对含量有关。然而,目前针对金属盐类对原油催化氧化效果的研究很少。

(二) 金属类

在化学工业中,金属对碳氢化合物氧化反应和裂解反应有很好的催化作用,除了催化作用,金属也能通过破坏大多数原油中的抗氧化剂直接加速氧化反应。金属盐在原油氧化动力学方面有着非常重要的作用。研究表明,金属化合物添加剂的加入,能降低低温氧化反应过程,减少碳氢化合物的损失,即能为高温氧化过程提供充足的焦炭燃料。

1991 年,Shallcross 等研究了 10 种水溶性金属盐类的添加剂对原油氧化动力学的影响,结果发现铁盐和锡盐能够促进燃料沉积,而铜盐、镍盐和镉盐对燃料沉积影响较小,同时发现缩酮的使用不会减少燃料沉积量。1992 年,Castanier 等研究了水溶性金属盐类对原油氧化的影响,发现金属添加剂的引入可以同时改变燃料沉积过程和沉积量,铁盐和锡盐会增加燃烧效率,增加了氧的消耗程度,而锌盐影响不明显。Abuhesa 和 Hughes(2008)应用就地燃烧试验研究了催化剂对燃烧反应的影响,表明催化剂的存在会加速燃烧反应,催化剂的存在可以使得氧化后原油的品质得到更好的改善。2001 年,M. V. Kok 应用差示扫描热量仪来研究添加金属氯化物 $FeCl_3$、$MgCl_2 \cdot 6H_2O$ 和 $CuCl_2$ 对原油的影响,用 Roger‐Morris 和 Arrhenius 两种不同的反应动力学模型分析 DSC 曲线,发现原油氧化反应得到了催化。Celebioglu 和 Bagci 发现当加入金属添加剂后,燃料燃烧中 CO_2/CO 的物质的量比值增加,且随着温度增加,H/C 的原子比值增加。通过阿累尼乌斯模型,发现不同种类的添加剂都能影响活化能的增加或减少,所有的金属盐都能降低氧化反应的温度。

1. 二茂铁

二茂铁属于金属有机化合物,是一种橙黄色的针状结晶,类似樟脑气味,沸点 249℃,熔点 172~174℃,100℃ 以上升华。二茂铁溶于乙醇、乙醚、苯等有机溶剂及浓硫酸等,不溶于水,热稳定性、化学稳定性高,分子呈极性、耐辐射性,在化学性质上具有独特芳香性,类似芳香族化合物。二茂铁可用作火箭燃料添加剂,在煤、柴油燃烧中常作为助燃剂。

原油在低温条件下,发生的氧化反应主要为原油中的饱和烃、芳香烃成分与氧气反应生成胶质、沥青质组分,并产生醇、醚、醛、酮、酸等含氧化合物,其氧化特征主要为加氧反应,在氧气的参与下,长碳链碳氢化合物分子链上产生自由基和含氧官能团(醛、羧、酮等),而在此过程中,诱导长碳链碳烃化合物产生分解出自由基的添加剂,可以使用过渡变价金属,如二茂铁(氯化铁),有研究表明,有过渡变价金属存在下的自由基诱导反应是无变价金属下的 4×10^{26} 倍,在有过渡变价金属存在时,长碳链碳烃化合物会和氧气快速发生反应生成自由基与氢过氧化物成分,同时已生成的游离自由基会夺取其他碳烃化合物的氢原子(这一过程成为夺氢反应)形成氢过氧化物和新的自由基,如此依次反复循环,当自由基的数量增加到一定程度时,则相互碰撞的概率会大大增加,同时两个游离基也会相互碰撞结合成一个双聚物,最后过程就是分解和聚合过程,双聚物会进一步分解形成醛、酮、酸、醇等和高分子化合物。

并且查阅资料得,二茂铁不只有助燃作用,还有助于将生成物中的 CO 转化成 CO_2,产生完全燃烧反应。具体的二茂铁的助燃机理还有待进一步研究。

2. 金属化合物

金属化合物主要包括金属盐类和金属氧化物。金属盐类如 KCl、NaCl、$MgCl_2$、$AlCl_3$、$CuSO_4$、$FeCl_2$、$FeCl_3$。金属氧化物有 Fe_2O_3、CuO。铁类氯化物包括 $FeCl_3$ 和 $FeCl_2$。$FeCl_3$

为黑棕色结晶，粉状也略带块状，熔点306℃，沸点319℃，易溶于水、甲醇、乙醇，不溶于甘油，溶于水时放热。

（三）油脂类

1. 亚麻籽油

亚麻籽油为一种不饱和脂肪酸植物油，主要成分为亚麻酸、亚油酸、油酸等，低温时分解产生自由基，会与过渡金属离子发生反应，不溶于水，与原油能够相溶；基于TG和DSC实验，采用Flynn-wall-Ozawa方法测得亚麻籽油初始氧化活化能为63.84kJ/mol，相对于其他的油脂，如：菜籽油（86.0kJ/mol）、玉米油（88.1kJ/mol）、花生油（99.1kJ/mol）、芝麻油（88.8kJ/mol），以及红花油（104.3kJ/mol）等，亚麻籽油活化能低，更容易反应。

原油在低温氧化时，考虑到原油散热过快，导致与其他附近原油的温度差过大，并且原油本身的饱和烃、芳香烃组分活化能较高，可以给点火器附近加入亚麻籽油，亚麻籽油有在低温条件下快速氧化和产热率高的特点，氧化过程中缓慢地放热，亚麻籽油的低温氧化起始温度为74℃，且含有高含量的不饱和成分（如烯烃和油酸），这些不饱和成分在低温时极易分解出自由基引发链式反应，但是添加亚麻籽油的量是非常大的，通常占到原油含量的40%，这是由于亚麻籽油被用作原料，并不是添加剂，它在反应中是不断消耗的。

对于大多数的轻质油，被界定在170~300℃的低温范围内。在低于170℃的温度，液相反应的类型涉及以低温氧化或加氧氧化为主导地位的氧化模式，这些反应是自由基链反应，其中涉及启动阶段。提高自由基的形成率会在原始油藏温度附近增加产热率。有研究表明，亚麻籽油包含不饱和成分，在低温下极易分解出自由基，亚麻籽油的低温氧化性较为活泼，在低温区有显著的放热现象，如果将亚麻籽油和正十六烷加入轻质油中，产热量会发生在低温区内更宽的温度范围内，并且使原油在更低温度发生氧化反应，但它的产热速率较低，而金属添加剂（氯化铁、氯化镁、氯化铜、二茂铁）则会弥补这一缺陷，在轻质油中加入金属添加剂，会出现更早的放热反应和更高的产热速率、产热量，同样最大热流量对应的峰值温度也会迁移，这更有利于热量的积累及高温氧化反应的发生。

2. 地沟油

地沟油的主要成分为甘油三酯，查阅相关资料，地沟油中含有不饱和成分，由于亚麻籽油等植物油可用作原油低温氧化添加剂，其催化机理就在于亚麻籽油中含有较多的不饱和脂肪酸，可在低温时发生自由基的链式反应，降低原油的活化能，所以推测地沟油也具有类似作用。

地沟油经过高温以后的废油脂，由于做饭多用的是铁锅，所以地沟油中含有含量较少的铁离子，铁作为过渡变价金属具有催化特性，能降低原油低温氧化的起始温度，增加原油的产热量，可缩短原油达到高温氧化的时间。

亚麻籽油等植物油价格高，经济性不好，而地沟油作为废料，没有经济价格，如果能将地沟油经过简单的处理注入地层，用于原油开发，那不仅能解决地沟油引起的环境、食品安全，以及处理费用高昂的问题，还能提高原油开发的经济效益。

3. 生物柴油

生物柴油提取于油菜籽油、高油脂肪酸和脂肪酸单甘油酯对蒸汽效率有影响。实验压力为1.8MPa、温度为205℃、孔隙介质取自阿尔伯达北部天然油砂矿。实验表明，添加剂生物柴油可以提升蒸汽的热效率，提高采收率40%以上。但是，生物柴油在沥青中具有一定的溶解性。因此，要作为蒸汽添加剂，必须考虑在既定蒸汽注入条件下生物柴油的相态特征。

二、添加剂的作用机理

（一）助燃剂

助燃剂能够缩短原油的自燃点火时间，提高氧化反应速率，增加耗氧量，使氧化反应顺利进入高温氧化阶段并保持稳定的氧化前缘，金属盐类添加剂有助燃效果。主要有以下种类：

（1）二茂铁（0~0.5%）：具有助燃、消烟、抗爆作用。

（2）碱金属：KCl、NaCl。

（3）过渡金属氧化物：Fe_2O_3、CuO。

（4）硝酸钾、硝酸钠、氯酸钾、高锰酸钾、氯酸钾。

（二）催化氧化剂

催化氧化剂可以促进原油长链烃发生断键反应生成短链烃，降低反应活化能，提高氧化反应速率，增大耗氧量；破坏原油中天然存在的抗氧化剂，加快反应，提高注空气技术的安全性。研究表明，原油中的黏土矿物具有催化剂的作用主要有以下两类：

（1）环烷酸铜、MnO_2，多用于稠油注空气催化降黏。

（2）黏土矿物，主要是伊利石、蒙脱石、绿泥石、高岭石。

（三）引燃剂

引燃剂主要用于加速点火，降低人工点火温度，增加点火成功的概率，尤其是在油藏温度很低时，加入引燃剂促进原油氧化。主要有以下四类：

（1）氯酸钾、硫、二氧化锰的混合物。

（2）甲醇、乙醇、乙醚、柴油、煤油。

（3）过渡金属铜盐，如$CuSO_4$。

（4）含铁化合物，如$FeCl_3$、$FeCl_2(FeSO_4)$、Fe_2O_3。

（四）改善热传导

改善热传导一般主要作用于原油的整个氧化反应过程，如地沟油、亚麻仔油。

三、添加剂优选实验及数据处理

基于二茂铁的助燃机理，首先选取二茂铁作为添加剂实验药品，研究不同含量的二茂铁添加量对原油低温氧化反应的影响。

（一）实验前的准备工作

1. 实验用砂

反应釜体积$V=150mL$；实验用砂占反应釜体积的1/3，则$V_{砂}=50mL$。

选取100~140目的石英砂，测得石英砂的密度为$2.5g/cm^3$。

用排砂法测得石英砂的孔隙度为0.35；则$m_{砂}=\rho_{砂}\times V_{砂}=2.5\times 50=125g$。

2. 实验用油

$S_o=0.5$，$\rho_o=0.8535g/cm^3$，则$V_o=50\times 0.35\times 0.5=8.75mL$；$M_o=8.75\times 0.8535=7.468g$。

3. 添加剂二茂铁的量

二茂铁的添加量为 0.2%、0.4%、0.6%、0.8%时，根据实验用油质量计算二茂铁的质量分别为 14.936mg、29.872mg、44.808mg、59.744mg。

(二) 实验步骤

首先将称量好的原油与石英砂均匀混合，再加入不同含量的二茂铁添加剂，搅拌均匀后，放入反应釜内，将反应釜密封好之后，先升高温度，到预定温度后再升压，然后记录压力随时间的变化情况。等到压力几乎不变化时，视为氧化反应完成，用气袋收集反应生成的气体，用气体检测仪测出含量。

(三) 低温氧化反应速率及耗氧量计算

1. 低温氧化反应速率的计算

单位体积原油在单位时间内消耗氧气的物质的量为原油的氧化反应速率，计算低温氧化反应速率一般有两种方法，包括气体含量法和压力降法，由于气体含量法主要依赖于测量反应后氧气的含量，存在一定的局限性。相比较而言，压力降法主要取决于反应前后压力的变化，准确性相对较高。假设低温氧化反应方程式为：

$$C_nH_{2n+2} + nO_2 \longrightarrow \frac{2n-1}{2}CO_2 + H_2O + C_{n-1}H_{2n} \quad (3-44)$$

气体物质的量的差 $x = \dfrac{n(n_1-n_2)}{0.5}$ mol，即反应速率=气体物质的量的差/(原油体积×反应时间)。

式中 n_1——氧化反应前反应釜中氧气的摩尔含量；
n_2——氧化反应后反应釜中氧气的摩尔含量。

2. 耗氧量的计算

氧气的耗氧量=1-反应后氧气的含量/反应前氧气的含量

(四) 二茂铁不同添加量对低温氧化反应速率的影响

通过文献调研，发现原油氧化反应中的添加剂含量多为 0.2%~1.0%，故设置五组实验来对比分析二茂铁添加剂对原油低温氧化反应的影响。实验方案见表 3-13。

表 3-13 实验方案表

添加剂	组数	S_o	S_w	温度/℃	压力/MPa	添加量
二茂铁	1	0.5	0.4	110	13	无
	2					0.2%
	3					0.4%
	4					0.6%
	5					0.8%

反应后测得实验数据见表 3-14。

表 3-14 实验数据处理表

项 目	压力 13MPa				
添加剂二茂铁质量分数/%	未添加	0.2	0.4	0.6	0.8
温度/℃	110	110	110	110	110

续表

项目	压力 13MPa				
温度/K	383	383	383	383	383
反应前 P_0/MPa	12.99	13.03	13	13.01	12.98
反应后 P_t/MPa	11.75	11.68	11.48	11.15	11.12
反应时间 Δt/h	231	203	86	81	78
CO_2/%	1.50	1.65	2.13	2.70	3.5
O_2/%	18.07	17.56	15.43	13.20	13.04
ΔP_t	1.24	1.35	1.52	1.86	1.86
ΔP_x	1.24	1.35	1.52	1.86	1.86
$\Delta P_x \times 10^{-4}/\Delta t$	53.680	66.50	176.74	229.63	238.46
低温氧化反应速率/10^{-5}mol·h^{-1}·mL^{-1}	2.10	2.60	6.899	8.963	9.307
耗氧量/%	13.95	16.38	26.52	37.14	37.90

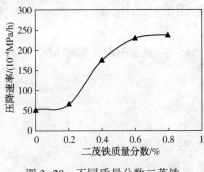

图 3-20 不同质量分数二茂铁添加量下的压降速率

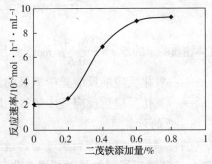

图 3-21 二茂铁用量对低温氧化反应速率的影响

由图 3-20 和图 3-21 可知,随着添加剂二茂铁质量分数的增加,氧气分压下降速率增大,低温氧化反应速率增大。13MPa、110℃时,当二茂铁添加剂的含量为 0.6%~0.8% 时,氧化反应速率为未添加催化剂时的 4 倍。氧气的消耗量也明显增多,但当二茂铁质量分数增大到 0.8% 时,压降速率升高缓慢。

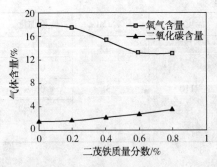

图 3-22 不同二茂铁添加剂含量下反应后气体的含量

图 3-22 可得,氧气的消耗量随二茂铁质量分数的增加而增多,当二茂铁质量分数为 0.8% 时,氧气消耗量也几乎不再增加。则可得出,在该温度、压力下,最优二茂铁添加量的质量分数为 0.6%。

(五) 不同温度下二茂铁的催化效果

不添加催化剂时,增加温度会增大低温氧化反应速率,而添加催化剂后,再增加温度,会对实验有何影响,由此设置了 4 组不同温度下的实验。实验数据处理结果见表 3-15。

表 3-15 实验数据处理表

项 目	压力 13MPa			
二茂铁添加量/%	0.6			
温度/℃	70	90	110	130
温度/K	343	363	383	403
反应前 P_0/MPa	13	12.98	13.01	13.02
反应后 P_t/MPa	12.36	12.23	11.15	10.99
反应时间 Δt/h	221	149	81	48
CO_2/%	1.3	2.41	2.7	3.5
O_2/%	19.10	17.3	13.20	8.50
ΔP_t	0.64	0.75	1.86	2.03
ΔP_x	0.64	0.75	1.86	2.03
$\Delta P_x \times 10^{-4}/\Delta t$	28.96	50.34	229.63	422.92
低温氧化反应速率/10^{-5}mol·h^{-1}·mL^{-1}	1.262	2.073	8.963	15.688
耗氧量/%	9.04	17.62	37.14	59.52

由图 3-23 和图 3-24 可得,含有二茂铁添加剂的氧化反应升高温度后,压降速率和氧化反应速率增大,增大幅度明显大于未加入添加剂的氧化反应,且氧气含量下降明显,则温度升高与添加剂共同起协调作用,温度越高,添加剂的作用效果越明显(图 3-25)。

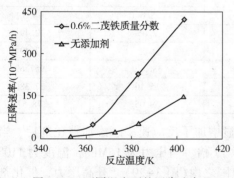

图 3-23 不同温度下的压降速率

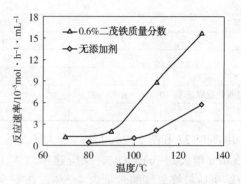

图 3-24 不同温度下的反应速率

对阿累尼乌斯方程两边取对数,做 $\ln(\Delta P_x/\Delta t) \sim 1/T$ 的曲线图,如图 3-26 所示。通过回归方程,计算出反应的活化能为 $E_a = 54.789$ kJ/mol,反应频率因子 $A = 5.480$ mol/(h·mL)。原油未加添加剂与加入二茂铁后反应的活化能与反应频率因子对比见表 3-16。

表 3-16 原油动力学参数对比表

反应油样	压力/MPa	活化能/(kJ/mol)	反应频率因子/[mol/(h·mL)]
原油	13	65.94	50.606
原油+0.6%二茂铁	13	54.789	5.480

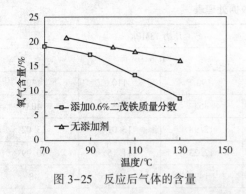

图 3-25 反应后气体的含量

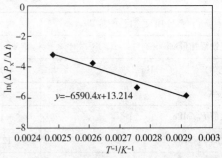

图 3-26 $\ln(\Delta P_x/\Delta t)$ 与 $1/T$ 关系曲线图

由表 3-16 可得，加入二茂铁添加剂后显著降低了原油的活化能，活化能越小，氧化反应速率越快。

（六）不同压力下二茂铁的催化效果

实验数据处理结果见表 3-17。

表 3-17 实验数据处理表

项 目	温度 110℃		
温度/K	383		
二茂铁添加量/%	0.6		
压力/MPa	13	14	16
反应前 P_0/MPa	13.01	14.98	16.0
反应后 P_t/MPa	11.15	12.93	13.51
反应时间 Δt/h	81	53	26
CO_2/%	2.7	3.3	3.68
O_2/%	13.20	8.6	4.5
ΔP_t	1.86	2.05	2.49
ΔP_x	1.86	2.05	2.49
$\Delta P_x \times 10^{-4}/\Delta t$	229.63	386.79	957.69
低温氧化反应速率/10^{-5} mol·h^{-1}·mL^{-1}	8.963	15.10	37.380
耗氧量/%	37.14	59.05	78.57

由图 3-27 和图 3-28 可知：增大压力也明显增加了反应速率。添加催化剂后，当压力由 13MPa 增大到 16MPa 时，反应速率增大了 4.17 倍。当压力为 16MPa，温度为 110℃ 时，反应结束后最终氧气的含量为 4.5%，在安全范围之内（图 3-29）。升高压力，催化剂的作用效果更明显，表明压力与催化剂也有协同作用，共同增大了氧化反应速率。

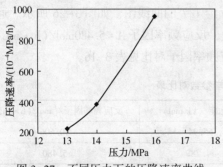

图 3-27 不同压力下的压降速率曲线

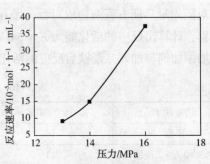

图 3-28 不同压力下的反应速率曲线

（七）其他添加剂的催化效果

前人做过好多黏土类添加剂的实验，发现黏土可以对原油中正烷烃组分低温氧化过程起到催化作用，催化裂解重质原油，有利于为高温氧化反应积累充足的燃料，增大空气和原油的接触表面积，具有很好的催化作用，在此就不再做实验。

考虑别的金属添加剂以及地沟油对低温氧化反应的催化效果，又设计了6组加入不同添加剂的低温氧化实验，金属添加剂的含量都为0.6%。考虑到地沟油加进去后会自己当作燃料参与反应，故需多加入，含量定为1.0%，为了与二茂铁做对比实验，设置了温度了110℃，压力为13MPa，实验结果见表3-18。

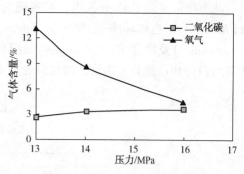

图 3-29 反应后气体的含量

表 3-18 实验数据处理表

项 目	压力 13MPa					
温度/K	383					
添加剂	二茂铁	$CuSO_4$	$FeCl_3$	NaCl	KCl	地沟油
添加含量/%	0.6					1.0
反应前 P_0/MPa	13.01	13.0	12.98	12.99	13.01	13.0
反应后 P_t/MPa	11.15	11.35	11.20	11.65	11.67	11.48
反应时间 Δt/h	81	80	89	113	109	69
CO_2/%	2.7	2.36	3.2	3.5	2.9	3.1
O_2/%	13.20	15.01	14.1	15.8	15.6	13.9
ΔP_t	1.86	1.65	1.78	1.34	1.34	1.52
ΔP_x	1.86	1.65	1.78	1.34	1.34	1.52
$\Delta P_x \times 10^{-4}/\Delta t$	229.63	226.88	200	115.584	122.935	202.67
低温氧化反应速率/10^{-5}mol·h^{-1}·mL^{-1}	8.963	8.050	7.806	4.628	4.80	8.598
耗氧量/%	37.14	28.52	32.857	24.76	25.714	33.809

由表3-18可以看出，过渡金属元素Fe、Cu的催化低温氧化反应速率效果好，优于钠盐及钾盐的催化效果。地沟油的催化效果也很好，明显缩短了低温氧化反应时间，提高了反应速率。

第四节　原油氧化的组分转化路径

一、稠油组分划分

稠油的组成成分复杂，对于稠油的研究主要基于族组分的研究，将化学性质相似的有机化合物归类为族。目前，最广泛采用的是四组分色谱分离法。

此方法最早由 Corbett 提出，按照极性从小到大的顺序分为：饱和分（Saturates）、芳香分（Aromatics，也称环烷-芳香分 Naphthalene-aromatics）、胶质（Resins，也称极性芳香分 Polar-aromatics）及沥青质（Asphaltenes）四组分，取四个组分的首字母也称为 SARA 法。此外，还有六组分和八组分分离法，四组分分离流程如图 3-30 所示。

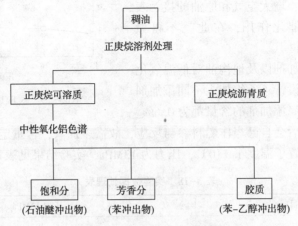

图 3-30　四组分分离流程图

在实际分离沥青质时，有时也采用正戊烷或正己烷溶剂处理原油。相应所得到的沥青质为正戊烷沥青质或正己烷沥青质。其区别在于正戊烷沥青质或正己烷沥青质中，除包括庚烷沥青质外，还含有庚烷胶质中较重的部分。

饱和分的氢碳比在 1.95 左右，平均相对分子质量为 600~900，是四组分中相对分子质量最小的。主要包含链烷烃和环烷烃两大类，重质油中环烷烃比例较高。

芳香分氢碳比在 1.5~1.7，其相对分子质量略高于饱和分，约为 600~1400。指分子中含有苯环结构的烃类化合物，主要由原油中的芳香烃化合物组成，含有一定量非烃的杂原子成分。除芳香环外，还含有相当多的烷基侧链和环烷环。

胶质氢碳比为 1.3~1.5，平均相对分子质量在 1400~2800，作为沥青质与芳香分、饱和分之间的过渡组分，在组成、结构和性质上与芳香分和沥青质有相似的部分。尤其是低相对分子质量的沥青质组分和高相对分子质量的极性芳香分可能与胶质没有明显区别。与沥青质相比，胶质氢碳比较高，芳香度较小，总环数和芳香环数较少，且缩合程度较低。与芳香分、饱和分比，胶质含有较多的杂原子，极性较强，环结构复杂。

沥青质是原油中结构相对最复杂，分子量和极性相对较大的组分，是原油中溶于苯但不溶于非极性的小分子正构烷烃（一般为 C_5~C_7）的物质。与胶质相比，沥青质中杂原子含量更高，氢碳比更低，芳碳率更高。沥青质的烃类骨架主要包括芳香环系、环烷环系和烷基侧链三种结构。多数研究结果表明，沥青质分子平均缩合芳香环数在 3~10。

二、稠油胶体体系

稠油是一种胶体稳定体系，胶质和沥青质在稠油中的含量一般占到 40%~60%，沥青质以胶体形式分散在稠油中，而胶质和较轻的组分为分散相。有研究者研究并建立了原油的胶体结构模型（图 3-31）。

石油是一种胶体体系，沥青质（胶束中心）和其表面和内部吸附的部分构成了胶体体系的分散相，余下的可溶物质形成分散介质。模型中，四种组分的界面比较明显，但实际体系中相界面是渐变的，芳香度和极性由胶束中心向外依次减弱，不是突变的，而是梯度变化的。

研究发现，原油的物理体系中胶质组分可以稳定沥青质，在原油中保持溶解状态，具有稳定化作用。当稠油中的胶体体系平衡被打破后，沥青质就会析出沉淀，形成互不相溶的两个液相。李华生等在1998年研究了渣油热反应体系中第二液相的形成机制。用光学显微镜观察到了三种第二液相：物理第二液相、物理化学第二液相和化学第二液相。其各自的产生机理也不同（图3-32）。

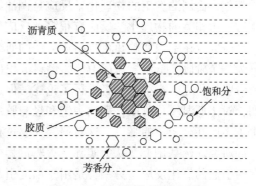

图3-31 原油胶体结构示意图

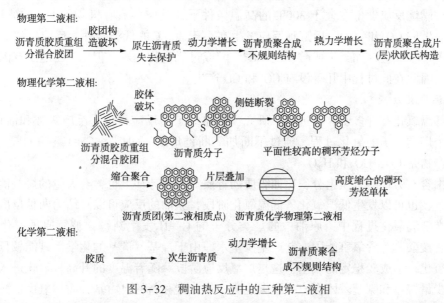

图3-32 稠油热反应中的三种第二液相

物理第二液相是由渣油中原生沥青质组分发生物理聚合形成的。原始的渣油分散体系由于沥青质和胶质的重组分混合胶团被破坏，失去胶体保护的原生沥青质会沉降析出，发生聚合，因此观察物理第二液相的外形具有原生沥青质组分的分形聚集和热力学增长的特点。物理第二液相形成后，析出并聚合在一起的原生沥青质分子内的桥键和脂肪侧链发生断裂，形成平面的稠环芳烃分子，稠环芳烃分子在适宜的条件下经有序聚集成长为具有最低能量构型的球形态，此阶段为物理化学第二液相。随着反应程度加深，原生沥青质和原生胶质分子内的自由基聚合反应迅速加剧，大量次生沥青质生成，由于反应迅速，动力学成长来不及形成规则的形状，因此化学第二液相的形状是不规则的。

三、稠油反应机理

火驱过程中稠油的组分转化是燃料形成的重要过程，为火驱燃烧的传播提供了重要的物质基础。而稠油发生的物理化学反应是稠油组分转化的主要因素。由于稠油复杂的成分，火驱过程中相关的物理化学反应有很多，反应机理复杂。

研究者在室内实验热重分析等方法的研究结果基础上，将火驱过程中原油的反应过程划分为三个阶段：低温氧化（LTO）、燃料沉积（FD）和高温氧化或者高温燃烧（HTO）。关于三个阶段的研究已有很多学者进行了论述。但这种按照温度划分的方法无法描述其复杂性。例如，对于低温氧化阶段，稠油中饱和烃与胶质的含量变化规律，不同研究者通过实验研究产生了不同甚至矛盾的结论，这对研究火驱过程中燃料的形成过程造成了困惑。本章在总结前人的研究理论基础上，认为实际上火驱过程中稠油的反应可以分为两种，第一种是由于氧气存在引起的氧化反应，另一种是由于温度引起的热反应。氧化反应进一步细分为低温氧化和高温氧化（燃烧）。

（一）氧化反应

原油的氧化过程是一个非常复杂的过程。原油氧化反应机理可以归纳为7种：完全燃烧生成CO_2、不完全燃烧生成CO、氧化生成羧酸、醛、酮、醇、过氧化物。

前两种燃烧反应发生在大于300℃的高温条件下，反应导致有机物的C—C键和C—H键被破坏，生成CO_2和H_2O。后五种反应发生在小于300℃的低温条件，反应导致烃类物质与氧气分子发生反应，加氧生成酸、醛、酮、醇或过氧化物和水，但C—C键没有因为氧化发生断裂，因此在此过程中几乎没有CO_2和CO产生。

1. 低温氧化反应

对于低温氧化有许多研究者进行了研究，并总结了其反应机理、反应级数和活化能等。原油中一个烃类分子的氧化过程，通过不断加氧断键形成—OH、—CHO、—CO等氧化物，最终反应产物是CO、CO_2和H_2O。

原油中含有芳环的重质组分，比如胶质沥青质等，其芳环上也含有大量的烷基侧链，在氧气条件下，也可以发生低温氧化。低温氧化阶段，原油的反应可以总结为两种反应，加氧和脱羧。在低温氧化过程中，原油中的烃类分子的C—H发生断键，被氧原子取代形成羟基、羰基、羧酸基等含氧官能团，并产生少量水。由于羟基、羰基的化学键键能较低，可以被进一步氧化，形成较稳定的羧基，这是加氧反应阶段。随着温度的升高，氧化进入脱羧反应阶段。少量羟基和羰基基团会直接脱碳生成一氧化碳和新的自由基，而加氧反应阶段生成的羧基也会发生脱碳，导致羧基剥离，生成二氧化碳。

用通式来表述上述原油的低温氧化两个反应为：

加氧：
$$C_xH_y + \frac{z}{2}O_2 \longrightarrow C_xH_yO_z \tag{3-45}$$

脱羧：
$$C_xH_yO_z + \frac{2\alpha+\beta+\gamma-z}{2}O_2 \longrightarrow C_{x-\alpha-\beta}H_{y-2\gamma} + \alpha CO_2 + \beta CO + \gamma H_2O \tag{3-46}$$

2. 低温氧化组分变化

由于原油低温氧化发生以上化学反应，原油的组分也会因此发生改变。虽然对原油的氧化机理在许多研究中已有共识，大致可划分为加氧反应和脱羧反应。对于低温氧化阶段原油的组分变化，N. Jia, R. G. Moore等于2006年提出用四个一级反应来表示低温氧化组分变化过程。原油分为庚烷可溶质和庚烷沥青质，可溶质包含除沥青质外原油其他组分，如胶质、芳香分、饱和分。

慢反应胶质和次生胶质转化为沥青质：

$$\text{慢反应可溶质} + \text{次生可溶质} + \text{氧气} \longrightarrow \text{沥青质（聚合）}$$

含氧沥青质的裂解：

$$\text{沥青质} \longrightarrow \text{次生可溶质} + \text{焦炭} + \text{气体（聚合）}$$

次生胶质燃烧：

$$\text{次生可溶质} + \text{氧气} \longrightarrow \text{气体} + \text{水}$$

胶质转化为沥青质：

$$\text{可溶质} + \text{氧气} \longrightarrow \text{沥青质}$$

但由于原油组成成分复杂，在不同条件下的低温氧化后原油组分变化不尽相同。较早报道的是经低温氧化反应后，原油中芳香烃和胶质含量减少，沥青质含量增加；后来又有研究发现饱和烃基本不变，芳香烃含量减少，沥青含量增加。而胶质含量先减少，再增加，后来又减少。但是其结论中共同点是芳烃减少，沥青质增加。

这是因为在低温氧化过程中，饱和烃在低温氧化中与氧气发生加氧反应，生成极性较大的非烃类组分，反应产物性质与胶质类似。芳香烃与饱和烃类似在氧化过程发生加氧反应向胶质转化，不断消耗，因此最终含量减少；胶质和沥青质既是反应物也是生成物，会发生侧链键断裂和氧原子剥离又转化为饱和烃类，这就解释了在原油四组分中饱和烃含量变化无规律的原因。胶质在低温氧化反应中既可以作为缩合成分子量更大，芳碳率更高的沥青质的反应物，也是芳香分转化的产物，因此其含量受氧化程度影响变化也无规律性。发生侧链断裂的主要是原生的胶质和沥青质，次生胶质和沥青质由于芳香度高，烷基侧链较少并且较短，不容易发生断裂，更倾向于发生聚合形成分子量更高的成分（图3-33）。

低温氧化过程导致稠油发生上述变化，降低了其胶体结构稳定性，引起相分离，加速沥青质物理聚沉，使得稠油容易发生化学共聚生焦。研究表明，经历了低温氧化后的稠油生焦量明显增多。

3. 高温氧化（燃烧）

火驱的高温燃烧阶段一般发生在360℃以上，反应生成CO_2、CO和H_2O。研究普遍认为，高温燃烧阶段的主要燃料是形成的焦炭。

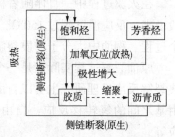

图3-33 低温氧化组分转化路径

在高温氧化阶段，氧气与燃料沉积形成的焦炭类固体进行燃烧反应，产生大量热量，同时消耗大量氧气，是温度最高的反应。张学彬于2015年提出稠油的高温氧化（燃烧）首先是焦炭的燃烧，当温度再升高，焦炭开始完全燃烧，生成CO_2和H_2O，放出大量的热。焦炭燃烧积累的大量热，使得沥青质和胶质达到自燃点开始燃烧。

4. 高温氧化与空气需要量（燃烧）

火驱过程中，稠油发生的反应需要有氧气参与，而注入的空气是氧气主要来源。因此，需要计算火驱的空气需要量。稳定的火驱过程中，未被驱替的稠油最终会经历高温氧化反应（燃烧），其产物为CO_2和CO以及H_2O。因此，从稠油的高温氧化反应入手，可以计算火驱稳定推进的空气需要量。根据高温氧化反应的化学反应式，高温氧化的空气需要量可以用式

(3-47)来计算：

$$CH_x + [1 - 0.5m' + 0.25X]O_2 \longrightarrow (1-m')CO_2 + m'CO + 0.5xH_2O \quad (3-47)$$

式中 x——氢与碳的原子比；

m——生成的 CO_2 与氧化碳(CO_2+CO)摩尔比。

根据式(3-47)可以看出：每燃烧单位摩尔燃料(CH_x)，需要消耗$(1-0.5m'+0.25x)$摩尔的氧气。假定火驱每驱替单位体积的油藏需要消耗 m_R 质量的燃料(可以通过实验测定)，单位 kg/m^3。则有氧气的需要量(标准状况)：

$$O_R = 22.4 \frac{m_R}{12+x}(1 - 0.5m' + 0.25x) \quad (3-48)$$

式中 O_R——火驱驱替单位体积油藏所需的氧气量，Nm^3/m^3。

折合成空气为：

$$A_R = 106.7 \frac{m_R}{12+x}(1 - 0.5m' + 0.25x) \quad (3-49)$$

式中 A_R——火驱驱替单位体积油藏所需的空气量，Nm^3/m^3。

实际上，火驱过程中空气的需要量不仅仅是高温燃烧所消耗的部分。低温氧化和地层岩石矿物质的反应都会造成氧气的消耗。另外，地层压力的变化也是影响注气量的大小的因素。因此，火驱实际的注气量要比 A_R 大。

高温燃烧是火驱的主要动力，高温燃烧释放的大量热量可以维持火烧前缘的稳定推进，并促使燃烧前缘向前推进。

(二) 热反应

1. 热反应机理

在火驱过程中一直伴随着稠油的热反应，而氧化反应产生的热加剧了热反应的进行。一般说来，反应温度超过150℃，原油就会表现出不稳定性。稠油的热反应包括裂解和聚合两个过程。稠油中大分子物质裂解形成小分子组分，而聚合会形成相对分子质量更大的组分。

原油裂解过程实际上是一个由同时进行多个不同反应、反应过程复杂的动态过程。原油热裂解反应机理研究主要以自由基反应机理为基础。其中包括：引发自由基反应，分子和自由基之间的氢转移反应，自由基之间断裂反应，自由基间的加成反应，自由基的终止反应等。

在一定的反应条件下，原油中烃类分子会发生化学键的断裂，进而生成大量的自由基。根据不同分子结构的化学键 C—C 键和 C—H 键的键能大小关系：链烷烃或烷基链 C—C 键的键能<环烷烃 C—C 键的键能<C—H 键的键能<芳香环 C—C 键的键能。在热反应过程中，最先发生反应的是饱和分中长链烷烃的 C—C 键的断链，生成小分子碳链，然后是环烷烃 C—C 键断裂发生的开环反应或者 C—H 键断裂发生脱氢芳构化反应；芳香分由于芳香环结构稳定主要发生烷基侧链的断裂，而断裂后的芳香环自由基之间又可以进一步缩合形成分子量更高的稠环芳烃。

长链烷烃断裂：

$$R \longrightarrow R' \cdot + R'' \cdot \quad (3-50)$$

芳环烷基侧链断裂：

$$\text{[PhCH}_2\text{CH}_2\text{R]} \longrightarrow \text{[PhCH}_2\cdot\text{]} + R\cdot \tag{3-51}$$

自由基聚合：

$$R\cdot + R'\cdot \longrightarrow RR' \tag{3-52}$$

$$\text{[Ph-R}\cdot\text{]} + \text{[Ph-R}\cdot\text{]} \longrightarrow \text{[Ph-RR-Ph]} \tag{3-53}$$

$$\text{[Ph]} + \text{[Ph]} \longrightarrow \text{[Naphthalene]} \tag{3-54}$$

自由基在一定条件下发生聚合形成更大的分子。而原油中的长链烃类会通过热裂解作用，生成更小的烃类分子或者更重的烃类。焦炭主要形成在稠油的热反应中，后作为火驱过程中的燃料。

关于焦炭的形成，早先的许多研究都是根据 Levinter 在 1965 年提出的假设，认为焦炭是渣油热反应中轻质组分向重质组分顺序聚合的产物。

$$\text{Oils} \rightarrow \text{Resins} \rightarrow \text{Asphaltenes} \rightarrow \text{Carbenes} \rightarrow \text{Coke}$$

但这个假设不能解释焦炭诱导期存在的原因。焦炭诱导期是原油在产生焦炭之前发生反应的时间。WIEHE, I. A. 于 1993 年提出不溶性沥青质第二相的形成是引起焦炭形成并沉积的原因。他将冷湖的渣油的组分划分为庚烷沥青质(A)和庚烷可溶物(H)，整个热反应过程中可溶物和沥青质的转化用两个平行的一级反应来描述。

$$H^+ \xrightarrow{K_H} aA^* + (1+a)V \tag{3-55}$$

$$A^+ \xrightarrow{K_A} mA^* + nH^* + (1-m-n)V \tag{3-56}$$

式中　H^+——反应物，不易挥发的庚烷可溶物。

在诱导期阶段只发生可溶质和沥青质的热转化，参与反应的沥青质只形成低分子量的产物。只要沥青质保持溶解状态，庚烷可溶物可以提供充分的氢阻止沥青质自由基的形成，进而阻止沥青质自由基的聚合。

随着反应的进行，沥青质核浓度升高，而庚烷可溶物减少，直到达到溶解极限后，析出的沥青质形成第二相，没有庚烷可溶物提供的氢，自由基聚合反应剧烈，沥青质迅速转化为焦炭：

$$A_{ex}^* + H^+ \xrightarrow{\infty} (1-y)TI + yH^* \tag{3-57}$$

式中　A_{ex}^*——反应析出的沥青质；

　　　H^*——产物，不易挥发的庚烷可溶物；

　　　TI——甲苯不溶性焦。

Wiehe 的模型(图 3-34)可以归纳为：

J. D. M. Belgrave(2005)认为热裂解产生的燃料(焦炭)不足以支持火驱后续的高温氧化(燃烧)。提出 Athabasca 沥青的热裂解模型是三个一级反应：

$$\text{Maltenes} \longrightarrow \text{Asphaltenes}$$

$$\text{Asphaltenes} \longrightarrow \text{Coke}$$

$$\text{Asphaltenes} \longrightarrow \text{Gas}$$

并认为低温氧化也有焦炭的生成，低温氧化阶段的反应机理是两个一级反应：

$$Maltenes + Oxygen \longrightarrow Asphaltenes$$
$$Asphaltenes + Oxygen \longrightarrow Coke$$

J. D. M. Belgrave 的模型（图 3-35）可以归纳为：

图 3-34　Wiehe 相分离模型　　　图 3-35　J. D. M. Belgrave 的热反应模型

2. 热反应组分变化

从化学组成上来看，饱和分主要是链烷烃和环烷烃。芳香分主要含有芳环结构，含有少量碳数较少的烷基侧链，相对分子质量较小。胶质的主要结构形式与芳香分类似，但芳环结构复杂，以稠环芳香环为主，环结构还连有较大的烷基侧链和环烷环，而且含有较多杂原子，导致极性较大。杨继涛等在 1994 年对我国四种减压渣油的族组分的热反应行为进行研究发现，饱和分最容易发生裂化反应，其缩合反应性能最差，而胶质的反应性能正好相反，芳香烃的缩合和裂化性能介于二者之间。饱和分热反应时不生成沥青质和甲苯不溶物。饱和分生焦率最低，芳香分稍高，胶质及沥青质是焦炭的主要来源。热反应活性的变化顺序为：饱和分>芳香分>胶质>沥青质。

饱和分中链烷烃发生断链反应，生成小分子碳链，反应产物仍是饱和烃；环烷烃有可能发生开环反应或者脱氢芳构化反应，其对应的产物分别为饱和分或者芳香分，产物的芳香分进一步缩合成为胶质（图 3-36）。

芳香分发生烷基侧链的断裂，而断裂后的芳香环自由基之间又可以聚合形成稠环芳烃。因此，芳香分既可以裂化成饱和分，同时又可以聚合成胶质，产物胶质进一步聚合成为沥青质（图 3-37）。

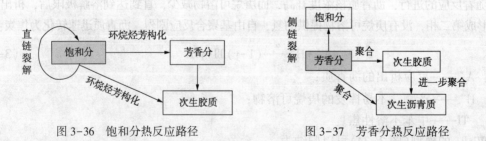

图 3-36　饱和分热反应路径　　　图 3-37　芳香分热反应路径

胶质既能发生烷基侧链的裂化反应，又能发生芳香环之间的聚合反应。因此，胶质一方面裂化成较轻的组分如饱和分和芳香分，另一方面聚合成沥青质，且沥青质进一步转化成甲苯不溶物（焦炭）（图 3-38）。

沥青质与胶质发生的反应类似，一方面因为裂化形成胶质以及饱和分和芳香分等轻质组分，另一方面聚合成为甲苯不溶物（焦炭）。

对各组分反应后的产物进行分析,热反应后的次生饱和分与原生饱和分相差不大,而经过热反应后生成的芳香分、胶质及沥青质的化学组成结构与原生组分相比存在显著差异,反应后胶质的相对分子质量、平均链长、烷基碳数、烷基碳率均有降低;热反应后胶质的缩合指数和芳碳率增加,次生胶质的环烷数与芳香环数的比值降低(图 3-39)。

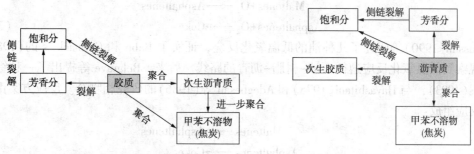

图 3-38　胶质热反应路径　　　　图 3-39　芳香分热反应路径

因此,从化学结构上看,次生胶质比原生胶质更容易转化成沥青质;次生沥青质的相对分子质量、碳原子数、总环数随着反应温度的升高均有极大值,说明在次生沥青质进一步转化成甲苯不溶物的过程中会先形成一个大分子的沥青质聚集体,称之为甲苯不溶物的前身。此沥青质聚集体比原生沥青质和胶质具有更高的相对分子质量、芳香碳率和缩合指数,更短的烷基侧链。反应温度进一步升高,沥青质缩聚体将进一步缩合,进而导致热反应体系的溶胶能力减弱而发生聚沉,反应体系出现新的相态,此时甲苯不溶物(焦炭)开始大量生成。次生沥青质大量转化成甲苯不溶物后,剩余的次生沥青质的相对分子质量、总碳数、总环数均会大大降低,但其芳香碳率和缩合指数升高,氢碳比降低,从结构上看,仍很容易转化成甲苯不溶物。

原油热裂解过程中发生裂解的同时一定伴随着缩合反应,热转化中各组分反应是裂解和缩聚同时进行的两个双向过程。裂解反应生成小分子,使体系向低相对分子质量、低芳香度转变;缩聚反应则促使体系向高相对分子质量、高芳香度变化,最终稠油因发生深度裂解和缩聚反应而生焦。

(三) 组分转化路径

第一个出现在文献中的反应方案是在 1970 年,Buger 和 Sahuquet 考虑了低温反应中碳原子和氧原子之间键的形成。此外,他们提出了燃烧反应和热解反应。1978 年末,Hayashitani 等对阿萨巴斯卡沥青进行裂解反应,并提出了裂解反应模型,在实验的基础上,定义了三种油成分(沥青 Asphaltenes、软沥青 Maltenes、馏分油 Distillates),反应遵循以下路径:

$$\text{Asphaltenes} \longrightarrow \text{Coke}$$
$$\text{Maltenes} \longrightarrow \text{Asphaltenes}$$
$$\text{Maltenes} \longrightarrow \text{Distillables} \quad (3-58)$$

Crookston 等(1975)在数值模拟研究中使用方程(3-59)。反应包括焦炭的形成,焦炭的燃烧和直接燃烧反应。这些反应是基于作者的直觉而不是实验观察。

$$\text{Light Oil} + O_2 \longrightarrow CO_x + H_2O$$
$$\text{Heavy Oil} + O_2 \longrightarrow CO_x + H_2O$$

$$Heavy\ Oil \longrightarrow Light\ Oil+Coke+inert\ gases$$
$$Coke+O_2 \longrightarrow CO_x+H_2O \tag{3-59}$$

基于前人的工作，Adegbesan 等(1986)提出了低温氧化反应多种反应途径，这些反应包括式(3-60)。

$$Maltenes+O_2 \longrightarrow Asphaltenes$$
$$Asphaltenes+O_2 \longrightarrow Coke \tag{3-60}$$

Fassihi(1990)等研究了几种油的低温氧化反应，证实了 Babu 和 Cormack's 的(1984)观点，观察到低温氧化反应遵循石油-树脂-沥青的路线。后来，Belgrave 等提出了一种综合反应方案(1993)，与 Hayashitani(1978)和 Adegbesan 等(1986)的研究相吻合。反应方案由以下几个反应组成：

$$Maltenes \longrightarrow Asphaltenes$$
$$Asphaltenes \longrightarrow Coke$$
$$Asphaltenes \longrightarrow Gas$$
$$Maltenes+O_2 \longrightarrow Asphaltenes$$
$$Asphaltenes+O_2 \longrightarrow Coke$$
$$Coke+O_2 \longrightarrow CO_2+CO+H_2O \tag{3-61}$$

2005 年，Freitag 和 verkoczy(2005)发表了他们对低温氧化的研究。后来，Freitag、埃菲尔比(2006)提出了一种基于 SARA 反应模型的裂解反应。他们的方案是方程(3-62)。其中，S：饱和烃，A：芳烃，R：树脂，ASP：沥青。

$$S \longrightarrow Gas+Light\ ends+A$$
$$A \longrightarrow Gas+Light\ ends+S+R$$
$$R \longrightarrow Gas+Light\ ends+S+R+Asp$$
$$Asp \longrightarrow Gas+Light\ ends+A+A+R+Coke \tag{3-62}$$

Dechelette 通过 RTO 实验观察反应类型。他们使用了一个绝热的圆盘反应器，并通过 2 个步骤的加热时间表。在他们的研究中，他们确定了 2 个不同的燃烧反应，并提出以下反应：

$$Oil+aO_2 \longrightarrow Coke_1$$
$$Coke_1+a_1O_2 \longrightarrow b_1CO_2+\frac{b_1}{5}CO+c_1H_2O+Coke_2$$
$$Coke_2+a_2O_2 \longrightarrow b_2CO_x+c_2H_2O \tag{3-63}$$

最近，Cinar 等(2011)进行了动力学实验结合 X 射线光电子能谱(XPS)，进行了大量反应中间体的分析，他们提出了一个反应模型：

$$Oil+a_1O_2 \longrightarrow b_1Coke_1+c_1H_2O$$
$$Coke_1+a_2O_2 \longrightarrow b_2CO_2+c_2CO+d_2H_2O$$
$$Coke_1 \longrightarrow a_3Coke$$
$$Coke_2+a_4O_2 \longrightarrow b_4CO_2+c_4CO+d_4H_2O \tag{3-64}$$

此反应方案有一个显著特征：它同时包含低温氧化区内燃料的形成和高温氧化区内燃料的燃烧。M. Cinar(2015)分析以往各个模型的属性，对一种新模型进行动力学测试，并与新实验数据进行比较。在比较的基础上，与现有文献中模型的相关转化率进行比较。

四、基于岩心分析的原油转化路径

新疆红浅1试验区中h××井位于试验区燃烧前缘位置附近。由于重力作用，油藏呈现上部燃烧，下部驱替的特点。因此，不同深度位置的岩心可以反映火驱不同阶段时的岩心流体特征。利用红外光谱和甲苯浸出物全分析对红浅试验区的取心井h××不同深度的岩心进行分析。

火驱过程中会出现明显的区带，根据不同区带特征可以清楚了解火线推进情况。观察取心井A岩心的各段(图3-40)，可以发现火驱燃烧段与未燃段明显的分界面位于547.6m处。分析不同深度位置的岩心物性和流体特征，根据不同段的火驱波及范围和区带特征，将岩心划分为已燃带、焦炭沉积带、油墙和原始油带四个区带，这为后续岩心分析打下了良好的基础。

已燃带(A—B段)呈现出原油被完全驱替的状态，含油饱和度低，矿物分析发现存在褐铁矿和钛铁矿，火驱反应后的岩石颜色由灰黑色转变为砖红色，表明区带曾处于强氧化环境，是研究稠油焦炭燃烧的重要区带。

焦炭沉积带(B—C段)处于已燃区和油墙中间，属于火驱过程中的重要的生焦反应阶段。具有明显的渗透率和毛管半径急剧下降、经历高温，重质成分多的区带特征，对该区带的认识决定了火驱转化的最终结论。

油墙带(C—D段)相较于原始油带(D—E段)呈现出含油饱和度较高的现象(53.2%)，具有明显的油墙效应，说明火驱效果良好。

原始油带(D—E段)远离火驱界面，含油饱和度低于油墙带，是分析组分转化和原油改质重要的参考带。

图3-40 火驱现场生产井取心照片

族组分变化只是区带内诸多反应后的宏观现象，为了分析火驱过程中分子结构和化学键的变化，对区带内油样进行红外光谱和GC-MS分析。红外光谱和GC-MS分析可以将族组分结果细化，由于火驱各区带内的反应是连续的，可以通过各反应物的相对变化分析反应过程和组分转化路径。

(一) 区带内油样的红外光谱分析

将不同区带岩心块置于一定体积的甲苯溶剂中，用超声波将密闭取心井段中的有机物(包括原油)浸取出来，然后在旋转蒸发仪上谨慎地将溶剂吹干，最后使用德国Bruker公司IFS 66/S型傅里叶变换近红外光谱仪(FT-NIR)进行光谱测定。

1. 原始油样光谱特征

将待测量渣油样品搅拌均匀后，均匀地涂在ATR附件上，放入红外光谱仪的测量室内进行扫描得红外光谱图。

样品1取自岩心549m处的D—E段，因距火线较远，可认为是原始油样。红外谱图(图3-41)显示，波数在2800~3000cm^{-1}存在明显的吸收峰特征，包含了—CH_3基团、—CH_2基团的振动,同时波数为1459cm⁻¹的吸收峰与—CH₂或—CH₃的弯曲振动有关,波数1376cm⁻¹处出现了—CH₃对称弯曲振动,以上特征吸收峰说明了原始油样中饱和烷烃、环烷烃或烷基侧链的存在。

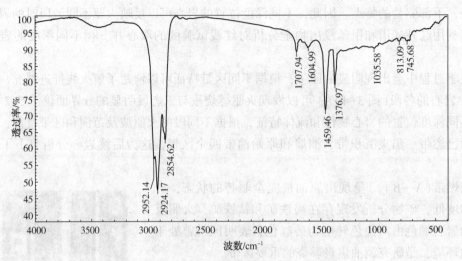

图3-41 取心井549m处有机物红外谱图(样品1)

红外谱图波数在1800~1000cm⁻¹为含氧官能团的吸收峰。图3-41中1707cm⁻¹处出现的吸收峰可能为芳香族中的酯、酸、酮、醛的—C=O的伸缩振动,由于—C=O基与芳环共轭使得吸收频率降低;在1035cm⁻¹处有脂肪族或环醚的—C—O—C的伸缩振动,其为胶质或沥青质中含杂原子氧的非烃成分;另外,在1604cm⁻¹处—C=C—键的伸缩振动,及745cm⁻¹、813cm⁻¹等为芳环—C—H键的吸收,为典型的含有芳环的重质组分存在的特征。

根据红外谱图分析发现,原始油样中有饱和烷烃、环烷烃或烷基侧链的存在;同时,存在含有芳环重质组分胶质和沥青质烃类成分和非烃类成分。

2. 燃料沉积段光谱特征

样品2取自地下547.84m处的燃料沉积B—C段,将样品2的原油族组分和样品1进行对比(图3-42)。结果表明,样品1中的胶质和沥青质约占总量的40.1%,远高于红浅地区原始(样品1)平均水平18%,而饱和烃的含量远低于平均水平60.5%,芳香烃含量略有减少。说明在焦炭沉积带中,稠油组分发生了由低相对分子质量、低芳香度向高相对分子质量、高芳香度转变,稠油发生了明显的改质。

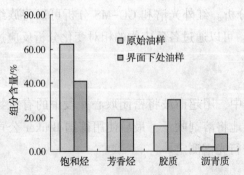

图3-42 界面下和原始油样族组分对比分析

进而对样品2进行有机物红外谱分析(图3-43),结果显示,其与样品1有同样明显的饱和烷烃或烷基侧链的—CH₂基和—CH₃基吸收峰,但是吸收峰值明显低于样品1的峰值,说明含量有所减少,在燃料沉积阶段发生—C—H键断裂。

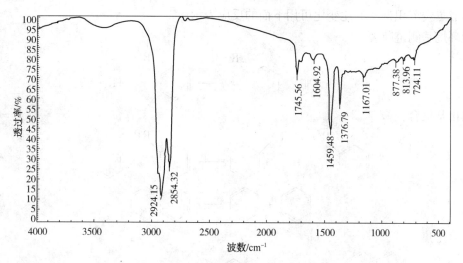

图 3-43 取心井 547.8m 处有机物红外谱图（样品 2）

进一步分析可以看出，—C═O 键的吸收峰左移至 1745cm^{-1} 处，认为是原本与芳环相连的非烃类侧链发生断裂，从芳香族化合物变成脂肪族化合物，没有芳环共轭影响的—C═O 键吸收峰左移；1605cm^{-1} 处—C═C—键的伸缩振动的吸收峰值低于样品 1 的峰值，且在 817cm^{-1}、813cm^{-1}、724cm^{-1} 处芳环—C—H 对称面弯曲振动峰相比于样品 1 的峰值明显地倾向高波数移动，这说明芳环的邻位发生被取代，芳香结构有所减少；在 1035cm^{-1} 处有脂肪族—C—O—C—的伸缩振动，其吸收峰值明显高于样品 1，说明脂肪族的含量在不断增加。

综上，燃料沉积阶段与原始油样处的红外光谱对比分析，发现饱和烃及含芳环结构的重质组分均产生了变化。结合稠油氧化、热反应机理和出现的焦炭沉积现象，上述变化主要是由以下反应引起：

（1）低温氧化反应。

由于低温氧化反应的发生，饱和烃和芳环中烷侧基中 C—H 键发生断裂，进而形成含有醛、酯、醚、酸的脂肪族含氧化合物和芳香族含氧化合物，导致 C═O、C—O—C 等含氧官能团吸收峰明显，其过程如图 3-44 所示。

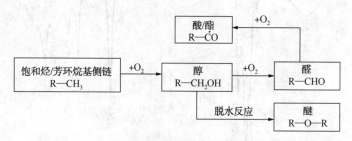

图 3-44 低温氧化过程图

（2）热反应。

燃料沉积这一阶段经历高温，受温度的影响芳环结构减少，芳环邻位发生取代，而受裂解影响形成的自由基则进一步聚合，缩合成相对分子质量更大的分子。由于自由基聚合反应剧烈，高分子量的自由基进一步缩合，打破了胶体系统的平衡，最终转化为甲苯不溶物焦炭，形成焦炭沉积带，上述变化可用下面的反应表示：

芳环烷基侧链断裂：

自由基聚合：

聚合生焦：

3. 高温氧化段光谱特征

样品 3 取自岩心 541.82m 处 A—B 段已燃带中的部分未燃尽段。谱图（图 3-45）有明显的饱和烷烃、环烷烃或烷基侧链的—CH_2 基和—CH_3 基吸收峰，但是吸收峰值明显高于样品 1，说明原油中饱和烷烃组分等轻质组分增多；3443cm^{-1} 处出现的较明显的醇类—OH 键吸收峰，结合在 1172cm^{-1} 处—C—O 的伸缩振动，O—H 面外弯曲吸收峰为 728cm^{-1}，因此可以判断岩心中含有醇类物质。2852cm^{-1} 处出现的吸收则为醛基的 C—H 伸缩振动，1744cm^{-1} 处出现的吸收峰为醛基—C＝O 的伸缩振动，因此，可以判断体系中含有醛类物质；1604cm^{-1} 处芳核的—C＝C—吸收峰不明显，说明此处原油中芳香结构减少，芳香度较低。因为 814cm^{-1}、877cm^{-1}、1605cm^{-1} 等处的吸收峰消失，说明含芳环重组分变少。

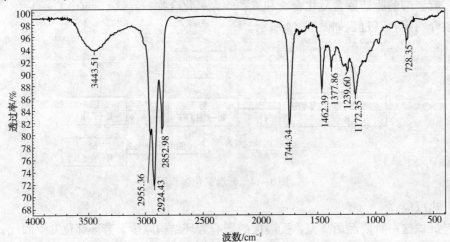

图 3-45　取心井 541.82m 处有机物红外谱图（样品 3）

从样品3的红外谱图分析,可知原油中饱和烷烃等轻质组分增多,已燃带的醇类、醛类等含氧化合物的含量也明显高于火线附近的区域,这说明随着温度升高,稠油组分氧化程度进一步加深。而燃烧阶段中含芳环重质组分的减少主要是由于焦炭燃烧积累了大量热,使得沥青质和胶质达到自燃点开始燃烧导致的。上述变化可以用高温氧化阶段的反应式(3-65)来表示:

焦炭及沥青质和胶质的燃烧反应:

$$\text{Asphaltenes/Resins} + \text{Oxygen} \longrightarrow CO + CO_2 + H_2O$$
$$\text{Coke} + \text{Oxygen} \longrightarrow CO + CO_2 + H_2O \tag{3-65}$$

(二) 各取心段的GC-MS分析

为了确定不同区带的物质组成,进而验证红外光谱分析的结果,对各取心段进行GC-MS分析。将不同区带岩心块小心碾碎,并置于一定体积的甲苯溶剂中,用超声波将密闭岩心的有机物(包括原油)浸取出来。使用美国安捷伦公司HP6890N-5975B气相色谱-质谱仪进行质谱检测。对照质谱库(NIST)并参照标准品的色谱图依据色谱保留时间进行正构烷烃的定性。

表3-19 GC-MS分析定性结果

位 置	深度/m	甲苯浸出物全分析定性结果
A—B段	541.82	主要物质为长链烷烃、环烷烃,如5-Ethyl-2-methyloctane(5-乙基-2-甲基辛烷),2,6,11-Trimethyldodecane(三甲基十二烷)
B—C段	547.84	含有苯甲醛,长链烷烃,如正二十一烷、正二十五烷
D—E段	549	含有为稠环芳烃,三环环烷烃,如2-甲基萘,1,3-二甲基萘,18-Norabietane松香烷,14-Isopentyl(异戊基)-8,13-dimethylpodocarpane(三环烷烃)

从表3-19不同段的GC-MS分析定性结果可知,D—E段原始油带中胶质沥青质等重质组分含量较高,且环结构复杂,这一特征与原始油带的组分分析一致。

B—C段含有苯甲醛,长链烷烃,且碳链普遍较长(C_{20}以上),且相比于C—D段,环烷烃、稠环芳香烃等多环结构减少。其中,苯甲醛验证了红外谱分析加氧反应的发生;环烷烃多环结构的减少,说明在这一阶段发生了环烷烃C—C键断裂的开环反应,而稠环芳香烃多环结构的减少,对应于燃料沉积带红外谱图分析的稠环芳香烃发生热裂解,自由基共聚生焦这一反应。

A—B段主要存在烷烃、环烷烃等轻质组分,其链长较短,结合红外谱分析,这主要是由于发生燃烧反应,重质组分焦炭、沥青质、胶质大量消耗,同时积累的大量热使地层温度急剧升高,导致长链烷烃发生断裂,生成小分子碳链。

综上分析结果,发现GC-MS分析的物质组成很好地解释了红外光谱的分析结果,这为进一步组分转化路径分析奠定了基础。

(三) 组分转化路径分析

结合不同区带内原油的组分变化和红外光谱测定,以及GC-MS分析,发现火驱过程中稠油的转化呈现明显的氧化和改质现象,因此可分析出稠油组分的转化过程。

1. 低温阶段

反应主要发生在燃料沉积带(B—C段),该区带内稠油组分反应最集中,组分发生转化最重要,有明显的渗透率和毛管半径急剧下降、重质成分含量升高的燃料沉积特征。结合红外光谱测定和GC-MS分析的结果发现该部分的氧化反应和热反应是同时发生的,以热反应中的缩聚和热裂解反应为主。含芳环的重质组分和饱和烃均发生了加氧反应,这可由红外谱图上C—H键断裂、明显的含氧官能团的吸收峰特征,及GC-MS分析苯甲醛的出现得以印证;受温度影响,环烷烃和芳香族含氧化合物发生深度裂解,而断裂后的芳核自由基发生聚合,形成芳香度更高、分子量更大的稠环芳烃,最终形成甲苯不溶物焦炭,这可由芳环邻位发生取代的特征和GC-MS分析结果中环烷烃、稠环芳香烃等多环结构物质减少,以及热解分析中残渣重烃含量较高的焦炭沉积特征所印证,如图3-46所示。

2. 燃烧阶段

燃料沉积后历经高温氧化被消耗,岩心的A—B段呈现被完全驱替的状态,且火驱后的岩石颜色由灰黑色转变为砖红色,表明区带曾处于强氧化环境。结合已燃区内未燃尽段的红外光谱测定和GC-MS分析,发现该部分中重质组分焦炭、沥青质、胶质等大量燃烧,这可由红外谱图上重质组分吸收峰消失、芳环结构减少,以及GC-MS分析残余有机物中以烷烃、环烷烃等轻质组分为主现象得以印证。而残余有机物中组分链长较短,说明在燃烧阶段,发生了饱和烃的裂解反应。根据新疆红浅1地区岩心分析和稠油氧化相关理论,建立的火驱过程中稠油组分转化路径如图3-46所示。

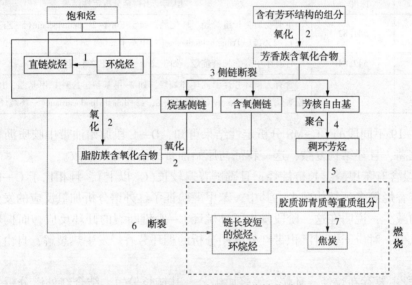

图3-46 火驱过程中稠油组分转化路径
1—环烷烃发生开环反应;2—加氧反应;3—芳香族侧链发生断裂反应;4—芳核自由基的聚合反应
燃烧阶段:5—稠环芳烃进一步聚合;6—饱和烃裂解反应;7—共聚生焦

焦炭的形成是受温度影响,稠油组分发生了热裂解反应,导致化学键断裂(1、3、6),而热裂解反应过程中产生了大量的芳环自由基,自由基发生聚合反应进而生焦(4、5、7)。另一方面,在低温氧化反应机理和组分迁移路径方面印证了前人研究的烃类分子(主要是饱和烃、芳环烷基侧链)加氧反应(2)C—H键断裂加氧形成—OH、—CHO、—CO等氧化物的反应路径。

高温氧化阶段反应变化与多数学者研究结果一致,主要是焦炭和重质组分胶质、沥青质的燃烧,达到了原油改质的效果。稠油转化路径结合了前人研究和火驱实验的现场实际,对理论模型进行了印证和完善,是深入挖掘火驱取心井资料分析火驱机理的良好实践。

第四章 基于热分析实验的氧化动力学分析

火驱的高驱油效率主要得益于化学反应过程中放出大量的热,原油作为一种混合物,虽然不能精确地写出每一种反应物火驱反应方程式,但是通过对静态氧化和燃烧管实验的分析,可以确定火驱过程中几个重要的反应及其反应计量式。接下来,就需要研究每个反应的反应速度、反应焓和活化能等反应动力学参数,这样才能将反应式置于数值模拟模型中,实现对目标区块原油氧化过程的成功再现。火驱反应动力学研究是实现上述过程的手段,通过对氧化动力学的深入分析,提高点火成功率、设计火驱方案、认识火驱状态并调整火驱效果就有了理论依据。

第一节 热分析动力学基础

热分析动力学是建立在化学热力学、化学动力学及热分析技术基础上的一门分支学科。它的基本思想是,用化学动力学的知识,研究用热分析方法测定得到的物理量(如质量、温度、热量、模量和尺寸等)的变化速率与温度之间的关系。

热分析动力学方法从根本上说是基于这样一个基本原理:在程序控制温度下,用物理方法(如 TG 法、DTA 法或 DSC 法等)监测研究体系在反应过程中物理性质(如质量、样品与参比物之间的温度差、热流差或功率差等)随反应时间或温度的变化,并且监测的物理性质的变化正比于反应进度或反应速率。

一、热分析动力学的特点

(1)热分析动力学方法的信息来源是体系变化过程中的物理性质的变化,因而它对体系所测物理性质以外的其他性质没有任何限制条件,即具有非特异性的特点。但这种非特异性是相对的,即热分析方法只对其测定的物理性质的变化有响应。

(2)现代热分析仪器灵敏度高,热分析动力学方法具有响应速度快,样品用量少,分析时间短等优点。

(3)热分析动力学方法直接检测的是体系的某一物理性质的变化,可以同时得到反应过程中相应物理性质变化的静态信息和动态动力学信息。

(4)热分析动力学方法可以原位、在线、不干扰地连续检测一个反应,从而具有以下优点:

① 可以得到整个过程完整的动力学信息。
② 动力学测量结果比非原位的采样方法更为准确。
③ 测量过程中无须在体系中添加任何试剂,反应后的体系可以很方便地进行后续研究与分析。
④ 操作比较简便,不需要在特定的时间点进行采样分析。

(5)热分析方法的影响因素很多,往往重复性较差,实验误差较大,而且不是所有的化学反应都可以用热分析动力学研究。

二、火烧油层动力学研究的必要性

（1）获取模拟参数。火驱化学反应中，还需要明确反应过程中的能量是如何转化的，尤其是数值模拟中需要给出阿累尼乌斯（Arrhenius）活化能、反应级数和指前因子这些值，并且可以用来计算所需的燃烧能或引燃时间。

（2）辨别某种原油的反应区域。火驱动力学主要工作就是识别反应阶段并准确获取阶段性质，进而判断该类型原油是否适合进行火驱以及火驱过程中的大致状态。在以前的文献中，把原油划分了两个主要温度段：低温氧化（LTO）和高温氧化（HTO）。低温氧化最低温度为石油的燃点，最高温度可达 300~350℃。高温氧化最高温度对轻油来说可以达到 400~500℃，对重油和焦油来说可达 700℃。

（3）判断原油在油藏条件下发生自燃的可能性。经实践证明，利用阿累尼乌斯（Arrhenius）公式计算油层发生自燃的时间较为准确，计算过程中需要确定活化能等氧化动力学参数。

发展到今天，从矿物、无机物、金属、陶瓷到聚合物、电子材料、药物和食物等，热分析应用于研究的每个领域，几乎没有哪一个领域没有它的存在。

三、火烧油层动力学研究现状

在原油氧化反应动力学研究方面，1962 年，Alexander 等研究了原始含油饱和度、原油密度、注入空气对火烧油层的影响，并进行了低温氧化实验。1964 年，Coats 和 Redfern 运用 TG 和 DTA 数据，利用积分法建立了 Coats-Redfern 方程，该方程通过假定反应级数通过曲线的线性度计算火驱过程中的活化能。S. sakthikumar 等建立了一维模型对原油氧化反应进行室内研究，热重（TG）数据被 Vossoughi、Goncalves 等用于氧化反应动力学参数进行了计算，进而 Fassihi 等通过阿伦尼乌斯方程，研究了反应速率常数与燃烧温度的关系。1988 年，S. A. Abu-Khamsln 通过在线性温度用氮气加热下的一个填砂管模型得出了一种模拟燃烧前缘的方法，并通过非线性回归方法建立了一种可以描述火驱过程化学反应的动力模型。2015 年，Murat. Cinar、Istanbul 等建立了一种火驱动力学模型，这一模型从活化能的角度对氧化反应的能量、物质传递进行分析，此模型可以预测活化能转化率及转化温度，从而有助于推断反应的阶段。

2009 年，朱文兵应用热分析实验求取了辽河油田不同油样的动力学参数，比较了原油和油砂混合物与原油的热分析实验，利用差示热扫描量热仪对原油裂解热进行了测定，结合能量守恒方程，得出了火烧油层稳定燃烧的最佳条件。

2013 年，赵仁保采用燃烧池实验，对新疆风城油田稠油样品进行了氧化实验，采用 Friedman 方法对活化能测定，并对燃烧阶段进行了划分。

2013 年，唐君实、关文龙等采用热重法进行了稠油氧化实验研究，分析了三种不同的动力学参数计算方法的计算结果，结果表明单一扫描速率法计算结果存在一定的偏差，等转化率法计算得到的动力学参数较为准确。

2014 年，江航采用加速量热仪（ARC）研究了高压绝热条件下的原油氧化特性，推导了该条件下的原油氧化动力学模型，计算得到了典型原油的氧化动力学参数。

2014年，袁成东、蒲万芬等采用热重-差热联用手段，对比了轻质油和重质油的氧化特征及动力学参数，分别计算了重质油和轻质油在各氧化阶段的失重速率及温度范围，采用Arrhenius方法和Ingraham-Marrier(I-M)方法计算重质油和轻质油的动力学参数。

2015年，杨建军采用热分析实验，分析了轻质原油加入不同组分时，原油氧化各项参数的变化，应用热监测仪跟踪原油温度及黏土矿物等的温度变化，分析了轻质原油氧化自燃的条件。

2015年，陈天然利用高温高压氧化釜研究了杜66稠油点火参数的影响因素并进行了分析，修正了空气需要量和燃料消耗量的预测模型。

2016年，唐晓东总结了国内外关于原油注空气氧化及动力学计算的相关研究进展，指出了各类氧化反应模型的优缺点，认为等转化率法在研究原油氧化动力学方面具有很大的发展前景。

2016年，蒋海岩、袁士宝等采用热重实验对稠油氧化进行了研究，根据热重曲线将原油氧化阶段细致划分为四个阶段，并对4个阶段分界点进行了明确定义，同时，利用等转化率法对原油氧化活化能进行了计算。

2017年，高连真采用热重分析仪对克拉玛依稠油的热转化阶段进行了划分，计算得到了各阶段的温度范围和失重率，根据Arrhenius方程计算得到了相关的动力学参数。

原油氧化动力学是注空气提高采收率技术的基础理论，将油层内部的原油氧化反应与注空气矿场项目控制连接起来，为数值模拟和油藏工程计算提供依据。火烧油层过程中，氧化反应及生产产物十分复杂，目前针对原油氧化反应进行了诸如氧化管、加速量热仪、热重、细管实验等大量的实验研究，而且不同实验数据的计算方法也存在不同，如从质量变化、热量变化、耗氧速度等方面入手计算动力学参数，同时还存在部分实验装置只能得到原油氧化某一温度段的参数，而有的实验整个氧化过程只能得到一组动力学参数等问题。本章从原油氧化动力学实验入手，对常用的几种氧化动力学适用范围及优缺点进行了分析，同时分析了不同计算方法对动力学参数的影响，从氧化动力学角度分析了火烧油层过程中的动态平衡，通过数值模拟分析氧化动力学参数对火驱注采关系的影响，为火烧油层技术的理论研究提供参考。

第二节　原油氧化动力学实验方法

热分析仪器现在已经向高精度、模块化、集成化方向发展，不仅能进行热分析实验，还能准确测量动态实时监测数据变化。为了确定原油的动力学参数(指前因子、活化能)，可以使用几种常规方法，如加速量热法或热重分析。根据Burnham和Dinh(2007)的研究，这些方法是通过假设一个反应模型来解释燃烧。

一、热重分析法(TGA)

热重分析法(Thermal Gravimetric Analyzer)是一种利用热重法检测物质温度-质量变化关系的仪器。热重法是在恒定的加热速率下，测量物质的质量随温度(或时间)的变化关系。当被测物质在加热过程中有升华、气化、分解出气体或失去结晶水时，被测的物质质量就会发生变化(图4-1)。

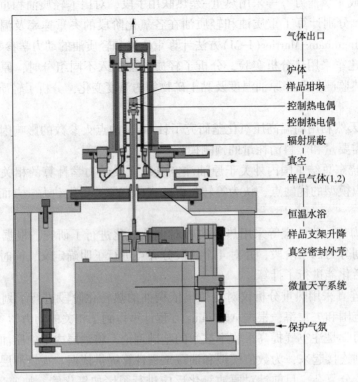

图 4-1 热重分析仪构造图

通过分析热重曲线，就可以知道被测物质在多少度时产生变化，并且根据失去重量，可以计算失去了多少物质。热重分析仪因其用量少、实验时间短、温度易控制等特点在氧化动力学参数计算方面有广泛的应用。采用热重法研究原油氧化动力学参数方便、快捷，受到了广泛的使用。

热重分析仪主要由记录系统、程序控温系统、天平、炉子等几个部分构成，仪器的功能参数包括温度范围和升温速度等，如德国耐驰公司生产的热重分析仪性能参数为：

(1) 温度范围：20~1100℃。
(2) 升温速率：0.001~200K/min。
(3) 耐腐蚀陶瓷炉体。
(4) 热重量程：2000mg。
(5) 天平分辨率：0.1μg。
(6) 工作气氛：惰性、氧化、还原，静态或动态。

原油热分析实验（图 4-2）一般用原油与石英砂混合物，以保证最大限度地模拟地层内原油赋存状态。

通过 TG-DTG 实验研究不同升温速率下原油氧化过程中失重速率的变化，分析不同升温速率下的原油氧化动力学参数变化，进行氧化阶段划分，计算原油氧化动力学参数。

热重分析实验步骤为：

(1) 首先开启仪器电源，依次打开计算机和打印机。
(2) 打开炉体，将反应物放入托盘。

图 4-2　TGA/DSC 同步热分析仪

(3) 接通气体。
(4) 打开计算机软件,设定反应条件等。
(5) 设定不同的升温速率,进行实验。
(6) 实验完成后,打印出热重图。

热重分析消耗的资金少,只需要少量的人力去操作,数据分析需要的时间短,这种方法主要的缺点是热分析的实验过程很难与油藏或燃烧管实验条件下保持一致。因此,实验结果也就很可能随着实验条件(加热速率、氧分压、通气速率、样品尺寸等)改变而改变(图4-3)。此外,热重分析缺乏像燃烧管那样的气流特性。

实验必须利用油藏中的岩层和原油,实验条件与被模拟系统的条件差别

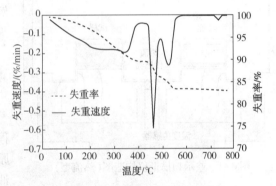

图 4-3　典型油砂热重曲线图

使计算得到的火驱参数受到影响。热重分析的主要特点如下:

(1) 热重实验加热速率影响燃料的沉积量。燃料的沉积量随着加热速率的减小而增多,因为低加热速率下有利于低温氧化(LTO)。

(2) 热重分析实验数据得到的参数是基于一个反应模型,而这个模型够不够严谨取决于加热速率。因此,热重实验加热速率必须与被模拟系统的热速率一致。

(3) 既然油藏和原油矿物质催化燃料的分解,那么热重实验必须利用油藏中的岩层和原油。

(4) 热分析图谱不受气流的影响。

(5) 样品温度误差随着原油的饱和度、加热速率、样品尺寸、通气速率、氧浓度增大而增大。因此,热重分析必须仔细设计以减少温度误差。

(6) 既然利用热分析工具,火驱参数受到实验条件的影响,那么必须保证热重实验条件与被模拟系统的条件尽可能接近。

热重实验所得到的数据有时间、温度、升温速率、质量变化、失重速率等参数。热分析动力学最初是利用 TG、DTG 曲线,通过假定简单反应动力学方程,求取反应活化能等参数,但是许多反应的反应机理十分复杂,常常用通式 $f(a)$ 代替。在化学反应中,a 用反应物浓度的变化速率来表示,但是在原油氧化反应实验中,原油组分复杂,浓度变化无从计算,所以利用质量的变化速率来代替浓度变化。

二、差示扫描量热法(DSC)

差示扫描量热法(Differential Scanning Calorimetry)是一种快速、可靠的热分析方法。差示扫描量热法(DSC)是在程序控制温度下,测量输给物质和参比物的功率差与温度关系,试样在热反应时发生的热量变化,由于及时输入电功率而得到补偿,所以实际记录的是试样和参比物下面两只电热补偿的热功率之差随时间 t 的变化关系。如果升温速率恒定,记录的也就是热功率之差随温度 T 的变化关系。

差示扫描量热仪有热流型和功率补偿型(图 4-4),主要由记录系统、程序控温系统、天平、炉体、传感器等几个部分构成。德国耐驰 DSC204HP 差示扫描量热仪性能举例如下:

(1) 温度范围: $-180 \sim 700$℃。

(2) 升降温速率: $0 \sim 200 \text{K/min}$。

(3) DSC 检测限: $0.1 \sim 0.02 \mu\text{W}$。

(4) 时间常数: $0 \sim 0.6\text{s}$。

采用差示扫描量热方法研究原油氧化过程中升温速率对原油氧化特征的影响。实验原油样品与热重实验油样相同,采用纯原油油样进行实验,主要实验方法与方案为:通

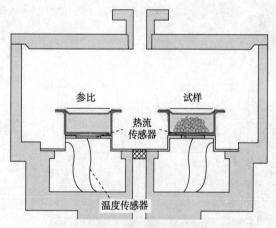

图 4-4 差示扫描量仪构造图(热流型)

过 DSC 实验研究原油氧化过程中热流率的变化情况,计算原油氧化过程中的热焓值,分析升温速率对原油氧化过程中热焓值的影响。实验基本步骤为:

(1) 检查气源压力是否达到实验要求;检查水浴系统液位。

(2) 打开 UPS 电源,打开计算机。

(3) 打开差示扫描量热仪,打开压力与流量控制器电源开关,仪器预热 30min。

(4) 打开水浴系统电源开关,打开水浴温度控制器电源开关,设定水浴温度,水浴温度高于室温 3℃,点"OK"键确定。

(5) 打开高压釜。松开高压釜螺丝,拿开高压釜盖子,用镊子依次取出 2 个小盖子放于操作台上。

(6) 将空坩埚放到天平上,清零;将装入样品的坩埚称重,获得样品质量。

(7) 将样品坩埚和参比品分别置于炉子内。

(8) 关闭高压釜。依次用镊子夹起 2 个小盖子放到炉子上,盖上高压釜盖子,手动旋紧盖子上的螺丝。

(9) 根据实验要求在压力控制器或者流量控制器上设定压力或者流量值,待压力或者流

量稳定后，进行下一步操作。

（10）打开测量软件；新建测量文件；选择坩埚类型；选择测量类型，输入样品参数，选择校正文件；设定温度程序，选中吹扫气和保护气，依次添加温度程序；设定文件名，初始化完成后点击开始进行测量。

（11）测量结束，填写工作记录。

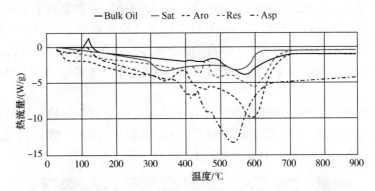

图 4-5　基于 SARA 组分的典型 DSC 曲线图

差示扫描量热计（DSC）能够获得反应热与温度的关系（图 4-5），许多研究人员一起使用 DSC 和 TGA 来获得有关氧化反应的最大信息（Vossoughi 等，1985；Kharrat 和 Vossoughi，1985）。

三、加速量热仪（ARC）

加速量热仪（Accelerating Rate Calorimeter，简称 ARC）可以提供绝热条件下化学反应的时间-温度-压力数据。加速量热仪（ARC）基于绝热原理设计（图 4-6），可使用较大的样品量，灵敏度高，能精确测得原油热分解初始温度、绝热分解过程中温度和压力随时间的变化曲线，尤其是能给出 DTA 和 DSC 等无法给出的物质在热分解初期的压力缓慢变化过程。

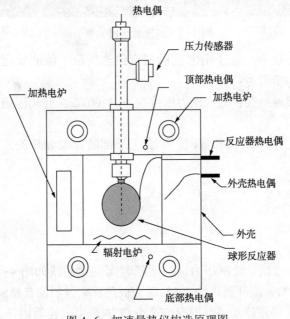

图 4-6　加速量热仪构造原理图

Yannimaras 等首次提出可采用加速量热仪（ARC）法对适宜采用空气注入法开发的油田进行筛选。该技术已经发展成为一种在绝热条件下，尤其在高压环境中研究反应动力学的方法，而且该技术可以解释低温氧化（LTO）和高温氧化（HTO）现象。

实验前，要进行热损失校准（HLC），HLC 可以补偿测试容器在不断升温过程中的热损失。ARC 的测试分为加热-等待-搜索三个过程。在搜索过程中，ARC 自动程序确定温升变化率是否超过设定值。假如试样的温升变化率大于设定值，加热器接着执行"跟踪"模式，对整个反应的温升变化过程进行扫描。如果试样的温升变化率小于设定值，ARC 将按照预先选择的温度升高幅度自动进行加热-等待-搜索循环。油和砂样准备好后装入测试容器。实验前，进行试压以检验仪器连接处的密封状况，并对热损失校准，以便在计算机控制下进行 ARC 实验。

ARC 的绝热高压环境更为接近注空气过程中的油藏内部的实际情况，可以避免许多常规热分析方法存在的影响因素。耐驰 APTAC264 型绝热加速量热仪（图 4-7）最高实验温度可达 600℃，最高实验压力 400bar（1bar=10^5Pa），检测灵敏度 0.02℃/min。

图 4-7　加速量热仪装置

主要实验方法与方案为：通过 ARC 实验研究绝热情况下原油氧化特征，计算原油氧化动力学参数。实验基本步骤为：

（1）检查气源，接通氮气，氮气压力维持在 80~100bar，空气压缩机打开，为设备各气动阀提供气体。

（2）启动仪器，打开 ARC 仪器前门，先合上下部的总电源开关，再合上上部的四个加热器电源。

（3）打开测量软件。

（4）安装样品。

（5）设置实验信息。

（6）实验数据记录。

整理加速量热实验数据，绘制压力、温度随时间变化曲线如图 4-8 所示。实验油样的初始放热温度约 162.5℃，温度到达约 205℃时为放热反应强烈的自燃温度。温度在 205℃以后，原油氧化过程出现剧烈波动，此时又有大量气体产生，容器内压力急剧上升，压力由

202bar 迅速上升至 230bar；此时温度也快速升高，由 205℃ 陡升至 484℃。这一系列现象说明，在 205℃ 时，容器内的原油到达燃点，这与杜建芬在利用 ARC 研究轻质油时得到的现象是一致的。

因为反应是在绝热条件下进行的，因此在燃烧开始后外界热量不允许进入系统内部，这样，在 ARC 仪器所绘制的曲线中，如果在某一温度段内有曲线被绘出，说明该温度段内有放热反应发生；反之，若曲线没有被绘出，发生了间隔，则表明在该温度段内没有放热反应发生。

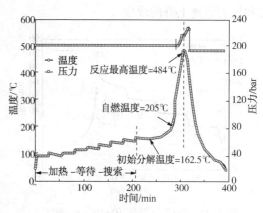

图 4-8　Clair 中质油反应温度与时间关系（油藏压力 202bar）

图 4-9(a) 中油样为某北美轻质原油在油藏压力下（37.2MPa）与空气发生反应的 ARC 测试结果。这种原油在油藏温度下（121℃）自燃，然后连续、剧烈地发生放热反应，到 380℃ 时为止，这一温度对于维持轻质原油的燃烧已经足够了，后续的燃烧管实验也证明了这一点。

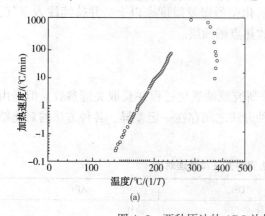
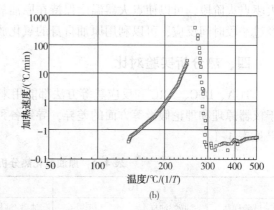

图 4-9　两种原油的 ARC 放热曲线（D. V. Yannimaras，1995）

图 4-9(b) 中油样为某北美中等重度原油在 10.3MPa 压力下进行的 ARC 测试，该油样在 300~350℃ 的温度区内放热反应中断，在燃烧管实验中，只有不断地大量注入空气才能得到高于 300℃ 的峰值温度，在现场项目中不能选择这种原油进行火烧油层开采，因为 300℃ 的峰值虽然足以使燃烧前缘向前传播，但不能使其余的可燃油全部活化。

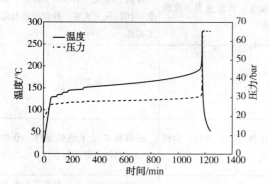

图 4-10　油样 1（黏度 4mPa·s，50℃）实验温度、压力与时间关系曲线

由于使用一种油样进行实验并不具有代表性，为验证该现象及理论的正确性，利用加速量热仪对其他三种不同黏度油样进行实验，实验结果如图 4-10~图 4-12 所示，实验用到的几种油样均在 180~280℃ 范围内出现温

度和压力急速上升的现象。

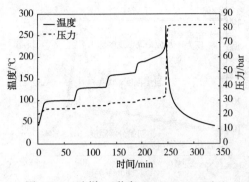

图 4-11 油样 2(黏度 10mPa·s, 50℃)
实验温度、压力与时间关系曲线

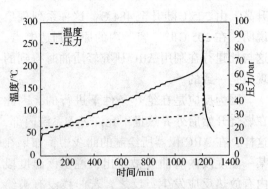

图 4-12 油样 3(黏度 55mPa·s, 50℃)
实验温度、压力与时间关系曲线

结合热重实验结果,室温至 180℃ 温度段失重率约 20%,转化率 0.25,失重速率由平缓上升开始变为快速上升,该阶段经过前期的蒸发、加氧反应,开始进入低温氧化放热阶段,原油氧化热焓由吸热反应进入放热反应,表明在该温度点下,持续提供氧气,可以促使原油自身发生氧化反应。这一现象也说明,可以通过 ARC 实验数据对原油点火温度的预测。在火驱点火阶段,可以使点火器温度保持在原油氧化剧烈爆发温度点以上,并持续注入空气,经过一段时间反应,可以利用原油自身的氧化放热点燃油层。

四、热分析实验对比

TGA、DSC、ARC 和反应釜等方法都能用来研究原油氧化过程并获取关键参数,但是由于仪器原理和理论假设等方面的差异,导致各种方法之间存在一定差异,各种方法的对比结果见表 4-1。

表 4-1 原油氧化热分析实验方法和原理对比

	TGA	DSC	ARC
试验样品	油砂/油样	油砂/油样	油样
温度范围	室温至 1000℃	−175~725℃	150~350℃
实验得到参数	时间、温度、升温速率、质量变化、失重速率	时间、温度、升温速率、放热量、热焓值	时间、温度、dT/dt、dP/dt、温度-时间-压力关系、升温速率与温度关系
计算方法	单个扫描速率的非等温法: Coats-Redfern、ABSW 多法扫描速率的非等温法(等转换率法):FWO、KAS、Friedman	$\Delta H = \int_{t_1}^{t_2} \frac{dH}{dt} dt$	$\ln k^* = \ln(AC_0^{n-1}) - \frac{E}{RT}$
计算结果	E、A、反应机理函数、氧化阶段划分;燃料沉积量、原油消耗的比例分数、燃烧温度、自燃温度	E、A、比热容、放热量、含蜡量、热焓值	能够模拟地下绝热条件,获取 E、A、自燃点等关键参数
优点	耗费低廉,实验周期短,数据分析需时短,人力需求少		实验影响因素小,避免了挥发和操作对结果的影响

续表

	TGA	DSC	ARC
缺点	实验过程很难与油藏或者燃烧管实验条件保持一致。此外，TGA/DSC缺乏像燃烧管那样的气流特性		可能受仪器限制，不能监测反应全过程
用途	数值模拟、燃烧分析	数值模拟、燃烧分析	点火温度、燃烧持续性

为了进行矿场试验，推荐进行相关动力学实验：首先利用热重分析仪得到原油的点火温度，其次通过热重实验和DSC实验得到氧化阶段划分与特征；通过热重实验数据计算得到氧化动力学参数；然后通过DSC实验计算原油热焓值；最后进行静态氧化实验得到原油氧化过程组分变化和尾气变化，计算原油耗氧速率，得到火驱注气速度推荐范围，为火驱矿场试验设计和下一步数值模拟论证提供较完备可靠的基础数据。

第三节 原油氧化阶段划分

一、原油氧化阶段的研究现状

火驱过程主要受到石油成分和岩石矿物学的影响，原油和注入空气之间的化学反应程度和性质，以及产生的热量都取决于这一油基体系。在设计任何现场项目之前，应该使用该项目原油和岩石进行实验室研究。

与火驱相关的化学反应复杂且众多，这些反应发生在很宽的温度范围内。大多数研究人员将温度范围上升阶段的反应分为三类：

（1）低温氧化(LTO)。非均相气/液反应产生部分含氧化合物和少量碳氧化物。

（2）中温反应。烃类的裂化和热解形成燃料。

（3）高温氧化(HTO)。非均相H/C键断裂反应，其中燃料与氧气反应形成水和碳氧化物。

关于原油氧化阶段动力学模型已经被开发出来，模型考虑了两个反应，还考虑了孔隙空间中反应残余燃料的几何形状等因素(图4-13)。原油氧化主要由两个阶段组成，即形成含氧烃燃料的LTO阶段和该燃料高温燃烧的HTO阶段。当然还有不同反应方式的研究，然而在现阶段关于LTO作用的一些实际研究结论是得到众多学者认可的。

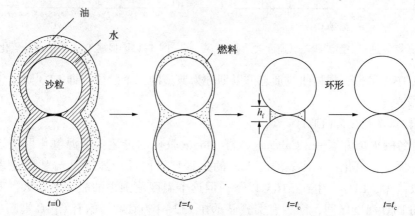

图4-13 考虑燃料几何形状的原油氧化动力学模型示意图

LTO 可以描述为原油的加氧反应，反应中产生水和酮、醇和过氧化物等含氧烃类物质，关于这一点在 Burger(1972)的文章中已经给出了很好的描述。LTO 过程中，原油的黏度、馏程和密度都会增加。

LTO 增加了燃料量，并且由于氧化区中的低空气流量使得这一效果得到加强，源于不良的氧化特性也发挥了作用。在稠油油藏(API 重力<20°)中，当储层中注入氧气(而不是空气)时，LTO 往往更加明显。

卡尔加里大学的研究小组已经证明，对于重油来说，必须尽量减少 LTO 反应。图 4-14 显示了典型稠油在温度随时间升高时的耗氧速度，在负温度梯度区域是一个耗氧速度随温度升高而降低的区域。如果火驱过程的温度保持在负温度梯度区域或低于负温度梯度区域，则会产生驱油效率非常低的问题，这是因为 LTO 增加了油的黏度和燃料含量。稠油火驱项目中注入空气流量应保持在远高于在高温氧化状态下维持反应所需要的值，尽管轻质油比稠油更容易受到 LTO 的影响，但 LTO 在流动性或采收率方面对轻油几乎没有影响。

燃料沉积决定了火驱项目的可行性和经济上能否成功，这一过程发生在 LTO 反应后的中间温度区域，为了理解中间温度下的燃料形成和沉积，已经进行了大量研究。

油的类型和化学结构决定了不同反应的速率和程度，来自岩矿和/或金属注入溶液的催化作用会影响所形成燃料的类型以及数量。所以，室内实验不仅必须包括待测试的原油，还必须包括来自原油所在储层的代表性岩心。

引用某国外重质油样 TGA/DSC 实验过程(图 4-15)，样品质量 10mg，实验条件为通空气，从 25℃开始加热，到 700℃停止，温升速度 10℃/min。油样在 25℃是黏度为 49827mPa·s，API 重度为 14.9，胶质和沥青质含量为 25.7%。

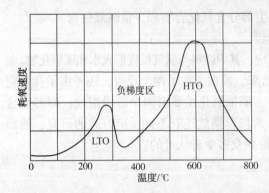

图 4-14 干式燃烧过程中温度和耗氧速度关系曲线

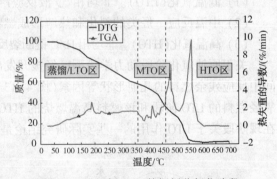

图 4-15 根据 TGA 数据划分氧化阶段

观察该 TGA 数据，根据曲线形态可以划分为典型的三个阶段，即 LTO 阶段、MTO 阶段和 HTO 阶段。

1. 蒸馏/低温氧化区(LTO)

根据著名的火烧专家——Calagary 大学 Moore 教授的论述：低温氧化取决于氧气在原油中的溶解程度，氧化反应比氧溶解于油的过程慢，而反应速度又与基质比表面积密切相关。一般认为，LTO 发生在 316℃以下，但这个温度范围跟油品关系甚大。其实，很难划定确切的 LTO 温度区间，因为有实验显示在 132~160℃就开始有 C—C 键断裂的碳氧化反应发生。

(1) LTO 非常复杂且不好理解,这个阶段主要包括小分子化合物生成大分子的缩合反应,生成水和部分氧化的碳氢化合物,比如羧酸、醛、酮、醇和氢过氧化物等,因此 LTO 反应又被称为加氧反应;25~367℃是蒸馏、重质化合物支链断裂的减黏裂化和低温氧化过程,此温度区间内油样失重达 42%。减黏裂化属于发生轻度裂化,特征是烃失去小支链和氢原子,生成支链少、更稳定、黏度更小的化合物。

(2) LTO 氧化区,出现在 310~367℃ 的温度区间,失重大概为 8.5%。

(3) 轻组分和中组分的部分发生蒸馏,是个吸热过程,LTO 释放的热量也很少,发生 LTO 使得原油黏度、沸点范围和密度大大增加,使可用燃料量大幅增加,导致火烧原油可采储量下降,采收率降低。

2. 中温氧化区(MTO)

随着油藏温度升高,紧接着原油经历中温氧化反应(MTO),它主要是一个热解反应,作用是燃料沉积,主要负责为接下来的燃烧反应(HTO)提供流度很差的富碳燃料(一般称为"焦炭")。原油热解反应发生在气-气同相之间,是个吸热反应,主要发生三类反应:脱氢、裂解(C—C 键断裂)和缩合。其实在此期间,蒸馏、减黏裂化和成焦三个阶段同时进行。在本实验中,中温反应发生的温度区间在 367-460℃,期间失重达到 20.5%。

3. 高温氧化区(HTO)

高温氧化则相对比较简单,在中温氧化区沉积的燃料发生燃烧,氧化反应可以发生在气-固和气-液之间,特征是气相中所有氧都被消耗。高温燃烧是一个表面控制反应,可分为以下几个步骤:①气流中的氧向燃料表面的扩散;②氧吸附于表面;③氧与燃料的化学反应;④燃烧生成物的解吸附;⑤生成物从表面脱离并扩散到气流中。假如其中任何一步比其他的慢,那么整体燃烧过程将由这步控制。一般,第三步比其他扩散过程都要快,因此,整体的燃烧反应速度可能受扩散控制。但是,燃烧过程到底受化学反应速度控制还是氧扩散速度控制,目前仍存在争议。

二、基于热重分析氧化阶段划分

将不同升温速率(1.5℃/min、3℃/min、5℃/min、7℃/min、9℃/min)下得到的五组实验数据绘图,如图 4-16 所示。

从图 4-16 可以看出,原油氧化反应过程阶段性明显。前期研究将原油氧化反应分为低温氧化反应前段、低温氧化反应后段、燃料沉积段、高温氧化反应阶段四个阶段,并描述出温度范围。进一步可以看出,不同升温速度下各个阶段的临界温度点有所不同,但原油各氧化阶段的温度范围基本没有发生明显的变化,不同的升温速度下各反应阶段持续放热时间不同,但所占总体时间比例比较接近。低温氧化的持续时间大约为 67%,燃料沉积时间约为 15%,高温氧化约 18%,说明升温速率的变化对于原油氧化阶段的划分带来的影响可以忽略,根据原油氧化的 TGA 曲线伴随温度的上升呈现阶段性特征和原油失重速率变化情况,可将原油氧化过程分成以下四个阶段:

(1) 70~241℃,低温氧化前期。该阶段失重速率曲线平缓,失重率较少,质量损失主要以水分蒸发和一些轻质组分挥发为主。

(2) 241~351℃,低温氧化后期。该阶段低温氧化反应作用明显,失重率增加。随着升温速率的升高,低温氧化反应后段的反应峰值逐渐增大,原油氧化速率逐渐加快,相对于低温氧化前期，该阶段的质量损失占整个氧化过程的35%左右。

（3）351~455℃，燃料沉积阶段。油砂失重速率变缓，该过程累积了大量的焦炭，为高温氧化奠定基础。

随着升温速率的升高，燃料沉积阶段温度范围变窄，燃料沉积段温度范围由300~440℃变为400~440℃，这是因为升温速率的增加导致燃料沉积阶段的时间变短，在升温速率较低时，低温氧化反应阶段原油与氧气能够很好地进行接触反应，伴随着升温速率的增加，原油氧化反应速度加快，会导致热滞后现象，因而燃料沉积阶段的温度范围变窄。

（4）455~549℃，高温氧化阶段。原油开始燃烧，氧化反应明显，失重速率加快，反应主要以焦炭燃烧为主。

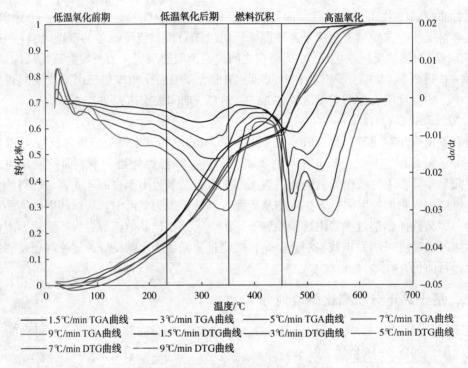

图4-16 不同升温速率下的TGA曲线

随着升温速率的增加，TGA曲线向高温侧轻微移动，燃尽点开始后移，燃尽点由550℃变为600℃，这是因为在原油氧化反应过程中，升温速率的增加，缩短了不同氧化阶段的氧化时间，导致原油样品内外的温度梯度增加，出现热滞后现象，致使曲线向高温侧移动，这与王杰祥的研究结论一致。同时，随着升温速率的增加，同一温度时刻的质量损失略微增加，在相同的温度下，升温速率越低，原油氧化越充分，剩余质量越少，但对总质量损失量影响不大。

升温速率的增加，高温氧化反应速率峰值增高、峰形变锐，并出现了双峰现象。说明随着升温速率的增加，原油氧化反应速率加快，原油在燃料沉积阶段热裂解不充分，此时原油裂解和高温氧化同时进行，所以产生了双峰。通常情况下认为，焦炭在450℃左右时即可燃烧，所以曲线上的高温双峰，第一个峰值应该是焦炭失重造成的，而第二个峰是未裂解的原油燃烧造成的。

第四节 原油氧化动力学参数确定方法

一、热重方法研究原油氧化动力学

利用热重实验数据可以进一步计算氧化动力学参数，目前 Arrhenius 方程是氧化动力学参数计算的基础性方法。

α 是 t 时刻试样的失重百分比，即转化率，公式为：

$$\alpha = \frac{m_0 - m}{m_0 - m_\infty} \tag{4-1}$$

式中　　α——转化率，小数；

m_0、m_∞ 和 m——试样在反应初始时刻、结束时刻和 t 时刻的质量，mg。

对 α 求导得到的 $d\alpha/dt$ 代表转化率的快慢，表征稠油氧化的反应速率。

原油氧化速率方程可表示为：

$$\frac{d\alpha}{dt} = kf(\alpha) \tag{4-2}$$

k 可用 Arrhenius 方程表示为：

$$k = Ae^{-\frac{E}{RT}} \tag{4-3}$$

所以

$$\frac{d\alpha}{dt} = kf(\alpha) = Ae^{-\frac{E}{RT}}f(\alpha) \tag{4-4}$$

式中　　k——Arrheniu 方程速率常数；

　　　　T——温度，K；

　　　　E——活化能，kJ/mol；

　　　　R——气体常数，8.314J/(mol·K)；

　　　　A——指前因子，L/(s·kPa)；

　　　　$f(\alpha)$——反应机理函数。

热重实验数据求取活化能、指前因子等动力学参数的主要方法有单一扫描速率法和等转化率法，现分别利用这两种方法对原油氧化动力学参数进行计算。

（一）单一扫描速率非等温法动力学参数计算

单个扫描速率法通过一条 TG 曲线求取动力学参数，通过不断尝试不同的动力学函数，计算 E 和 A，根据最佳线性度选取机理函数，但是不同方法求得的 E 和 A 比较发散，同一组数据可能有几种机理函数与之相匹配，通常多种方法并用选择 E 值最为接近且线性良好的机理函数，目前关于氧化动力学参数的计算主要有积分法和微分法两种，单一扫描速率法主要以 Coats-Redfern 积分法为代表。

原油升温速率可以表示为：

$$\beta = \frac{dT}{dt} \tag{4-5}$$

那么机理函数 $f(\alpha)$ 的积分形式可以表示为：

$$G(\alpha) = \int_0^\alpha \frac{d\alpha}{f(\alpha)} = \int_0^T \left(\frac{A}{\beta}\right) e^{-\frac{E}{RT}} dT \qquad (4-6)$$

对式(4-6)进行一级近似求导则有:

$$G(\alpha) = \frac{A}{\beta} \frac{RT^2}{E} \left(1 - \frac{2RT}{E}\right) e^{-\frac{E}{RT}} \qquad (4-7)$$

对式(4-7)进行整理两边取对数得:

$$\ln\left[\frac{G(\alpha)}{T^2}\right] = \ln\left(\frac{AR}{\beta E}\right) - \frac{E}{RT} \qquad (4-8)$$

取反应机理函数为 $f(\alpha) = (1-\alpha)^n$ 得到常用的 Coats-Redfern 方程为:

$$\ln\left[\frac{1-\alpha^{1-n}}{T^2(1-n)}\right] = \ln\frac{AR}{\beta E}\left(1 - \frac{2RT}{E}\right) - \frac{E}{RT}, \quad n \neq 1$$

$$\ln\left[\frac{-\ln(1-\alpha)}{T^2}\right] = \ln\left[\frac{AR}{\beta E}\left(1 - \frac{2RT}{E}\right)\right] - \frac{E}{RT}, \quad n = 1 \qquad (4-9)$$

式中 β——升温速率,℃/min;

n——反应级数(有著作称为经验机理函数幂指数)。

该方法认为,对于一般的反应温区和大部分的 E 值而言,$\frac{E}{RT} \gg 1$,$1 - \frac{2RT}{E} \approx 1$,所以,方程右端第一项几乎为常数。由式(4-9)左边项与 $1/T$ 可以做一条直线,通过斜率可以求出活化能。

1. 反应级数选取对参数计算的影响

多数研究者利用热重实验分析原油氧化动力学规律时注重反应活化能的求取,而简单地取原油氧化反应级数 n 取为0或1,有学者认为在无质量传递限制时,原油的氧化速率和油组分的浓度是一级反应,应取 n 为1,在实验所用的高压反应器中,原油相对于氧气是过量的,因此取 n 为0。基于以上的研究,利用 Coats-Redfern 方程计算原油氧化反应动力学参数,选取机理方程 $f(\alpha) = (1-\alpha)^n$,并假设该方程适用于各个氧化反应阶段,分析反应级数选取对计算的影响,首先假设反应级数 $n=0$,将原油 TG 实验数据代入式(4-9)计算;绘制 Coats-Redfern 曲线,得到 Coats-Redfern 曲线,分别取 $n=1$、0.5,重复以上步骤;根据拟合得到的线性度大小选取的反应级数。

从不同升温速率下所得到的 Coats-Redfern 曲线(图4-17)可以看出,$\ln\left[\frac{1-(1-\alpha)^{1-n}}{T^2(1-n)}\right]$ 与 $1/T$ 的关系曲线呈现明显的阶段性,并非一条直线,这是因为不同温度阶段原油所发生的氧化反应机理不同。基于前期研究,整条曲线分为四个典型阶段,在原油低温氧化前段、低温氧化后段、高温氧化阶段的曲线线性度较好,对于温度大于560℃时的曲线线性度较差。研究认为,温度大于560℃时,由于热重实验中原油处于静态,热裂解不充分的原油再次燃烧。

由图4-17可知,不同反应级数 n 的 Coats-Redfern 曲线在低温氧化前段没有表现出明显的差异,不符合氧化反应的动力学规律,分析认为该阶段主要以挥发、相变等作用为主,氧化反应并不是主导反应。从低温氧化反应后段开始,氧化反应开始逐渐增强,表现为不同反应级数的 Coats-Redfern 曲线逐渐分离;当 $n=0.5$ 时低温反应后段的线性度最好。由于低温氧化反应前段差异性较小,所以建议在整个低温氧化反应阶段选取反应级数 $n=0.5$ 进行动力学参数计算。

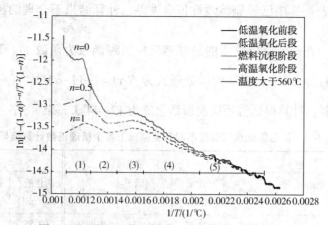

图 4-17 升温速率 3℃/min 时 Coats-Redfern 曲线

在高温氧化阶段，Coats-Redfern 曲线在高温氧化反应后段不稳定，该方法不适合于温度大于 560℃ 时的动力学参数分析。在高温反应段，反应级数 $n=1$ 时曲线线性度在 $0.96\sim0.98$，活化能为 $50\sim60\text{kJ/mol}$（表 4-2）。

表 4-2 不同氧化反应阶段反应级数计算结果

氧化阶段 升温速率	低温氧化反应前段		低温氧化反应后段		高温氧化反应段	
	反应级数 n	线性度 R^2	反应级数 n	线性度 R^2	反应级数 n	线性度 R^2
3℃/min	0	0.9766	0	0.9914	0	0.9393
	0.5	0.9884	0.5	0.9912	0.5	0.9636
	1	0.9799	1	0.9924	1	0.9710
5℃/min	0	0.9455	0	0.9902	0	0.9613
	0.5	0.9633	0.5	0.9922	0.5	0.9936
	1	0.9458	1	0.9919	1	0.9945
7℃/min	0	0.9527	0	0.9828	0	0.8396
	0.5	0.9644	0.5	0.9836	0.5	0.9577
	1	0.956	1	0.9784	1	0.9865

在不同氧化反应阶段，机理函数 $f(\alpha)=(1-\alpha)^n$ 反应级数不同，说明了不同氧化反应阶段的反应机理的差异性，而简单反应机理函数是否能适用于所有氧化阶段的动力学参数计算就成为首要问题，需要结合阶段反应物理化学过程深入探究其反应机理函数。

在原油氧化反应过程中，在不同反应阶段所发生的反应各不相同，不能采用简化手段将所有反应阶段反应级数笼统选取为 0 或 1，应该选取合适的反应机理函数来进行反应动力学参数计算。

2. 基于反应机理函数的动力学计算

胡荣祖在《热分析动力学》一书中总结出了 30 组反应机理函数，不同的机理函数代表着不同的反应机理，通过机理函数的确定，能够计算出原油各氧化阶段的活化能、指前因子等动力学参数。

1）低温氧化反应前期

通过分析知道 Coats-Redfern 方法在燃料沉积段计算原油氧化动力学参数并不适用，所以仅作低温氧化及高温氧化段的计算分析。将不同的反应机理函数代入式(4-9)，通过低温氧化反应前段的 Coats-Redfern 曲线线性度来确定该反应机理函数下的活化能 E 和指前因子 A，结果列入表4-3中。表4-3中已经删除线性拟合度差、计算结果不合理的机理方程,函数编号与原文献一致。

如表4-4所示,在低温反应前段的最概然反应机理函数为函数17(图4-18),其形式为:$G(\alpha) = 1-(1-\alpha)^n$,$n = \frac{1}{2}$,对应的微分形式为 $f(\alpha) = \frac{1}{n}(1-\alpha)^{-(n-1)}$,$n = \frac{1}{2}$,该函数描述了相边界反应过程;计算得低温反应前段活化能为12~44kJ/mol。

表4-3 低温氧化反应前段不同升温速率下各个机理函数计算结果

函数编号	3℃/min			5℃/min			7℃/min		
	活化能/(kJ/mol)	指前因子 10^7	线性度	活化能/(kJ/mol)	指前因子 10^7	线性度	活化能/(kJ/mol)	指前因子 10^7	线性度
1	30.02	0.414	0.9892	123.89	6614.51	0.9456	60.55	0.00037	0.9634
2	30.60	0.689	0.9896	124.39	3873.72	0.9463	61.10	0.00063	0.9642
7	28.99	5.122	0.9885	122.04	403.003	0.943	59.54	0.00462	0.9619
8	27.99	7.003	0.9877	122.04	403.002	0.943	58.54	0.00629	0.9604
9	12.42	2.234	0.9834	60.03	0.00115	0.9436	27.67	0.1088	0.956
10	5.95	3.094	0.9662	37.26	0.00488	0.9339	16.15	0.65	0.942
11	2.72	2.406	0.9083	25.87	0.50768	0.922	10.39	1.35	0.921
17	11.96	5.026	0.982	43.94	0.00507	0.9696	27.25	0.2454	0.9769
18	9.81	1.434	0.9724	57.10	0.00130	0.9342	25.22	0.0732	0.9453
19	10.65	1.753	0.977	57.82	0.00110	0.9366	26.02	0.0873	0.9491
20	9.01	1.303	0.9666	56.39	0.00137	0.9317	24.44	0.0686	0.9411
21	12.11	7.250	0.9825	59.04	0.00028	0.9406	27.38	0.3537	0.9549
22	12.19	9.481	0.9827	59.11	0.00021	0.9408	27.46	0.4622	0.9552
23	11.52	2.817	0.9806	58.55	0.00070	0.939	26.83	0.1382	0.9527
24	20.77	1.205	0.9871	91.22	2.31006	0.9435	43.69	0.00781	0.9602
29	13.35	1.752	0.9855	60.04	0.00115	0.9436	28.55	0.0851	0.959

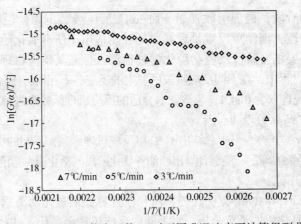

图4-18 反应机理函数为函数17时不同升温速率下计算得到曲线

原油低温氧化反应前段主要以原油中水分及轻质组分的挥发和加氧反应为主,此时氧化断键反应并不是主导反应,仅有少量长链碳氢生成。该反应阶段中原油和水附着于砂粒表面,主要以相边界反应为主,与机理函数描述的相边界反应特征一致。反应生成的一些长链化合物可能增加了该阶段原油的氧化反应难度,导致在低温氧化反应前段活化能较大。

2) 低温氧化反应后期

同样,对低温氧化后段进行机理函数选取,函数 17 的线性拟合度最好,如图 4-19 所示,是最概然反应机理函数,其计算结果见表 4-4。

表 4-4 不同升温速率下函数 17 在低温氧反应化后段计算结果

函数编号	3℃/min			5℃/min			7℃/min		
	活化能/(kJ/mol)	指前因子 10^7	线性度	活化能/(kJ/mol)	指前因子 10^7	线性度	活化能/(kJ/mol)	指前因子 10^7	线性度
17	13.74	4.05	0.9932	16.93	3.1358	0.9922	14.44	4.5801	0.9816

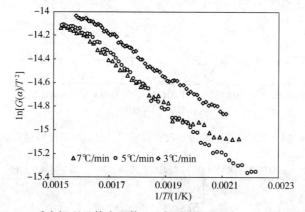

图 4-19 反应机理函数为函数 17 时不同升温速率下计算得到曲线

在低温反应后段的最概然反应机理函数形式与低温氧化前段一致,描述了相边界反应,计算得低温反应前段活化能为 13.8~17kJ/mol。

低温反应后段原油中的水分和轻质组分已经挥发完,该阶段原油氧化反应开始增强,氧气与低温反应前段生成的部分长链液态碳氢化合物反应生成了一些短链化合物,并且有大量的中间产物如醛、酮、醇等产生,是一个气-液相边界反应。本阶段活化能变低,氧化反应容易进行,而且随着温度的逐渐升高,反应速率明显加快。

3) 高温氧化反应

继续对高温氧化反应段实验数据计算并确定机理函数,函数 3 的线性拟合度最好(图 4-20),其计算结果见表 4-5。

表 4-5 不同升温速率下函数 3 在高温氧化反应段计算结果

函数编号	3℃/min			5℃/min			7℃/min		
	活化能/(kJ/mol)	指前因子 10^7	线性度	活化能/(kJ/mol)	指前因子 10^7	线性度	活化能/(kJ/mol)	指前因子 10^7	线性度
3	63.99	0.0401	0.9978	61.69	0.0735	0.9965	52.08	0.3012	0.992

在高温反应段的最概然反应机理函数为函数 3，其形式为：$G(\alpha) = \left(1-\dfrac{2}{3}\alpha\right)-(1-\alpha)^{\frac{2}{3}}$，对应的微分形式为 $f(\alpha) = \dfrac{3}{2}[(1-\alpha)^{-1/3}-1]^{-1}$，动力学机理为三维扩散反应；计算得高温反应段活化能为 53~64kJ/mol。

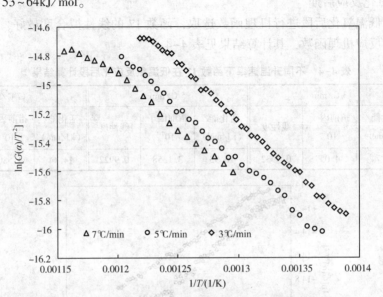

图 4-20 反应机理函数为函数 3 时不同升温速率下计算得到曲线

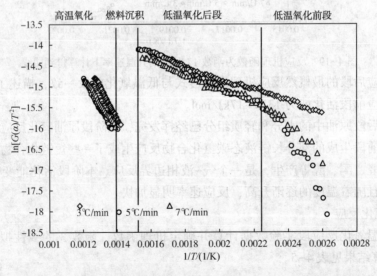

图 4-21 不同升温速率下各氧化阶段 $\ln[G(\alpha)/T^2]$~$1/T$ 关系曲线

在原油高温反应阶段，燃料沉积阶段沉积的焦炭随着温度的升高开始发生燃烧。该阶段反应主要发生在氧气和固体焦炭之间，反应活化能较大，生成 CO_2、H_2O 等产物，同时放出大量的热。根据反应机理函数形式所揭示的机理，在高温反应阶段，随着相边界反应基本消失，氧气与焦炭开始充分接触并发生以三维扩散为主的反应，使该部位燃烧处于扩散控制工况。

基于以上认识，根据原油不同氧化阶段的反应机理，选取了各阶段适用的反应机理函数，绘制图 4-21。由图 4-21 可以看出，低温氧化反应前段和低温氧化反应后段得到的 ln$[G(\alpha)/T^2]\sim 1/T$ 的关系曲线可以很好地衔接在一起，说明实验所用油样在低温氧化反应前段和低温氧化反应后段的动力学机理函数是一致的。基于热重实验的 Coats-Redfern 方法适用于计算稠油氧化反应动力学参数，燃料沉积段不属于氧化行为，应用其他手段分析。同时可以看出，由于实验油砂样品在静置过程中，空气中的水蒸气进入样品中，对实验造成了一定的影响，导致在低温氧化前期，不同升温速率下的曲线斜率差异较大，而在低温氧化后段和高温氧化阶段，随着温度的升高，油砂中的水分和轻质组分大部分挥发掉，实验环境的影响基本可以忽略。

低温氧化反应阶段以气液相界面反应为主，随着焦炭的不断生成并沉积在砂粒表面，到了高温氧化反应阶段就转化为氧气与焦炭的三维扩散反应，正是由于产物和其性质在不断变化，最终导致各阶段反应机理不同，描述其过程的反应机理函数也需要做相应调整，从而避免在动力学参数计算时出现较大误差。

3. 原油组分影响分析

为验证不同组分对反应机理函数的影响，分析不同组分原油的反应机理函数是否具有一致性，对 S625（50℃黏度 53.65mPa·s）、G3（50℃黏度 7250mPa·s）、SG-38-32（50℃黏度 38670mPa·s）区块三种不同组分原油进行热重分析实验。各原油样品的族组分含量见表 4-6。

表 4-6　不同黏度原油族组分含量

油样/%	饱和烃/%	芳香烃/%	胶质/%	沥青质/%
S625	77	7.3	12.75	2.95
G3	16.5	21.9	32.1	29.5
SG-38-32	19.5	11.9	27.5	41.2

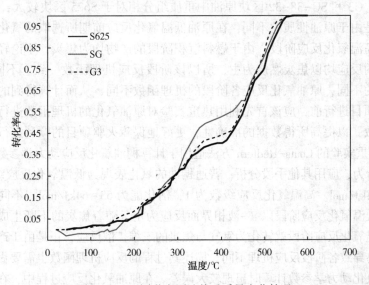

图 4-22　不同黏度原油热重质量变化情况

由图 4-22 描述了不同组分原油的失重速率特征，不同组分原油的氧化阶段划分见表 4-7。

表 4-7　不同黏度原油各氧化阶段的温度范围　　　　　　　　　　　　　　　℃

原油样品	低温氧化前期	低温氧化后期	燃料沉积	高温氧化阶段
S625	<150	150~340	340~450	≥450
G3	<150	150~350	350~420	≥420
SG-38-32	<150	150~370	370~420	≥420

由表 4-8 分析可得，随着原油族组分中胶质和沥青质的增加，原油低温氧化后期的反应温度范围越来越大，燃料沉积阶段的温度范围越来越小，这主要是因为低黏原油所含的轻质组分较多，重质组分较少，反应活性较高，而高黏原油所含重质组分较多，反应活性低，反应要求条件高，所以相对于低黏油，高黏原油的低温氧化反应阶段较长。

利用 Coats-Redfern 方程计算原油氧化反应动力学参数，对 30 种氧化机理函数进行拟合，选取不同黏度反应动力学方程结果见表 4-8。

表 4-8　不同黏度原油反应机理方程选择

原油样品	低温氧化前期	低温氧化后期	燃料沉积	高温氧化阶段
S625	—	方程 17	—	方程 3
G3	方程 9	方程 4	—	方程 3
SG-38-32	方程 17	方程 4	—	方程 3

注：方程 3 为 $f(\alpha)=\frac{3}{2}\left[(1-\alpha)^{-\frac{1}{3}}-1\right]^{-1}$；方程 4 为 $f(\alpha)=\frac{3}{2}(1-\alpha)^{\frac{2}{3}}\left[1-(1-\alpha)^{\frac{1}{3}}\right]^{-1}$；方程 9 为 $f(\alpha)=1-\alpha$；方程 17 为 $f(\alpha)=2(1-\alpha)^{\frac{1}{2}}$。

图 4-22 显示 S625 区块的轻质油，在低温氧化前期（<150℃）阶段，表现为全段的加氧反应过程，质量为增加状态，没有出现导致质量减少的氧化反应，拟合得没有适合该阶段的氧化机理函数。G3 和 SG-38-32 区块原油中重质组分相对于 S625 区块较大，低温氧化阶段拟合较好，但是由于原油性质的不同，在原油低温氧化反应前期所选取的氧化反应机理函数不同，在原油高温氧化反应阶段，由于燃料沉积阶段的产物均为焦炭，不论轻质油，还是重质油在该阶段的反应均以焦炭燃烧为主，所以该阶段反应机理函数一致。不同的原油样品，由于原油组分的不同，原油氧化反应各阶段的机理函数不同，从而计算得到的动力学参数也不同。在火驱项目进行前，应该首先利用热重实验对原油氧化的机理函数进行选取，再计算相关动力学参数，以提高所得数据的准确性，更好地保障火驱项目的顺利进行。

基于 TG 热重实验的 Coats-Redfern 方法适用于计算稠油氧化反应动力学参数。燃料沉积阶段不属于氧化行为，应用其他手段分析；普通稠油的氧化表现为低温氧化反应级数为 0.5，反应活化能 12~44kJ/mol。高温氧化反应级数为 1，活化能为 53~64kJ/mol。不同油品性质可能会出现偏差。低温氧化反应阶段以气-液相界面反应为主，随着焦炭的不断生成并沉积在砂粒表面，到了高温氧化反应阶段就转化为氧气与焦炭的三维扩散反应，正是由于产物和其性质在不断变化，最终导致各阶段反应机理不同，描述其过程的反应机理函数也需要做相应调整，从而避免在原油氧化动力学参数计算时出现较大误差。在原油氧化反应过程中，在不同反应阶段对应着不同的化学反应，不能采用简化手段将所有反应阶段反应级数笼统选取为 0 或 1。

(二)等转化率法动力学参数计算

与单一扫描速率法不同,等转化率法通过多条 TG 曲线在同一转化率下的值来求取动力学参数,等转化率方法避免了假设反应机理函数产生的误差,可以用来对单个扫描速率法的实验结果进行验证,还可以通过比较不同的 α 下的 E 值来核实反应机理在整个过程中的一致性。

等转化率法也称多重扫描速率法,是指用不同加热速率下所测得的多条 TA 或 TAG 曲线来进行动力学分析的方法。其中,以 Flynn-Wall-Ozawa(FWO)法、Kissinger 法、Friedman 法为代表。

1. Friedman 方法

由式(4-4)分离变量,取对数得:

$$\ln\left(\frac{\beta \mathrm{d}\alpha}{\mathrm{d}T}\right) = \ln[Af(\alpha)] - \frac{E}{RT} \tag{4-10}$$

由 $\ln\left(\dfrac{\beta \mathrm{d}\alpha}{\mathrm{d}T}\right)$ 对 $\dfrac{1}{T}$ 作图,用最小二乘法拟合数据,从斜率求 E,截距求 A。

对不同升温速率在转化率[0,1]范围内取不同的 α 值,并从热重 DTG 曲线数据中读取对应的温度 T 和失重速率 $\mathrm{d}\alpha/\mathrm{d}t$,由 $\ln\left(\dfrac{\beta \mathrm{d}\alpha}{\mathrm{d}T}\right)$ 对 $\dfrac{1}{T}$ 进行线性回归,得到 Friedman 方法的计算结果如图 4-23 所示。表 4-9 为 Friedman 方程计算得到的活化能。

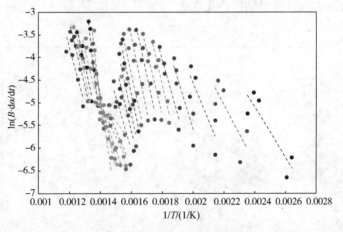

图 4-23 Friedman 方法拟合结果

表 4-9 Friedman 方程计算得到活化能

α	0.1	0.15	0.2	0.25	0.3	0.35	0.4	0.45	0.5
E/(kJ/mol)	53.28	66.80	96.16	99.94	124.88	121.53	131.07	137.02	130.41
α	0.55	0.6	0.65	0.7	0.75	0.8	0.85	0.9	0.95
E/(kJ/mol)	68.58	185.78	243.33	251.32	120.84	128.89	133.24	117.66	104.15

2. Kissinger 法

由式(4-4)和式(4-5),假设 $f(\alpha)=(1-\alpha)^n$,得:

$$\frac{\mathrm{d}\alpha}{\mathrm{d}t} = A\mathrm{e}^{-\frac{E}{RT}}(1-\alpha)^n \tag{4-11}$$

两边微分得

$$\frac{d}{dt}\left[\frac{d\alpha}{dt}\right] = \frac{d\alpha}{dt}\left[\frac{E\frac{dT}{dt}}{RT^2} - An(1-\alpha)^{n-1}e^{-\frac{E}{RT}}\right] \quad (4-12)$$

当 $T = T_p$ 时，从 $\frac{d}{dt}\left[\frac{d\alpha}{dt}\right] = 0$，得

$$\frac{E\frac{dT}{dt}}{RT_p^2} = An(1-\alpha_p)^{n-1}e^{-\frac{E}{RT}} \quad (4-13)$$

Kissinger 认为，$n(1-\alpha_p)^{n-1}$ 与 β 无关，其值近似等于1，因此，由式(4-13)可知：

$$\frac{E\beta}{RT_p^2} = A\exp\left(-\frac{E}{RT_p}\right) \quad (4-14)$$

两边取对数，得：

$$\ln\left(\frac{\beta}{T^2}\right) = \ln\frac{AR}{E} - \frac{E}{RT} \quad (4-15)$$

由 $\ln\left(\frac{\beta}{T^2}\right)$ 对 $1/T$ 作图(图4-24)，便可得到一条直线，从直线斜率求 E，从截距求 A。表4-10为 Kissinger 方程计算得到的活化能。

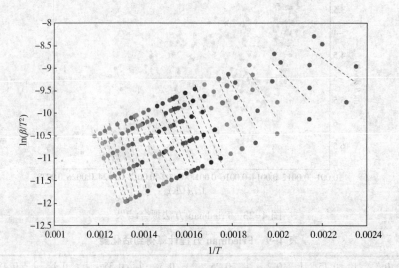

图4-24 Kissinger 方程计算结果

表4-10 Kissinger 方程计算得到活化能

α	0.1	0.15	0.2	0.25	0.3	0.35	0.4	0.45	0.5
$E/(kJ/mol)$	31.25	43.38	68.04	72.99	99.38	94.28	103.29	105.97	102.74
α	0.55	0.6	0.65	0.7	0.75	0.8	0.85	0.9	0.95
$E/(kJ/mol)$	66.65	113.20	164.41	220.40	170.18	143.93	133.41	112.61	120.28

3. Flynn-Wall-Ozawa 方法

由式(4-8)近似解析解可得

$$\lg\beta = \lg\left[\frac{AE}{RG(\alpha)}\right] - 2.315 - 0.4567\frac{E}{RT} \tag{4-16}$$

由于在不同的 β 下,选择相同的 α,则 $G(\alpha)$ 是一个恒定值,这样 $\lg\beta$ 与 $1/T$ 就成线性关系(图 4-25),从斜率可求出 E 值。表 4-11 为 Flynn-Wall-Ozawa(FWO)方程计算的活化能。

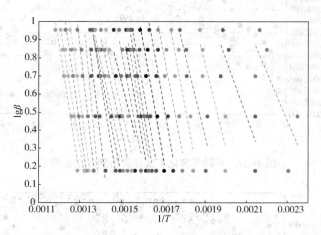

图 4-25 Flynn-Wall-Ozawa(FWO)方程计算结果

表 4-11 Flynn-Wall-Ozawa(FWO)方程计算得到活化能

α	0.1	0.15	0.2	0.25	0.3	0.35	0.4	0.45	0.5
$E/(\text{kJ/mol})$	47.95	58.83	82.05	86.69	111.79	106.98	115.61	118.23	115.24
α	0.55	0.6	0.65	0.7	0.75	0.8	0.85	0.9	0.95
$E/(\text{kJ/mol})$	95.49	125.83	174.70	228.12	180.52	155.75	145.86	126.20	133.51

整理图 4-23~图 4-25 拟合曲线得到的活化能、指前因子及拟合曲线线性度等数据,绘制出 Friedman 法、Kissinger 法和 FWO 法三种计算方法得到的活化能、指前因子和线性度随转化率的变化曲线如图 4-26~图 4-28 所示。

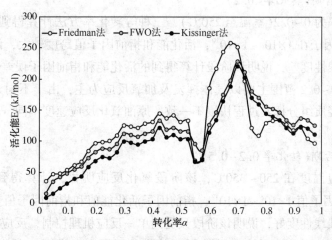

图 4-26 不同等转化率法计算得到的活化能

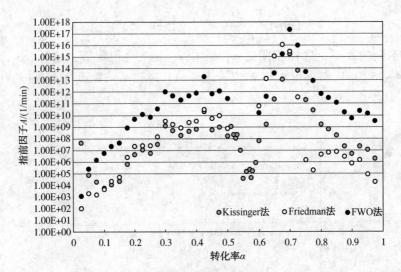

图 4-27 不同等转化率法计算得到的指前因子

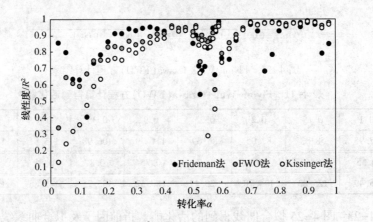

图 4-28 不同计算方法曲线拟合程度

结合以上三图,分析各氧化阶段计算参数差异:

1. 低温氧化前期(转化率<0.2)

在原油转化率为 0~0.2(室温至 250℃),三种等转化率方法计算得到的活化能值在 0~100kJ/mol,指前因子在 $1×10^2 ~ 1×10^{10}$,活化能和指前因子值跨度较大,该阶段最小二乘法拟合得到的曲线线性度差,说明该阶段计算得到的活化能和指前因子误差性较大,分析认为可能是转化率在 0~0.2 范围主要以气体挥发及加氧反应为主,由于不同升温速率下的温度变化不同,导致轻质组分挥发过程快慢不一致,原油氧化反应速度不同,从而出现拟合度差的现象。

2. 低温氧化后期(转化率 0.2~0.5)

该阶段的反应温度在 250~350℃,该阶段氧化反应明显,计算得到的活化能在 75~145kJ/mol,指前因子值 $1×10^8 ~ 1×10^{12}$,指前因子活化能值和指前因子值变化范围小,曲线平稳,且拟合曲线线性度好,说明该阶段只受到单一反应机理控制,反应稳定,受其他机理反应的影响较小。对比三种方法计算得到的指前因子可以发现,在整个低温氧化阶段,

FWO方法计算得到的指前因子明显大于其他两种方法，在数值上大了两个数量级以上。

3. 燃料沉积阶段(转化率0.5~0.6)

转化率在0.5~0.6(350~450℃)，计算得到的活化能较低约70kJ/mol，由于在该阶段不具备相应的机理函数，Friedman法和FWO法能够计算得到该阶段的指前因子，只有Kissinger方法由于推导过程中的简化，在求取指前因子时可忽略机理函数，得到的机理函数值为1×10^5左右。同时，该阶段的曲线的拟合程度也较差，分析认为原油经过低温氧化后进入燃料沉积阶段。该阶段原油的重质组分如胶质、沥青质等开始转化为焦炭，为原油的高温氧化提供基础物质。在燃料沉积的同时，由于升温速率的影响，原油低温氧化并没有完全反应，从而在该阶段存在低温氧化和燃料沉积同时进行，导致曲线拟合程度较差。

4. 高温氧化阶段(转化率>0.6)

高温氧化阶段的拟合线性度较好，但活化能和指前因子变化范围较大，其中活化能变化范围在100~250kJ/mol，指前因子变化范围在1×10^4~1×10^{18}，在转化率0.6~0.7即焦炭开始燃烧期间(高温氧化初期)计算得活化能和指前因子均较大，其中转化率在0.7左右时活化能和指前因子达到最大，此时为原油经过燃料沉积阶段后，沉积焦炭开始燃烧阶段，这个阶段得到的动力学参数较大，可能是焦炭达到燃烧状态跨越的能垒较高，可考虑在该阶段加大注气量，以确保焦炭能够达到燃烧状态。而转化率大于0.75时，计算得到的活化能值开始减小，可能是由于焦炭开始燃烧并放出大量的热，焦炭中的部分大分子化合物裂解成易氧化的小分子化合物，同时伴随着温度的升高，导致后期活化能变小。

(三) 动力学参数准确性分析

为验证等转化率计算得到的原油氧化动力学参数的准确性，将不同方法计算得到的动力学参数，结合本章第三节中得出的不同氧化阶段的机理函数，利用Arrhenius方程对所得氧化动力学参数进行拟合，结果如图4-29~图4-31所示。

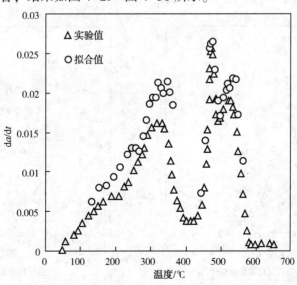

图4-29 Friedman方法计算结果拟合

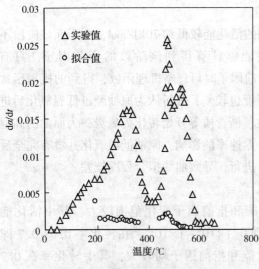

图 4-30 Kissinger 方法计算结果拟合

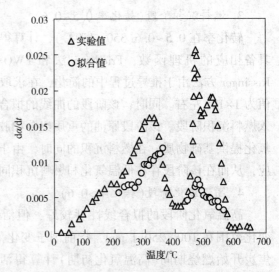

图 4-31 FWO 方法计算结果拟合

由图 4-29~图 4-31 可以看出，不同计算方法得到的动力学参数拟合得到的反应速率与实际实验数据存在一定的差异性。理论上，原油氧化动力学参数由实验数据得到，只是计算方法不同，利用不同方法所计算得到的氧化动力学参数，结合 Arrhenius 方程可以拟合得到与实验数据一致的反应速率曲线。但是实际拟合结果表明，书中运用的三种方法，除了 Friedman 方法计算得到的动力学参数得到了很好的拟合效果以外，Kissinger 方法和 FWO 方法拟合得到的结果与实验值差距较大，拟合效果差。

为分析 Kissinger 方法和 FWO 方法拟合效果差的原因，以及避免因实验数据波动或计算误差造成影响，对一些专家学者在利用 Kissinger 方法和 FWO 方法计算得到的动力学参数值，进行拟合分析如图 4-32、图 4-33 所示。

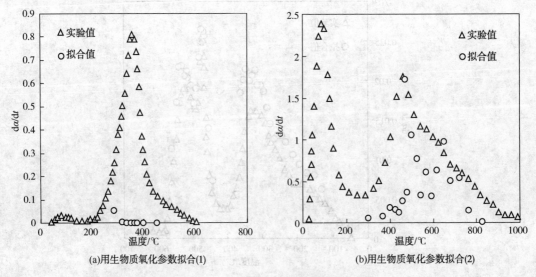

图 4-32 FWO 方法计算动力学参数拟合

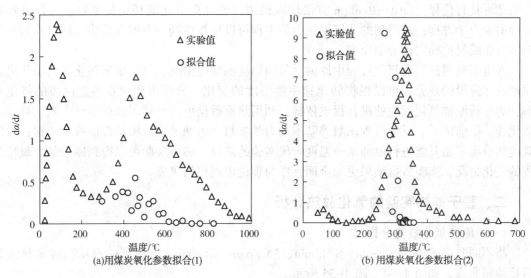

图 4-33 Kissinger 方法计算动力学参数拟合

如图 4-32、图 4-33 所示，利用文献中用 FWO 方法计算生物质氧化得到的氧化动力学参数、Kissinger 方法计算煤炭氧化得到的氧化动力学参数进行拟合可以看出，不论是生物质的氧化过程，还是煤炭的氧化过程，拟合得到的结果均与实验值呈现出明显的不一致性，说明本书在利用 Kissinger 方法和 FWO 方法计算的动力学参数不准确。

由于三种等转化率法得到的活化能和指前因子变化趋势基本一致，只是 FWO 方法和 Kissinger 方法计算得到的指前因子值相对较大，在求解动力学的积分方程中存在一个无法求得精确解的积分式 $\int_0^T \exp\left(-\dfrac{E}{RT}\right)\mathrm{d}T$，FWO 方法对方程进行了两次近似求解，这两次近似求解使得 $\int_0^T \exp\left(-\dfrac{E}{RT}\right)\mathrm{d}T$ 的结果产生了明显改变，从而使计算得到的动力学参数偏离了实际情况。而 Kissinger 方法认为，$n(1-\alpha_\mathrm{P})^{n-1}$ 与 β 无关，其值近似等于 1，将机理函数随转化率的影响从方程中剔除了，忽略了机理函数对动力学参数的影响，从而造成了动力学参数偏离了实际结果。FWO 方法和 Kissinger 方法方程在推导过程中的近似求解和近似取等，表面看来对方程本身及活化能值产生了微小的影响，但这种微小的影响对于指前因子却产生了数量级的影响，导致指前因子大小产生了较大变化，从而造成了拟合结果与实验结果的不一致性。相对于以上两种方法，Friedman 方法计算得到的动力学参数取得了较好的拟合结果，从 Friedman 法的表达式 (4-11) 可以发现，该式不涉及任何假定与近似，其计算结果应该更准确，也更接近真实情况。所以，建议在原油氧化动力学参数求取时采用 Friedman 法进行计算，以保证所求得参数的准确性。

不同的方法计算原油氧化动力学参数存在一定的差异性，单一扫描速率非等温法和等转化率法计算得到的结果不同，而且不同的计算方程得到的结果也不相同，单一扫描速率法所需的实验数据较少，能够反映出升温速率对动力学参数的影响，而等转化率法所需的实验数据较多，但计算结果能反映出整个氧化阶段的动力学参数变化。Coats-Redfern 方法计算得到的原油氧化动力学参数相对于等转化率法的计算值较小。Coats-Redfern 方法得到的活化能、指前因子是某一阶段的参数值，而等转化率能计算得到整个原油氧化过程的动力学参数变化情况，是每一个转化率值下的活化能值。但在反应机理函数的确定方面，Coats-Redfern

方法却更具有优势。Coats-Redfern 方法代入机理方程计算活化能和相关系数，可以得到非等温的动力学方程，对得到的非等温动力学方程可以反算得到一条拟合曲线，通过几何曲线与实际曲线对比确定动力学模型。

热重实验通过原油氧化过程中原油质量随温度的变化情况，可以根据转化率的变化进行原油氧化阶段的划分；可以根据转化速率随温度的变化，分析出原油在各温度段的氧化速率，为分析原油氧化反应的进行提供依据；利用热重数据可以计算得到原油整个氧化阶段的活化能、指前因子、反应机理函数等基本动力学参数，为油藏数值模拟提供可靠依据；对比其他热分析实验只能进行原油某一温度阶段实验的缺点，热重实验可以得到原油整个氧化过程的变化情况，实验数据结果更加全面，作为理论依据更为可靠。

二、基于差热实验的氧化放热分析

（一）原油氧化放热分析

将不同升温速率（1℃/min、3℃/min、5℃/min、7℃/min）下得到的差示扫描量热实验数据绘制曲线，如图 4-34、图 4-35 所示。

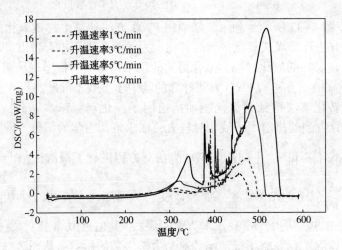

图 4-34　不同升温速率下 DSC 与温度关系曲线

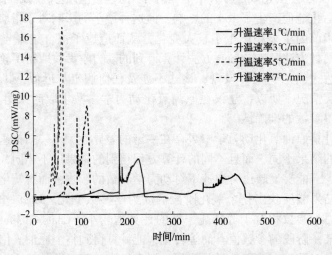

图 4-35　不同升温速率下 DSC 与时间关系曲线

在370~440℃，DSC曲线出现波动，这与采用油砂混合样品进行实验时的结果不同，采用油砂混合样品实验得到的DSC曲线平滑，产生该现象的原因可能是用油砂混合样品进行实验时，由于石英砂热传导性能好，使实验样品各部分受热均匀，而利用纯油样进行实验时，实验样品内部反应不均匀，反应出现超前或滞后，导致DSC曲线出现波动。

由图4-34和图4-35看出，不同升温速率下DSC曲线主要有以下两个特征：

（1）随着升温速率的增加，原油氧化反应放热峰值逐渐后移，热滞后现象越来越明显，高温氧化反应阶段的温度范围变宽，原油氧化反应速率加快，原油氧化热流率（DSC）增加，原油氧化放热终止温度点由500℃变为560℃，这与热重实验出现的热滞后现象是一致的。

（2）随着升温速率的升高，样品加快表述不正确，各个反应阶段原油反应经历时间越来越短，反应越不充分，导致各氧化阶段反应相互交叉。

不同升温速率下的DSC曲线峰值差异性较大，但是峰值越大，对应的时间越短，总放热量是否具有差异性，需要进一步通过对时间进行积分求解不同升温速率的热焓值来确定。

（二）原油氧化热焓值

DSC曲线是样品热流率dH/dt的图形表示，对时间的积分等于转化的热焓ΔH。

$$\Delta H = \int_{t_1}^{t_2} \frac{dH}{dt} dt \qquad (4-17)$$

通过对图4-34数据积分，取单位质量（1g）计算得到的原油氧化热焓值变化情况如图4-36、图4-37所示：

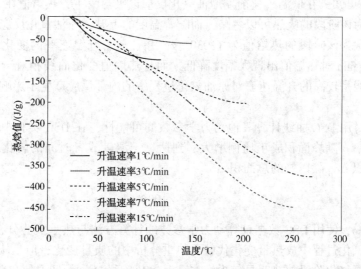

图4-36 反应前期吸热段热焓值

原油氧化反应前期主要以蒸发、挥发、加氧反应为主，该阶段主要以吸热为主，原油不能自发进行反应，需要外界提供热量以促进原油进行反应。随着升温速率的升高，原油氧化反应前期吸热量、反应时间、结束温度等参数均有增加。

由图4-37可知，升温速率较低时，燃料沉积阶段的曲线特征并不明显，升温速率较高（7℃/min和15℃/min）时燃料沉积阶段（380~470℃）的曲线特征出现，在该阶段，热焓值变化表现为低温氧化阶段与高温氧化过渡阶段。分析原因可能是由于前期燃料沉积阶段的燃料沉积不够完全，导致了该现象的出现，这与进行热重实验时随升温速率的升高,升温速率出现的双峰现象是一致的。

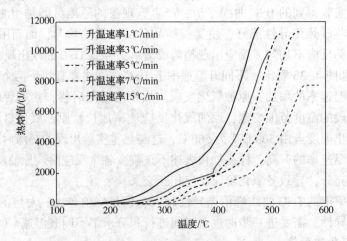

图 4-37 反应后期放热段热焓值

表 4-12 不同升温速率下计算的热焓值

升温速率/(℃/min)	1	3	5	7	15
前期反应热焓/(J/g)	-101	-62.5	-202.6	-444.6	-373.7
后期反应热焓/(J/g)	11609	10016	11175	11321	7812.6

由表 4-12 可知,在低温氧化前期原油氧化反应以吸热为主,热焓值在 100~450J/g,吸热量较少,认为该阶段的吸热可以忽略,而随着温度的上升,原油氧化反应加剧,并放出大量热量,可以认为该阶段的热焓值为 11030J/g,并且随着升温速率的变化不大。但是,升温速率在 15℃/min 时热焓值出现大幅度降低,而且热焓值变化曲线相对于其他升温速率下有所减缓,可能是较高的升温速率对原油氧化过程中的内部反应产生了影响,从而导致了热焓值的改变。

进一步探讨用 DSC 曲线计算其他动力学参数的可能性,在 DSC 实验中,可认为其转化的程度即转化率 α 随峰面积成正比例增大。到达一定温度或者时间的转化率等于到达该点的峰的部分面积 ΔS_p 除以峰的总面积 ΔS_t。

$$\alpha = \frac{\Delta S_p}{\Delta S_t} \times 100\% \tag{4-18}$$

理论上来说,使用 DSC 数据计算动力学参数的计算方法与热重实验分析方法基本一致,只是采用原油氧化过程中放热量变化代替了热重分析中的质量变化,但是从实验结果可以看出,原油在低温氧化阶段放热明显较少,在高温氧化阶段释放了低温氧化阶段数倍的热量,低温氧化阶段的热量占比并没有达到 50% 左右,这与热重实验中低温氧化阶段失重速率达到 50% 明显是不一致的。因此,DSC 实验数据不能用于原油氧化动力学参数的计算。一般情况下将 DSC 与热重实验联用,以获得最佳的实验分析结果。

三、基于 ARC 实验的原油氧化动力学研究

绝热条件下,物质进行放热分解反应,其浓度变化速率遵循 Arrhenius 速率方程:

$$-\frac{dC}{dt} = AC^n e^{\frac{E}{RT}} \tag{4-19}$$

绝热条件下系统的反应浓度和反应放热量成正比，则根据能量转换定律得出，原油氧化反应过程中转化率为：

$$\alpha = \frac{C_0 - C}{C_0} = \frac{T_f - T}{T_f - T_0} = \frac{T_f - T}{\Delta T} \tag{4-20}$$

式中，T_f 为反应最终温度，K；T_0 为反应初始温度，K；C_0 为反应物初始浓度，mol/L；$\Delta T = T_f - T_0$。

将式(4-19)代入式(4-20)中可得到

$$\frac{dT}{dt} = A \left[\frac{T_f - T}{\Delta T}\right]^n \Delta T C_0^{n-1} e^{-\frac{E}{RT}} \tag{4-21}$$

令 $k^* = k C_0^{n-1} = C_0^{n-1} A e^{-\frac{E}{RT}} = \frac{dT}{dt} \left(\frac{\Delta T}{T_f - T}\right)^n \Delta T^{-1}$ 代入式(4-21)

两边取对数，得

$$\ln k^* = \ln(A C_0^{n-1}) - \frac{E}{RT} \tag{4-22}$$

由 $\ln k^*$ 对 $\frac{1}{T}$ 作图(图4-38)，用最小二乘法拟合数据，从斜率求 E，截距求 A。

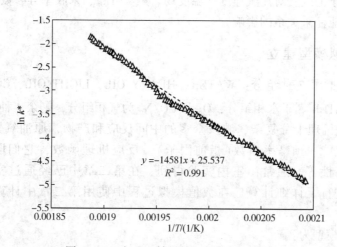

图4-38 对ARC结果的 $\ln k^*$ 与 $1/T$ 拟合

表4-13 ARC分析计算结果

起始温度/℃	终止温度/℃	最大升温速率/(℃/min)	活化能/(kJ/mol)	指前因子
200	280	320	121.25	—

由表4-13可知，ARC实验为绝热系统，原油在反应过程中与环境间几乎不存在热交换，产生的热量全部用于提高系统温度，易形成自燃，致使反应系统温度和压力急剧上升。在原油氧化过程，本次ARC实验只检测了小于300℃的原油氧化情况，而在计算氧化动力学参数方面只能计算到200~300℃的参数，该温度段并不能完全涵盖整个原油低温氧化阶段，计算得到的活化能为121.25kJ/mol，计算得到的结果与利用热重仪器计算参数较为接近。由于受ARC实验仪器本身的限制，当检测到升温速率超出仪器测试范围时，反应自动停止，所测得的实验数据不能得到整个原油氧化过程的动力学参数变化。因此，在现有的实

验技术条件下，ARC 由于实验仪器自身的限制，不能得到全部温度范围的实验数据。运用 ARC 实验数据可以对原油点火温度进行预测，同时结合热重数据可以为原油氧化实验提供更加完备的参考内容。

正如 Fassihi 等所指出的那样，原油在多孔介质中的燃烧不是一个简单的反应，而是在不同的温度范围内发生的几次连续和竞争反应。为了模拟燃烧过程中发生的反应，需要进行扩展的组成分析和大量的动力学表达式。准确描述最简单的碳氢化合物甲烷的氧化需要考虑数百个反应（Sarathi，1999），对原油的类似细节描述似乎异常困难。基于燃烧池的氧化动力学研究方法日益引起学者们的重视，这一研究方法得出的反应及动力学参数能更准确地描述燃烧过程，但是基于静态氧化和热分析所得到的反应阶段、动力学参数已经能够满足工程需要。

第五节　氧化动力学参数对火驱注采关系的影响

为了进一步认识实际生产过程中，动力学参数对火驱注采关系的影响，本节依据原油氧化实验结果，结合火驱现场实际情况，利用油藏数值模拟软件，建立了火驱概念模型，分析了活化能和指前因子的改变对注气速度、温度场、焦炭分布、采收率等参数影响，揭示了氧化动力学参数对火驱注采关系的影响。

一、数值模拟模型建立

模型中一共考虑了 7 种组分：WATER、HEAVY OIL、LIGHT OIL、COKE、O_2、CO_2、CO/N_2。其中，WATER 属于水相组分，O_2 和 CO/N_2 为气相组分，剩余 4 种均为油相组分。

原油氧化反应机理十分复杂，涉及众多的中间反应和产物，原油氧化反应动力学参数包括：反应活化能、预幂率指数（指前因子）、反应机理函数，它们取决于温度、压力条件以及油藏特性等，通常由室内实验得到，在第二章中已经通过实验对原油氧化反应动力学参数进行了详细计算。在数值模拟过程中使用第二章中计算得到的动力学参数。

原油氧化反应模型为：

轻质组分氧化：LIGHT OIL+O_2 ⟶ CO_2+WATER（低温氧化前期）。

重质组分氧化：HEAVY OIL+O_2 ⟶ CO/N_2+WATER+CO_2+COKE（低温氧化后期）。

裂解反应：HEAVY OIL ⟶ LIGHT OIL+COKE（燃料沉积）。

焦炭燃烧：COKE+O_2 ⟶ CO_2+WATER（高温氧化）。

模型初始参数值见表 4-14。

图 4-14　模型初始参数值

参　数	裂解反应	重质组分氧化	轻质组分氧化	焦炭燃烧
指前因子/min^{-1}	3.1×10^7	3×10^6	1.2×10^7	2×10^5
活化能/(kJ/mol)	68	107	75	130
反应焓/(J/mol)	6×10^5	2×10^6	3.7×10^7	6.1×10^5
反应温度/℃	<650	<300	<200	>400

数值模拟中使用的油水及气液相对渗透率曲线如图 4-39 所示。

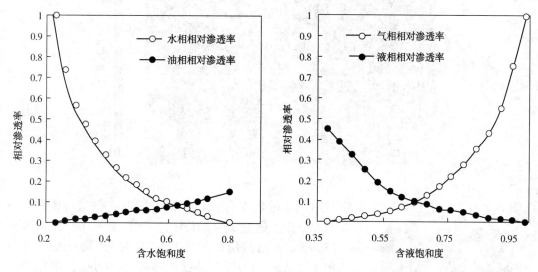

图 4-39 油水及气液相对渗透率曲线

基于以上研究基础，结合实际油藏条件，利用 CMG-STARS 模块建立了三维四相七组分火驱均质概念模型。

模型采用直角网格系统，网格数量为 35×20×3，网格步长为 5m×5m，储层埋深 600m，油藏温度 20℃，原始地层压力 8MPa，孔隙度 25%，渗透率 $350×10^{-3}\mu m^2$，平均含油饱和度 65%，地层原油黏度 1176.5mPa·s，地层原油密度 $0.9464g/cm^3$。采用排状井网进行开采，注采井距 70m。模拟结果如图 4-40、图 4-41 所示。

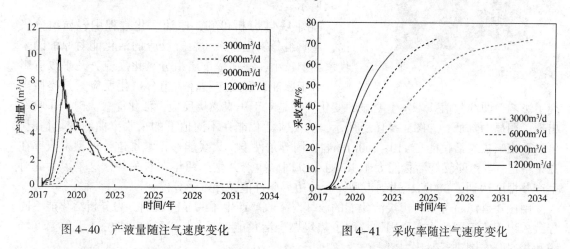

图 4-40 产液量随注气速度变化　　　　　图 4-41 采收率随注气速度变化

合理的注气速度不仅能够保证火驱能够取得较好的采出程度，同时也能缩短生产时间，减少生产成本。

如图 4-42 所示是注气速度为 $6000m^3/d$ 时随着生产时间改变，温度场的变化情况，根据数值模拟结果中，不同生产时间火线位置的变化，注采井连线方向 6 年内平均火线推进速度约为 4.02cm/d。

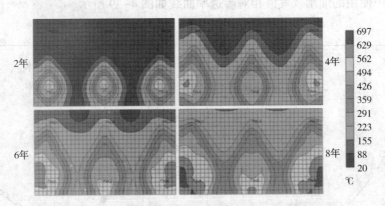

图 4-42 储层温度变化

如图 4-43 所示是各层焦炭分布图,通过焦炭的分布计算各层中已燃储层体积,对储层总生热量进行计算,其中第一层已燃体积 18975m³,第二层已燃体积 19400m³,第三层已燃体积 12225m³,储层总计已燃体积 50600m³,根据单位储层体积燃料耗量及高温氧化热焓值,可计算得到储层总生热量约为 $1.92×10^{10}$kJ。

二、活化能对火驱注采关系的影响

数值模拟过程中,在注气速度为 6000m³/d 情况下,分别改变原油氧化的四个反应动力学模型中的活化能大小,整理不同活化能下采收率的变化曲线,结果如图 4-44 所示。

如图 4-44 分析可知,原油氧化过程中轻质组分氧化、重质组分氧化、原油裂解反应的活化能对原油的采收率影响较小,特别是重质组分氧化反应,几乎没有影响,对于原油裂解反应和轻质组分氧化反应只是略微出

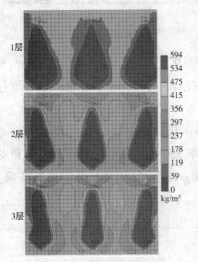

图 4-43 各层焦炭分布

现了影响,曲线数值并未发生明显的变化。但是对于焦炭燃烧反应,活化能较大时,采收率出现了明显的降低。如图 4-44(a) 所示,为焦炭活化能在不同值下的采收率曲线变化情况,可以看出当焦炭活化能在 110~160kJ/mol,同等条件下,火线能够正常推进,模型采收率在 72% 左右。当焦炭燃烧活化能大于 160kJ/mol 时,生产井生产两年左右关井,这是因为此时生产井温度达到了 300℃,达到模型设置的边界条件值,导致运算停止。

由图 4-44(a) 可知,焦炭活化能的改变对采收率产生了明显的影响,为分析活化能不同导致采出程度不同的内在原因,选取了焦炭燃烧活化能 130kJ/mol 和 190kJ/mol 下的温度场图和焦炭分布图进行对比。

在同等条件下,改变焦炭燃烧活化能可以看出,当焦炭活化能为 130kJ/mol 时,各层系反应温度一致,温度场无论从数值上还是波及范围上都呈现出一致性,储层局部温度已经达到 600℃ 以上,油层成功被点燃;焦炭活化能为 190kJ/mol 时的温度场中只有第 3 层少部分范围达到 400℃ 以上,第 1 层、第 2 层的温度基本在 400℃ 以下,说明油层为未被点燃,火驱未正常进行。

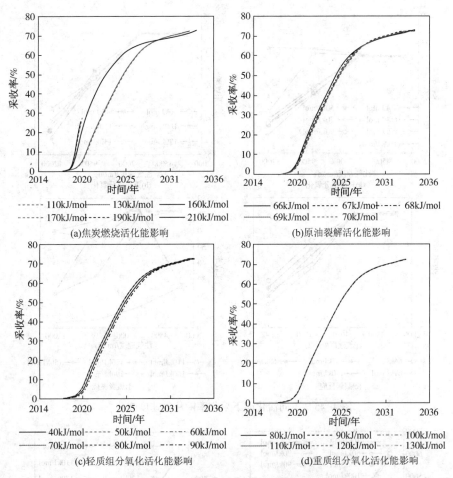

图 4-44 活化能对原油采收率的影响

当焦炭活化能为 130kJ/mol 时，各层焦炭分布均匀，焦炭生成速度稳定，各层的焦炭分布一致，190kJ/mol 时，各层的焦炭分布差异性大，各层焦炭生成速度不一致。焦炭活化能为 130kJ/mol 时，火线稳定推进，原油采收率高，而焦炭活化能为 190kJ/mol 时，生产井温度很快达到 300℃，到达数值模拟边界条件，运算停止，原油采收率较低。

进一步探讨不同活化能下注气速度的改变对采收率和生产时间的影响，并进行数值模拟如图 4-45、图 4-46 所示。

从图 4-45、图 4-46 可以看出，随着注气速度的增加，采收率越来越低，生产时间越来越短。原油氧化过程中轻质组分氧化、重质组分氧化、原油裂解反应三个动力学模型中因为活化能升高而造成的采收率低的现象，并没有因为注气速度的提高而产生改变，不同活化能下的合理注气速度均为 6000m³/d 左右，但是焦炭活化能的改变造成的采收率低的现象，却随着注气速度的提高发生了明显的变化，特别是焦炭燃烧活化能为 160kJ/mol 时，注气速度 3000m³/d 时采收率只有 28%，当注气速度提升到 6000m³/d 时采收率达到了 74%，说明焦炭燃烧活化能的改变致使火驱空气需要量发生变化。同时可以看出，注气速度的变化对采收率的影响较大，油层稳定燃烧过程中主要受三维扩散反应控制，合理的注气速度对燃烧具有促进作用，可以保证火驱取得较好的采出效果。

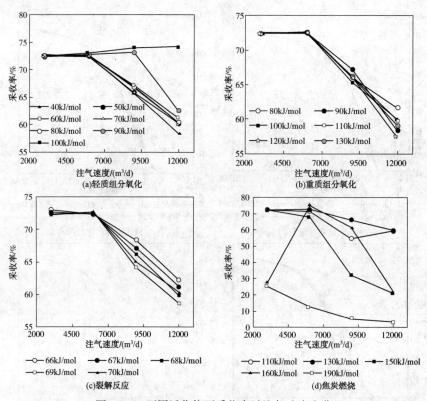

图 4-45 不同活化能下采收率随注气速度变化

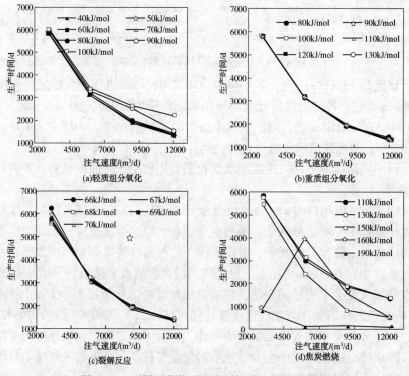

图 4-46 不同活化能下生产时间随注气速度变化

为进一步探讨焦炭燃烧活化能改变对注气速度的影响，对焦炭燃烧活化能在110~200kJ/mol时，不同注气速度下的采收率进行了详细的模拟计算，模拟如图4-47所示，由于每个活化能下模拟得到的曲线较多，图中只是选取了5~6条代表性曲线展示。

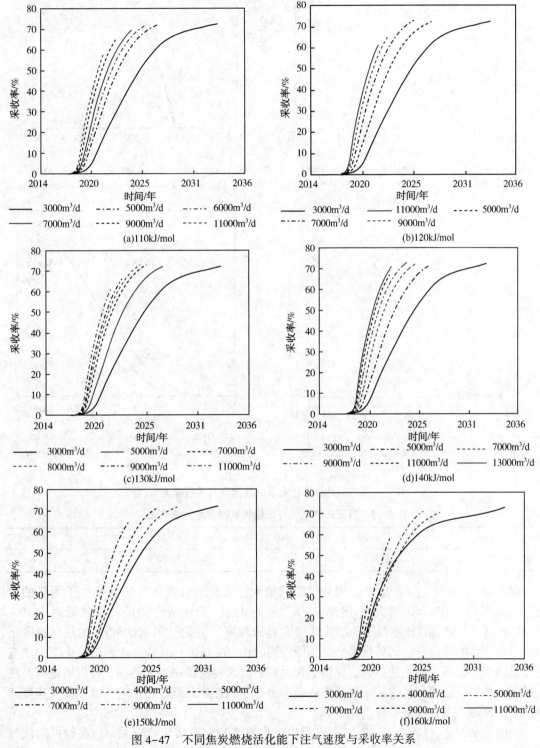

图4-47 不同焦炭燃烧活化能下注气速度与采收率关系

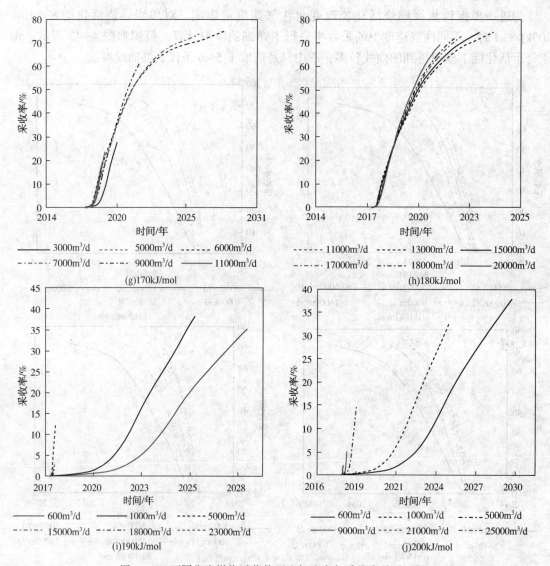

图 4-47　不同焦炭燃烧活化能下注气速度与采收率关系(续)

表 4-15　合理注气速度范围随焦炭燃烧活化能变化

活化能/(kJ/mol)	110	120	130	140	150	160	170	180	190	200
合理注气速度/($10^3 m^3/d$)	4~6	4~7	4~8	4~9	4~5	4~5	6~7	13~18	0.6~1	0.6~1

如图 4-47 所示，随着焦炭燃烧活化能的增大，火驱的合理注气速度发生了明显的改变，从原来的 6000m³/d 增大至 18000m³/d（表 4-15）。当焦炭燃烧活化能较低时（110~140kJ/mol），合理注气速度范围随活化能增大越来越宽，但此时在 4000m³/d 的注气速度下仍能取得较高的采收率，而焦炭燃烧活化能较高时（170~180kJ/mol），达到稳定火驱的注气速度成倍增加。随着活化能越大，原油氧化反应所要跨越的能垒越来越高，可以通过提高注气速度，增加反应的氧气含量来提高采收率，但当焦炭燃烧活化能过大时，即使注气速度达到最大，原油产出程度依旧较差。

同时，从图 4-47(i)、4-47(j) 可以看出，焦炭燃烧反应活化能较大时，在较低的注气速度（600~1000m³/d）下取得了相对较高的采收率，为进一步分析产生该现象的原因，通过对焦炭燃烧活化能为190kJ/mol 和200kJ/mol 时，在低注气速度下数值模拟得到的焦炭分布和温度分布进行分析，模拟结果如图4-48~图4-51 所示。

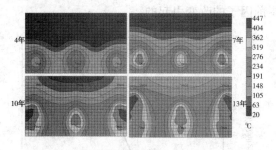

图4-48　焦炭燃烧活化能190kJ/mol 时的温度场变化

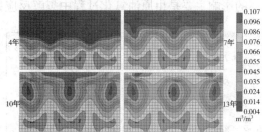

表4-49　焦炭燃烧活化能190kJ/mol 时的焦炭分布变化

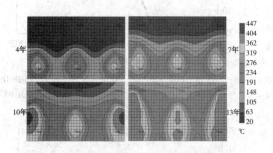

图4-50　焦炭燃烧活化能200kJ/mol 时的温度场变化

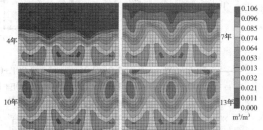

图4-51　焦炭燃烧活化能200kJ/mol 时的焦炭分布变化

活化能较高时，较小的注气速度却能取得较高的采收率，这是因为由于活化能较高，焦炭并没有发生燃烧。结合温度场和焦炭分布场图可以看出，地层中主要是轻质油组分发生反应，地层温度在400℃左右，尚未达到焦炭燃烧温度，从活化能在190kJ/mol 和200kJ/mol 时，各层的焦炭分布场图可以看出，随着开采时间的不断变化，各层初始形成的焦炭分布区域，基本没有发生改变，地层中的焦炭含量一直在增加，并没有减少的趋势，这也再次说明了活化能较高时，焦炭没有被点燃，火驱未能正常进行。低注气速度下较高的采收率主要是轻质油氧化使地层温度升高，原油黏度降低，同时低注气速度下，空气带走的地层热量较少，此时地层的原油驱动类似于气驱伴随低温氧化，得到了一定的采收率。但也不难发现，由于注气量小，地层压力恢复缓慢，低注气速度时虽然取得了较高的采收率，但是开采时间也大大延长了。

三、指前因子对火驱注采关系的影响

数值模拟过程中，在注气速度为6000m³/d 情况下，分别改变原油氧化的四个反应动力学模型中指前因子大小，整理不同指前因子下采收率的变化曲线，结果如图4-52 所示。

由图4-52 分析可知，原油氧化反应过程中，轻质组分氧化、重质组分氧化和焦炭燃烧三个动力学反应模型中指前因子的变化对采收率的影响较小，虽然指前因子的数值改变了5~10 个数量级，但得到的采收率曲线无论是曲线趋势，还是最终的采收率都没有较大的变

化,而裂解反应指前因子的改变却对采收率产生了明显的影响,随着裂解反应指前因子的改变,生产时间和最终采收率均发生了变化。所以,可以认为轻质组分氧化、重质组分氧化和焦炭燃烧三个反应指前因子的变化对于采收率的影响可以忽略不计,指前因子对于火驱采收率的影响主要是由原油氧化过程中裂解反应指前因子的改变引起的。

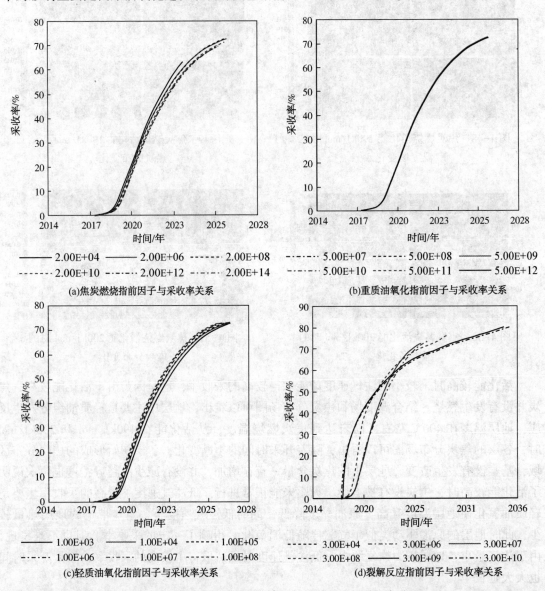

图 4-52　注气速度为 6000m³/d 时指前因子与采收率关系

不同原油裂解指前因子的改变对采收率产生了明显的影响,为分析活化能不同导致采出程度不同的内在原因,结合不同裂解反应指前因子下的焦炭分布进行分析。

当指前因子较小时,裂解反应产生的焦炭较少,特别是在第一层几乎没有产生焦炭,在第二层和第三层只产生了少量的焦炭,这是因为指前因子较小,反应过程中的分子碰撞频率较小,在活化能不变的情况下,反应进行困难。而当指前因子较大时,可以看到各层的焦炭分布是一样的,而且没有正常原油氧化时焦炭逐渐生成的痕迹,这是因为指前因子较大,在数值模拟计算过程中出现了错误，导致地层中原油瞬间转化成焦炭而造成了这种现象，所以在裂解段的指前因子太大或者太小都不符合原油正常氧化规律。

进一步探讨不同指前因子下注气速度的改变对采收率和生产时间的影响，分别改变原油氧化的四个反应动力学模型中的指前因子的大小，整理不同指前因子下，采收率随注气速度的变化规律，结果如图4-53、图4-54所示。

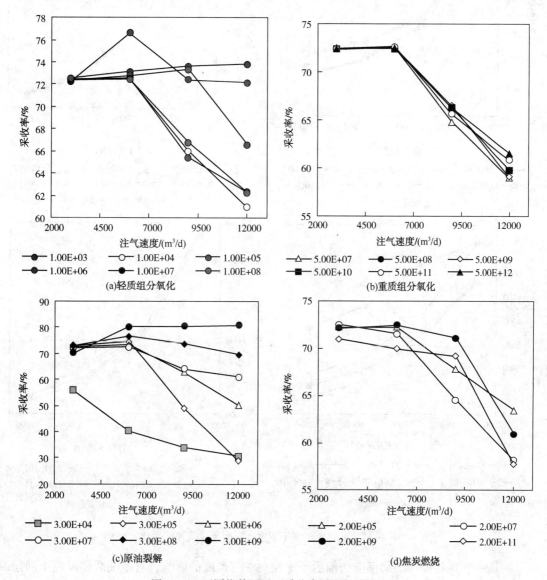

图4-53　不同指前因子下采收率随注气速度变化

由图4-53、图4-54可以看出，随着注气速度的增加，原油氧化过程中轻质组分氧化、重质组分氧化、焦炭燃烧反应三个动力学模型中采收率不断降低，生产时间不断缩短，而对于原油裂解反应，指前因子为$3×10^7 \sim 3×10^9$时，采收率随注气速度的变化平缓，指前因子越大采收率随注气速度变化越小，分析原因可能是因为指前因子越大，原油氧化反应中分子之间的碰撞频率越快，能达到较高采收率的注气速度越大。

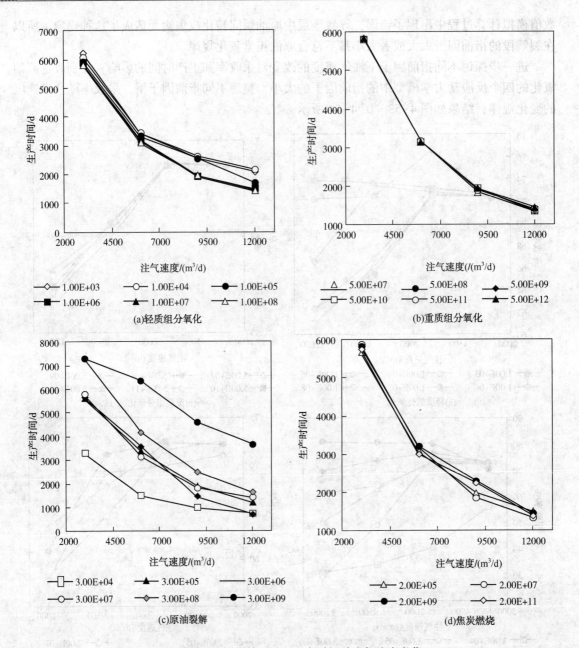

图 4-54 不同指前因子下生产时间随注气速度变化

为进一步探讨原油裂解反应指前因子改变对注气速度的影响，对原油裂解反应不同指前因子下，不同注气速度下的采收率进行了详细的模拟计算，模拟如图 4-55 所示。

如图 4-55 所示，随着指前因子的增大，火驱合理注气速度范围越来越大，模拟结果显示当指前因子过大（大约 3×10^9）时，无论多大的注气速度，均能取得较高的采收率，注气速度不再影响最终采收率的大小，通过进一步分析不同指前因子在不同注气速度下的焦炭生成情况，说明合理的指前因子值对火驱数值模拟计算具有重要意义，过大或者过小的指前因子会造成数值模拟结果与现场实际情况发生偏离。

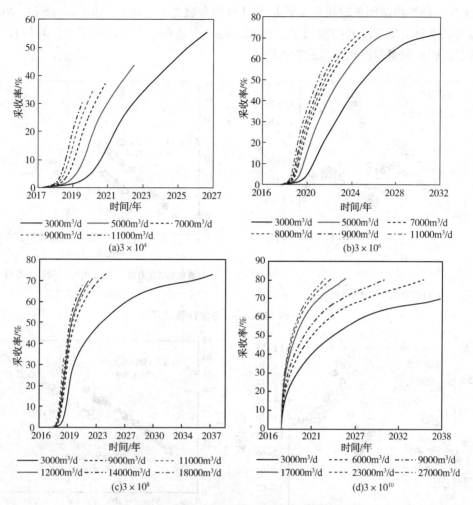

图 4-55　不同指前因子下注气速度与采收率关系

四、动力学参数的补偿效应

通过讨论可知，动力学参数的变化会对原油氧化过程产生较大的影响，原油氧化动力学参数的变化改变了原油氧化过程中各个反应的难易程度，从而改变了氧化反应的主导反应和反应方向。理论上，原油氧化动力学参数应该是相互独立的量纲。然而，通过调研发现指前因子和活化能之间存在一定的线性关系。1976 年，Gallagher 在催化脱水实验中首次发现了动力学补偿效应，即 $\ln A$ 与 E 之间存在线性关系：

$$\ln A = \alpha E + b \tag{4-23}$$

（一）补偿效应的计算

下面对三种等转化率法计算得到的活化能与指前因子的变化曲线和活化能 E 与 $\ln A$ 的拟合结果进行分析，讨论补偿效应对于原油氧化过程及火驱注采关系的影响（图 4-56 ~ 图 4-58）。

根据第二章中利用单一扫描速率法计算原油氧化过程中的机理函数时可知，在燃料沉积阶段，由于该阶段不是氧化反应主导的阶段，未能计算得到该阶段的机理函数，由于 Friedman

法和 FWO 法计算指前因子时机理函数是不可少的参数之一，所以 Friedman 法和 FWO 法未能计算得到燃料沉积阶段的指前因子，而 Kissinger 方法在计算指前因子时，与机理函数无关，所以能够得到燃料沉积阶段的指前因子。

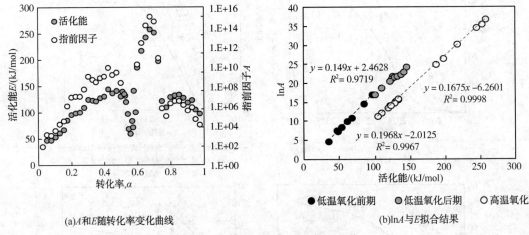

图 4-56　Friedman 方法计算结果

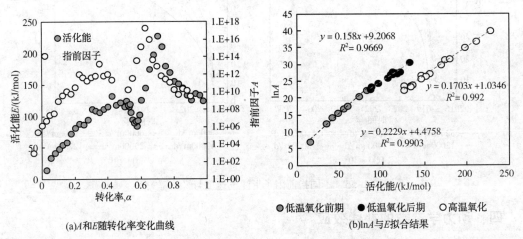

图 4-57　FWO 方法计算结果

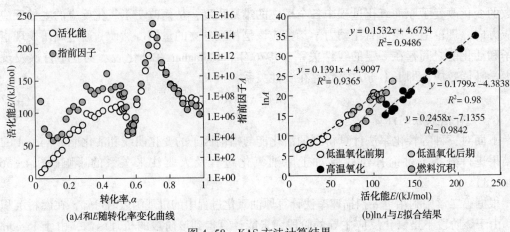

图 4-58　KAS 方法计算结果

由图4-56(a)、图4-57(a)和图4-58(a)可以看出，虽然三种计算方法不同，但是所计算得到的指前因子与活化能随转化率的变化曲线变化趋势基本一致，而且三种方法计算得到的数值相差较小。不难看出，指前因子与活化能的变化是一致的，活化能增大，指前因子也增大，活化能减小，指前因子也减小。而且，曲线中的活化能和指前因子是一一对应的关系。

由图4-56(b)、图4-57(b)和图4-58(b)可以看出，参照对原油氧化阶段划分的结果，分阶段对$\ln A$与E进行拟合，三种方法所计算得到的动力学参数在不同反应阶段均得到了较高的拟合程度。同时可以发现，低温氧化前段和后段具有相似的线性度，将这两个阶段组合进行拟合分析三种计算方法的动力学补偿效应分别是$y=0.1742x-0.6368$ ($R^2=0.993$)、$y=0.1862x+6.2176$ ($R^2=0.9872$) 和 $y=0.1547x+4.4492$ ($R^2=0.986$)，说明这两个阶段的反应机理基本一致。原油氧化反应过程中各个氧化阶段存在明显的动力学参数补偿效应，运用该理论可以对通过实验计算得到的活化能及指前因子的合理性进行验证。

(二) 补偿效应对火驱注采关系的影响

在以上讨论中，单独改变动力学参数的大小，对原油氧化反应产生了明显的影响，最为明显的就是改变焦炭燃烧活化能的大小，当焦炭燃烧活化能较大时，高温氧化反应进行困难或不能进行，而且火驱所需要的注气量增加。改变裂解反应的指前因子大小，指前因子太小，焦炭不能生成，指前因子太大，反应脱离了火驱的真实的氧化动力学反应。下面采用动力学参数补偿效应，对以上出现的情况进行重新模拟分析。

1. 根据活化能计算指前因子

选取焦炭燃烧活化能为180kJ/mol和200kJ/mol，焦炭燃烧反应可认为发生在高温氧化反应阶段，利用Friedman法拟合得到的补偿效应关系进行计算，得到的指前因子分别为2.37×10^{10}和6.76×10^{11}，进行数值模拟，结果如图4-59所示。

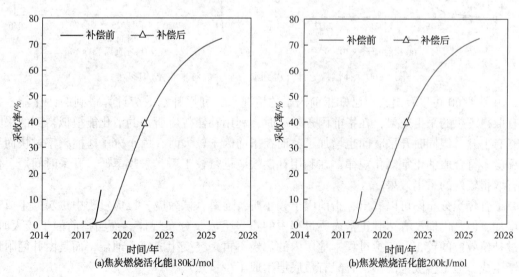

(a) 焦炭燃烧活化能180kJ/mol　　(b) 焦炭燃烧活化能200kJ/mol

图4-59　补偿效应计算得到动力学参数对采收率的影响

由图4-59可知，对比未利用动力学补偿效应进行计算的采收率曲线，当活化能较大时，由于反应需要跨越的能垒增大，反应难度增加，原油采收率低，开采时间短。利用动力学补偿效应对动力学参数进行重新计算校正后可以看出，经过重新计算的动力学参数重新代入后，原油采收率明显上升，采收率曲线基本与焦炭燃烧活化能较低时得到的采收率曲线一致，火驱能够正常进行。

当活化能较高时，火驱温度场推进范围小，地层温度最高只有约300℃，这是因为活化能较高，焦炭燃烧反应进行困难。同时，指前因子也较低，分子之间的碰撞频率低，反应不容易发生，焦炭燃烧反应速度缓慢，而焦炭燃烧反应是火驱过程中产生热量的主要反应，活化能高，焦炭生成缓慢，只有在近井地带生成了少量焦炭，而且各层焦炭场和温度场推进速度不均匀，导致计算停止。利用动力学参数的补偿效应，通过活化能的大小计算出指前因子进行数值模拟计算可以看出，利用补偿效应计算后，火驱可以正常进行，各层温度分布均匀，焦炭场推进速度一致，达到了很好的开采效果。

2. 根据指前因子计算活化能

选取原油裂解时指前因子 $3×10^4$ 和 $3×10^{10}$，利用 Kissinger 法拟合得到的补偿效应关系进行计算，得到的活化能值分别为 70.97kJ/mol 和 127.18kJ/mol，然后进行数值模拟，结果如图 4-60 所示。

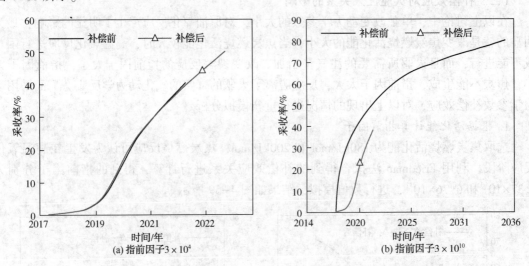

图 4-60　补偿效应计算得到动力学参数对采收率的影响

由图 4-60 可以看出，在已知指前因子的情况下，利用补偿效应计算得到的活化能，并没有取得理想的采出效果，在指前因子较小时，利用补偿效应所得的活化能模拟得到的采收率略有上升，但同时开采时间也增加了，而在指前因子较大时，由于分子碰撞频率过快而导致反应不符合原油正常氧化规律，在利用补偿效应进行校正后，采收率低，开采时间短，仍没有取得较好的采出效果。

结合焦炭分布图可以看出，指前因子较小时，通过补偿效应，反应过程中焦炭的生成有所增加，但是仍旧没有达到正常火驱过程中的焦炭生成及分布规律。而当指前因子较大时，通过补偿效应的校正，模拟过程中地层内的焦炭不再是突变生成整个地层，而是由井筒附近逐渐生成，但是生成范围小，且只有最底层生成了少量焦炭。

通过以上分析可知，在氧化动力学计算及相关数值模拟过程中，在已知活化能值时，可通过补偿效应对指前因子进行计算或者校正；在已知指前因子时，虽然通过动力学补偿效应计算得到的活化能值，通过数值模拟并没有取得较好的采收率，但拟合结果显示，补偿效应得到的参数更加接近实际情况，建议在动力学参数计算过程中通过补偿效应进行检验。

第六节 原油氧化热力学分析的工程应用

为了使火驱达到理想的高温燃烧效果，发挥高效的热力驱油作用，基于原油氧化热力学分析的工程计算和设计是必不可少的。

一、点火启动热平衡分析

点火是火烧油层中最关键的一步，这关系到火烧油层是否能够顺利实施，火烧油层点火阶段经历了原油从氧化到燃烧的整个过程，Tadema 和 Weijdema 通过大量实验研究，得到了层内自燃点火时间计算公式。但是，利用油层温度自燃点火的点火方式，点火时间在数十天到一百天左右，点火周期长，所以许多油田都需要辅助点火方式，为油层提供更多的热量，以尽快点燃油层。油层点燃后，火线开始稳定推进，油层进入稳定燃烧阶段，油层稳定燃烧有利于燃烧前缘的进一步扩展，保证火驱泄油的稳定性，是决定矿场项目顺利进行的关键因素。

只有为地层提供充足的热量，地层原油才能达到燃烧状态，根据谢苗诺夫理论，要使油层达到燃烧条件，必须保证地层原油氧化的生热速率大于散热速率，下面从动力学的角度对火驱过程中的生热速率和散热速率进行计算。

（一）生热速率计算

根据氧化动力学的计算原理可知，原油的氧化反应速率可以写成下式：

$$\frac{d\alpha}{dt} = A \cdot e^{-\frac{E}{RT}} \cdot f(\alpha) \tag{4-24}$$

两边同时乘 Δm

$$\Delta m \frac{d\alpha}{dt} = A \cdot e^{-\frac{E}{RT}} \cdot f(\alpha) \cdot \Delta m \tag{4-25}$$

式中，Δm 为燃料耗量，kg/m^3，通过燃烧管实验获得。

令反应速率

$$\tau = \Delta m \frac{d\alpha}{dt} = A \cdot e^{-\frac{E}{RT}} \cdot f(\alpha) \cdot \Delta m \tag{4-26}$$

单位质量原油生热量可由 DSC 数据计算得到，可以近似认为热焓等于生热量

$$Q \approx \Delta H \tag{4-27}$$

根据谢苗诺夫理论，如果反应容器的容积为 V，反应速度为 τ，则在单位时间内反应系统所放出的热量 Q_1 为：

$$Q_1 = Q\tau V$$

结合式(3-2)和式(3-4)，$1m^3$ 储层中原油生热速率为：

$$Q_1 = Q\tau V = Q \cdot A \cdot e^{-\frac{E}{RT}} \cdot f(\alpha) \cdot \Delta m \tag{4-28}$$

式中 Q_1——生热速率，kJ/min。

原油在不同氧化阶段，计算得到的动力学参数不同，那么在不同氧化阶段原油氧化的放热量也不同，根据得到的不同氧化阶段的动力学参数，原油在不同氧化阶段的放热量为：

(1)点火阶段:

$$Q_1 = Q \cdot A \cdot e^{-\frac{E}{RT}} \cdot [2(1-\alpha)^{\frac{1}{2}}] \cdot \Delta m \tag{4-29}$$

(2)稳定燃烧阶段:

$$Q_1 = Q \cdot A \cdot e^{-\frac{E}{RT}} \cdot \left\{ \frac{3}{2} [(1-\alpha)^{-1/3} - 1]^{-1} \right\} \cdot \Delta m \tag{4-30}$$

(二)散热速率计算

火烧油层过程中无论是点火阶段还是原油高温氧化过程中,反应持续过程中虽然热量不断地产生,但是也随着空气的注入和地层温度的升高,热量不断地散失着,散失的热量表达为以下几个方面:

1. 点火阶段散热速率

(1) 1m³ 储层空气每分钟散热速率可以表示为:

$$V_{\text{预}} = \pi(R^2 - r^2)H \tag{4-31}$$

$$q_a = \frac{c_a \rho_a \Delta T v}{1440 V_{\text{预}}} \tag{4-32}$$

式中 $V_{\text{预}}$——点火预热储层体积,m³;

R——预热半径,m;

r——井筒半径,m;

H——储层厚度,m;

v——注气速度,m³/d;

c_a——空气比热容,kJ/(kg·℃);

ρ_a——空气密度,kg/m³;

ΔT——温度差,℃。

(2) 1m³ 单位体积储层岩石每分钟传热量可以表示为:

$$q_r = \frac{c_r \rho_r \Delta T}{1440} \tag{4-33}$$

式中 c_r——储层岩石比热容,kJ/(kg·℃);

ρ_r——储层岩石密度,kg/m³。

(3) 1m³ 储层内原油每分钟传热量:

$$q_o = \frac{c_o \rho_o \Delta T \phi S_o}{1440} \tag{4-34}$$

在点火阶段 1m³ 储层的总散热速率为:

$$Q_2 = q_a + q_r + q_o = \frac{c_a \rho_a \Delta T v}{1440 V_{\text{预}}} + \frac{c_r \rho_r \Delta T}{1440} + \frac{c_o \rho_o \Delta T \phi S_o}{1440} \tag{4-35}$$

2. 稳定燃烧时散热量

在火烧油层稳定燃烧时,火线稳定推进,此时散失的热量中储层升温和原油带走的热量公式与点火阶段一致,只有单位储层的空气耗量发生变化,储层体积由预热体积变为火线体积,则稳定燃烧阶段 1m³ 储层空气每分钟散热速率可以表示为:

$$V_f = v_f L H \tag{4-36}$$

$$q_a = \frac{c_a \rho_a \Delta T v}{1440 V_f} \tag{4-37}$$

式中：

v_f——火线推进速度，m^3/d；

V_f——火线每天推进体积，m^3；

L——火线长度，m；

H——储层厚度，m。

稳定燃烧时 $1 m^3$ 储层的总散热速率为：

$$Q_2 = q_a + q_r + q_o = \frac{c_a \rho_a \Delta T v}{1440 V_f} + \frac{c_r \rho_r \Delta T}{1440} + \frac{c_o \rho_o \Delta T \phi \Phi S_o}{1440} \tag{4-38}$$

（三）火驱燃烧启动判断

矿场尾气判断燃烧启动的方法有：产出气体中 CO_2 含量、氢碳原子比、氧气利用率等，利用矿场尾气进行火驱燃烧判断只有在生产井见气后才能应用，当生产井未见气时该方法便不能应用，同时矿场尾气部分组分易溶于水和原油中，造成判断不准确。通过热量平衡计算可以在进行室内实验的基础上对火驱燃烧状态进行判断，计算方法如下：

根据谢苗诺夫理论，要达到燃烧状态应满足：

$$Q_1 > Q_2, \frac{dQ_1}{dT} > \frac{dQ_2}{dT} \tag{4-39}$$

即在点火阶段：

$$Q \cdot A \cdot e^{-\frac{E}{RT}} \cdot [2(1-\alpha)^{\frac{1}{2}}] \cdot \Delta m > \frac{c_a \rho_a \Delta T v}{1440 V_{预}} + \frac{c_r \rho_r \Delta T}{1440} + \frac{c_o \rho_o \Delta T \phi S_o}{1440} \tag{4-40}$$

在稳定燃烧阶段：

$$Q \cdot A \cdot e^{-\frac{E}{RT}} \cdot \left\{ \frac{3}{2} [(1-\alpha)^{-1/3} - 1]^{-1} \right\} \cdot \Delta m > \frac{c_a \rho_a \Delta T v}{1440 V_{预}} + \frac{c_r \rho_r \Delta T}{1440} + \frac{c_o \rho_o \Delta T \phi S_o}{1440} \tag{4-41}$$

根据式（4-40）和式（4-41），结合热重实验数据计算得到的动力学参数和机理函数就可以对火驱燃烧是否启动进行判断，相对于矿场尾气方法，该方法快捷、简单、准确性高。

利用地层的热量及原油氧化产生的热量可以将地层点燃，但是所耗费的时间较长，所以通常情况下，点火阶段大多采用辅助点火的方式，为地层提供热量，加快点火。在点火阶段点火器做功，设点火器功率为 P，则可以通过计算将注入空气加热到点火温度所需要的功率，则点火器功率 P 可以表示为：

$$P = \frac{Q_{空}}{60\eta} \tag{4-42}$$

$$Q_a = \frac{v c_a \rho_a (T_{点} - T_0)}{1440} \tag{4-43}$$

式中　Q_a——加热器有效功率，kJ/min；

η——点火器功率利用效率；

$T_{点}$——启动点火温度，℃。

点火器点火时的生热速率公式修正为：

$$Q_1 = \eta P + Q \cdot A \cdot e^{-\frac{E}{RT}} \cdot [2(1-\alpha)^{\frac{1}{2}}] \cdot \Delta m \tag{4-44}$$

式中　n——点火井数。

点火时间 t 可以表示为：

$$点火时间 = \frac{预热储层到达着火温度所需热量 Q_着}{预热储层总生热速率 q_1 - 空气散热速率 q_a} \tag{4-45}$$

则：

$$Q_着 = c_r \rho_r \Delta T V_预 + c_o \rho_o \Delta T \phi S_o V_预 \tag{4-46}$$

$$q_1 = Q_1 \tag{4-47}$$

那么，点火时间可以通过式（4-48）计算：

$$t = \frac{c_r \rho_r \Delta T V_预 + c_o \rho_o \Delta T \phi S_o V_预}{\eta P + Q \cdot A \cdot e^{-\frac{E}{RT}} \cdot [2(1-\alpha)^{\frac{1}{2}}] \cdot \Delta m - \frac{c_a \rho_a \Delta T v}{1440 n}} \tag{4-48}$$

二、注气参数设计

（一）注气速度的确定

1. 点火阶段最小注气速度

根据静态氧化实验数据可以计算得到原油氧化过程中的耗氧速率，假设波及半径 R，井筒半径 r，则单位波及体积耗氧速度为：

$$\gamma = \frac{\Delta m \cdot \varepsilon}{60 \rho_o} \times 22.4 \times 10^6 \tag{4-49}$$

最小注气速度为：

$$v_{\min} = \frac{\gamma V_预}{21\% - x} = \frac{\gamma \pi (R^2 - r^2) H}{(21\% - x)} \tag{4-50}$$

式中　ε——耗氧速率，mol/(h·mL)；
　　　γ——单位波及体积耗氧速度，L/min；
　　　$v_{\min}$——最小注气速度，m³/d；
　　　x——反应后尾气氧气含量。

2. 稳定燃烧最小注气速度

火烧油层过程中，油层稳定燃烧过程中，点火时的预热储层体积变为火线波及体积，则稳定燃烧最小注气速度为：

$$v_{\min} = \frac{\gamma V_火}{21\% - x} = \frac{\gamma v_f L H}{(21\% - x)} \tag{4-51}$$

（二）火线推进速度计算

在符合燃烧的转化率下，可以推导火线推进速度，假设在高温氧化阶段，可认为原油发生燃烧，此时转化率为 0.6~0.9，结合高温氧化阶段的反应机理方程对火线推进速度做如下推导：

由 Arrhenius 方程可知：

$$\frac{d\alpha}{dt} = kf(\alpha) = Ae^{-\frac{E}{RT}}f(\alpha) \tag{4-52}$$

假设燃烧带内的原油均处于高温燃烧阶段，则 $d\alpha/dt$ 的意义可以认为单位时间内参加反应的燃料消耗百分比。

在火烧油层中，燃烧带可认为全部进行高温氧化反应，则反应速率可认为是燃烧带的推进速率，那么火线前缘推进速度可表示为：

$$\lambda = \omega \cdot \frac{d\alpha}{dt} \cdot \frac{\Delta m}{\rho \phi S_o} \cdot \delta = \omega \cdot Ae^{-\frac{E}{RT}}f(\alpha) \cdot \frac{\Delta m}{\rho \phi S_o} \cdot \delta \tag{4-53}$$

式中　　ω——燃烧前缘宽度，m；

　　　　δ——火线体积波及效率，%；

A、E、$f(\alpha)$——动力学参数，取高温氧化阶段计算得到的动力学参数。

(三) 原油产出量计算

如图 4-61 所示，以排状井网为例，假设火线稳定推进，单井的波及宽度可认为大小与注气井排井距相同，由燃烧前缘推进速度可得单位时间火线波及体积为：

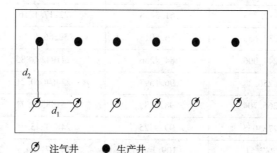

⌀ 注气井　● 生产井

图 4-61　排状井网示意图

$$V = \lambda d_1 H \tag{4-54}$$

式中　d_1——为排状注气井间距，m；

　　　H——为油层厚度，m。

单井每日波及体积内的含油体积为：

$$V_o = VS_o\phi = \lambda d_1 HS_o\phi \tag{4-55}$$

原油日产量可表示为：

原油产量=火线波及体积内含油体积-燃烧的原油-剩余油体积

单井每日波及体积内燃烧的原油体积为：

$$V_\text{燃} = \frac{\Delta m}{\rho_o} \tag{4-56}$$

式中　$V_\text{燃}$——单位储层中作为燃料的原油体积，m³。

单井每日波及体积内剩余油体积为：

$$V_\text{剩} = (1-\eta) \cdot V_o \tag{4-57}$$

式中　η——驱油效率，%。

单井每日产油量为：

$$q = V_o - V_\text{燃} - V_\text{剩} \tag{4-58}$$

(四) 实例计算

假定：油层温度 25℃，实验油样燃料耗量 34kg/m³，储层比热容 $c_r = 0.7$kJ/(kg·℃)，储层密度 $\rho_r = 1700$kg/m³，原油比热容 $c_o = 1.27$kJ/(kg·℃)，原油密度 $\rho_o = 946.4$kg/m³，空气比热容 $c_a = 1.004$kJ/(kg·℃)，空气密度 $\rho_a = 1.29$kg/m³，地层压力下空气密度 $\rho_{a_1} = 93.528$kg/m³，预热半径 $R = 0.7$m，井筒半径 $r = 0.1$m，火线长度 210m，储层厚度 10m，火线推进速度 0.07m³/d，储层注气速度 6000m³/d，动力学参数值对应关系由第二章中实验数据计算得出，见表4-16。

表4-16 原油氧化动力学参数对应关系表

转化率(α)	温度(T)	活化能(E)/(kJ/mol)	指前因子(A)	热焓值(Q)
0.025	131.46	34.8714	101.0092	−149.673
0.05	152.267	46.2915	1974.1623	−173.687
0.075	172.128	47.4396	1568.9056	−190.637
0.1	193.88	53.2777	4509.4617	−201.587
0.125	212.796	61.3498	22217.1216	1.78998
0.15	232.656	66.8013	52266.5718	17.70904
0.175	244.006	84.4286	2419420.885	37.90904
0.2	256.3	96.1597	22464000.21	74.19293
0.225	266.704	98.6289	25198598.71	121.3376
0.25	278.053	99.9425	24833245.45	196.171
0.275	287.51	109.1461	143471164.9	283.3621
0.3	296.022	124.8762	3205680699	383.1039
0.325	305.48	123.1552	1549772702	531.536
0.35	313.046	121.5340	817077312	678.8053
0.375	320.612	128.0854	2508258775	845.0395
0.4	327.232	131.0702	3387187037	922.0748
0.425	334.798	144.2562	32664197538	1128.147
0.45	345.202	137.0230	5454851973	1288.368
0.475	350.876	141.0137	8853080616	1368.271
0.5	361.28	130.4050	714023483.4	1532.466
0.525	378.303	132.5501	—	1695.744
0.55	405.73	68.5805	—	2275.726
0.575	428.428	71.8288	—	3127.397
0.6	441.669	185.7763	65814112035	3819.44
0.625	453.964	216.9787	1.39777E+13	4759.431
0.65	465.313	243.3258	1.17097E+15	5874.876
0.675	469.096	257.6259	1.07525E+16	6279.573

续表

转化率(α)	温度(T)	活化能(E)/(kJ/mol)	指前因子(A)	热焓值(Q)
0.7	474.771	251.3239	3.12407E+15	6923.826
0.725	481.391	196.7840	3.45824E+11	7743.982
0.75	489.903	120.8439	1397908.044	8907.42
0.775	494.631	108.9383	189794.6265	9542.575
0.8	505.035	128.8919	4135053.003	10673.7
0.825	512.601	132.5584	6948475.479	11119.51
0.85	517.33	133.2401	7952949.02	11174.99
0.875	522.058	126.8965	2989255.423	11175.56
0.9	532.462	117.6597	718661.4548	11175.56
0.925	540.974	122.4818	1435848.503	11175.56
0.95	545.702	104.1494	86995.20948	11175.56
0.975	560.834	96.8082	21181.48125	11175.56

1. 生热速率计算

（1）点火阶段生热速率。

$$Q_1 = Q \cdot A \cdot e^{-\frac{E}{RT}} \cdot f(\alpha) \cdot \Delta m \cdot = Q \times A \times e^{-\frac{E}{8.314T}} \times [2(1-\alpha)^{\frac{1}{2}}] \times 34 \quad (4-59)$$

（2）稳定燃烧阶段生热速率。

$$Q_1 = Q \cdot A \cdot e^{-\frac{E}{RT}} \cdot f(\alpha) \cdot \Delta m = Q \times A \times e^{-\frac{E}{8.314T}} \left\{ \frac{3}{2} [(1-\alpha)^{-\frac{1}{3}} - 1]^{-1} \right\} \times 34 \quad (4-60)$$

将热焓值、动力学参数等随温度变化数据代入得点火阶段生热速率和稳定燃烧阶段的生热速率变化曲线(图4-62、图4-63)为：

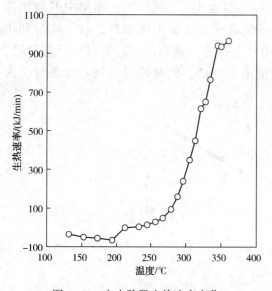

图4-62 点火阶段生热速率变化

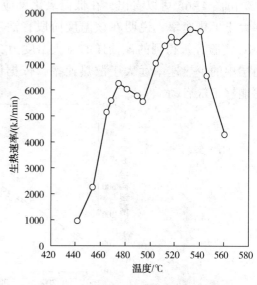

图4-63 稳定燃烧阶段生热速率变化

2. 散热速率计算

(1) 点火阶段的散热速率。

$1m^3$ 储层空气每分钟散热速率：

$$V_{预} = \pi(R^2 - r^2)H = \pi \times (0.7^2 - 0.1^2) \times 10 = 15.0796 m^3 \tag{4-61}$$

$$q_a = \frac{c_a \rho_a \Delta T v}{1440 V_{预}} = \frac{1.004 \times 1.29 \times (T-25) \times 6000}{1440 \times 15.0796} = 0.357867(T-25) \tag{4-62}$$

$1m^3$ 预热储层岩石每分钟散热速率：

$$q_r = \frac{c_r \rho_r \Delta T}{1440} = \frac{0.7 \times 1700 \times (T-25)}{1440} = 0.826389(T-25) \tag{4-63}$$

$1m^3$ 储层中预热原油升温每分钟散热速率：

$$q_o = \frac{c_o \rho_o \Delta T \phi S_o}{1440} = \frac{1.27 \times 946.4 \times (T-25) \times 0.25 \times 0.65}{1440} = 0.135634(T-25) \tag{4-64}$$

则点火阶段 $1m^3$ 储层每分钟散热速率为：

$$Q_2 = q_a + q_r + q_o = 1.31989(T-25) \tag{4-65}$$

(2) 稳定燃烧时的散热速率。

$1m^3$ 储层空气每分钟散热速率：

$$V_f = v_f L H = 0.07 \times 210 \times 10 = 147 m^3 \tag{4-66}$$

$$q_a = \frac{c_a \rho_a \Delta T_a v}{1440 V_f} = \frac{1.004 \times 1.29 \times (T-25) \times 6000}{1440 \times 147} = 0.036711(T-25) \tag{4-67}$$

则点火阶段 $1m^3$ 储层每分钟散热速率为：

$$Q_2 = q_a + q_r + q_o = 0.998734(T-25) \tag{4-68}$$

通过计算可以得到 $1m^3$ 储层每分钟散热速率随温度的变化曲线如图4-64所示：

将计算得到的生热速率和散热速率曲线合并在一起如图4-65所示：

由图4-65可以看出，在低温氧化反应阶段，温度小于296℃时，油层中的散热速率大于生热速率，说明在该温度阶段，油层不能着火，火驱不能正常进行，这与利用ARC实验分析得到的该油样的点火温度为290℃左右是一致的。在高温氧化反应阶段，油层中的生热速率远大于散热速率，依据谢苗诺夫理论，此时地层达到着火条件，火驱能够正常启动。

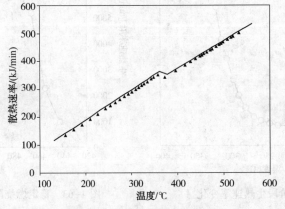

图4-64 散热速率随温度变化

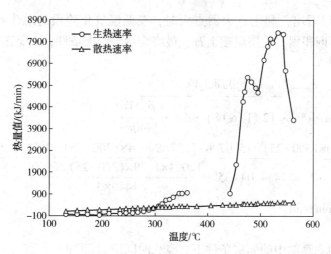

图 4-65　生热及散热速率变化

3. 点火器功率计算

假设点火器功率利用效率 60%，油层点火温度 300℃，储层含油饱和度 $S_o=0.65$，孔隙度 $\phi=0.25$，结合生热速率与散热速率的计算结果，加热器有效功率为：

$$Q_a = \frac{vc_a\rho_a(T_{点}-T_0)}{1440} = \frac{6000\times1.004\times1.29\times(300-25)}{1440} = 1484.04 \text{kJ/min} \quad (4-69)$$

则点火器功率为：

$$P = \frac{Q_a}{\eta} = \frac{1484.04}{60\times0.6} = 41.22 \text{kW} \quad (4-70)$$

说明算例储层条件下，可以采用功率为 45kW 的点火器进行点火，利用点火器点火时，储层中生热速率发生变化，此时生热速率为：

$$Q_1 = \eta P + Q\cdot A\cdot e^{-\frac{E}{RT}}\cdot[2(1-\alpha)^{\frac{1}{2}}]\cdot\Delta m = 1484.14 + Q\cdot A\cdot e^{-\frac{E}{8.314\times T}}\cdot[2(1-\alpha)^{\frac{1}{2}}]\times34 \quad (4-71)$$

代入动力学参数后，求得结果如图 4-66 所示：

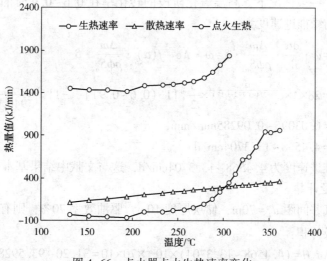

图 4-66　点火器点火生热速率变化

由图 4-66 可以看出，利用点火器点火时，在低温氧化阶段的总生热速率大于散热速率，地层中热量不断积累，地层温度上升，最终会达到着火条件，火驱正常启动。

4. 点火时间计算

$$t = \frac{c_r\rho_r\Delta T V_{预}+c_o\rho_o\Delta T\phi S_o V_{预}}{\eta P+Q\cdot A\cdot e^{-\frac{E}{RT}}\cdot [2(1-\alpha)^{\frac{1}{2}}]\cdot \Delta m - \frac{c_a\rho_a\Delta Tv}{1440n}}$$

$$= \frac{0.7\times1700\times(300-25)\times15.0796+1.27\times946.4\times(300-25)\times0.25\times0.65\times15.0796}{1484.04+350-\frac{1.004\times1.29\times(300-25)\times6000}{1440\times3}}$$

$$= 4287.53\text{min} \approx 3\text{d}$$

(4-72)

计算结果表明，算例中的储层条件下，点火时间应大于 3d。

5. 注气速度范围计算

参照文献中计算实例，假设原油低温氧化阶段耗氧速率 1.05×10^{-5} mol/(h·mL)，反应结束后尾气中的氧气含量为 8.5%，则可计算得到：

$$\gamma = \frac{\Delta m \cdot \varepsilon}{60\rho_o}\times22.4\times10^6 = \frac{34\times1.05\times10^{-5}}{60\times946.4}\times22.4\times10^6 = 0.140828\text{L/min} \quad (4-73)$$

点火阶段最小注气速度为：

$$v_{\min} = \frac{1440\gamma\pi(R^2-r^2)H}{1000\times(21\%-x)} = \frac{1440\times0.140828\times3.14\times(0.7^2-0.1^2)\times10}{1000\times(0.21-0.085)} = 24.4643\text{m}^3/\text{d}$$

(4-74)

稳定燃烧最小注气速度：

$$v_{\min} = \frac{1440\gamma v_f LH}{1000\times(21\%-x)} = \frac{1440\times0.140828\times147}{1000\times(21-0.085)} = 238.48\text{m}^3/\text{d} \quad (4-75)$$

6. 火线推进速度计算

根据 Friedman 计算方法得到的动力学参数，并假设火驱燃烧前缘宽度为 28mm，火线体积波及效率 50%，一般情况下，高温氧化阶段的转化率在 0.6~0.9 时的数值进行计算，可以计算得到火线前缘推进速度为：

$$\lambda = \omega\cdot\frac{d\alpha}{dt}\cdot\frac{\Delta m}{\rho\phi S_o}\cdot\delta = \omega\cdot Ae^{-\frac{E}{RT}}f(\alpha)\cdot\frac{\Delta m}{\rho\phi S_o}\cdot\delta$$

$$= 28\times A\times e^{-\frac{133.24}{8.314\times(T+273.15)}}\times\frac{3}{2}\{[1-(0.6\sim0.9)]^{-\frac{1}{3}}-1\}^{-1}\times\frac{34}{946.4\times0.25\times0.65}\times50\%$$

$$= 0.03095\sim0.09285\text{mm/min}$$

$$= 4.4568\sim13.3704\text{cm/d}$$

(4-76)

则火驱前缘推进速度为 4.4568~13.3704cm/d，这与文献中结果基本一致。

7. 原油产出量计算

假设排状注气井间距 $d_1=70$m，储层厚度 10m，驱油效率 70%，则有：

单井每日波及体积：

$$V = \lambda d_1 H = (4.4568\sim13.3704)\times10^{-2}\times70\times10 = 31.20\sim93.5928\text{m}^3/\text{d} \quad (4-77)$$

单井每日波及体积内的含油体积为：
$$V_o = VS_o\phi = (31.20 \sim 93.5928) \times 0.65 \times 0.25 = 5.07 \sim 15.21 \text{m}^3/\text{d} \tag{4-78}$$
单井每日波及体积内燃烧的原油体积为：
$$V_{燃} = \frac{\Delta m}{\rho_{油}} = \frac{34}{946.4} = 0.03592 \text{m}^3/\text{d} \tag{4-79}$$
单井每日波及体积内剩余油体积为：
$$V_{剩} = \eta \cdot V_o = (1-0.7) \times (5.07 \sim 15.21) = 1.521 \sim 4.563 \text{m}^3/\text{d} \tag{4-80}$$
单井每日产油量为：
$$q = V_o - V_{燃} - V_{剩} = 3.51 \sim 10.61 \text{m}^3/\text{d} \tag{4-81}$$

通过计算得到，维持稳定燃烧时，在高温氧化阶段取转化率为 0.6 时日产油量为 3.51m³/d，取转化率为 0.9 时日产油量为 10.61m³/d。

表 4-17 公式计算结果与数值模拟结果对比

参　数	总生热量/kJ	火线推进速度/(cm/d)	产出量/(m³/d)
公式计算结果	1.92×10^{10}	4.46~13.37	3.51~10.61
数值模拟结果	1.22×10^{11}	4.02	0.5~10.8

表 4-17 为计算结果与数值模拟结果对比，通过对比可看出公式计算得到的日产出量和火线推进速度与数值模拟得到的值基本是一致的，只有总生热量存在差异，分析原因主要是，公式计算得到的总生热量只是火线波及后已燃储层体积产生的热量，而数值模拟的热量还包括温度在 200~350℃ 内正在发生低温氧化的大部分储层体积内产生的热量，同时，公式计算还忽略了已燃储层体积内的剩余焦炭，数值模拟由于网格步长 5m，模拟的燃烧效果是按照网格步长往前推进，与实际火驱过程中火线缓慢推进存在差异性，扩大了燃烧范围，所以造成了公式计算结果与数值模拟结果的不一致。

第五章 火驱开发方案设计

第一节 火驱项目设计的主要内容

一个火驱项目的实施流程可以清晰地划分为三个主要阶段：实验室实验、现场工程设计与施工、监测与评价（图5-1）。火驱项目以对于油层资料的清晰认识及原油的氧化和燃烧研究为基础，在此基础上才能进行现场试验的设计和施工，进而通过各项指标的监测结果来评价火驱效果。火驱项目设计相较其他提高采收率技术涉及的基础参数和矿场操作参数更为复杂，因此前期的参数设计对火驱的矿场试验十分重要。

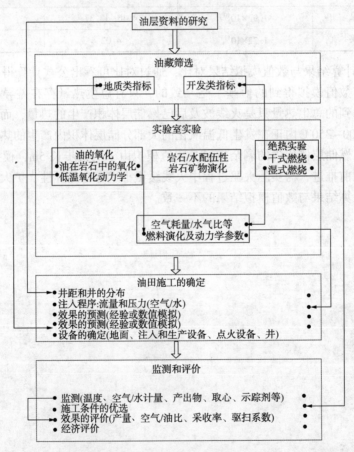

图5-1 火驱项目实施流程

火驱开发方案设计所面对的对象是具体油藏，因此对火驱油藏工程设计的任务归纳而言主要有：评价油藏具体条件对火烧油层开采的适应性，确定可供开采的区块、层位、储量及生产潜力；设计适应油藏地质特点的合理开发系统（层系、井网、井距）及最优的注气、生产操作参数；研究在火烧油层开发过程中油藏产能变化规律，预测油井生产动态，为采油工程和地面工程设计及经济评价提供依据；通过分析油藏对火烧油层的动态反应来加深对油藏的认识，用以研究确定各种开发调整技术措施及新技术、新方法，提高火烧油层开发效果及经济效益。据此，可知火烧油层油藏工程设计的主要内容有：

（一）火烧油层可行性油藏筛选评价研究

确定能够反映油藏地质变化特征的若干种油藏地质模式，研究油藏地质条件的差异对火烧油层开发效果的影响，如原油黏度、油层厚度及净总厚度比、油藏非均质性等，尤其要注意搞清一些油藏地质研究难以确定的油藏参数对火烧油层效果的影响，如垂向渗透率与水平渗透率的比值及隔夹层的连续性等对火烧油层开发效果的影响程度，总体上预测采用火烧油层开发的油藏可能获得的开发效果及其波及状况。

（1）通过对地质、开发等关键参数的对比或计算，筛选可供火烧油层开发的区块、层位。

（2）初步确定不同区块和层位的火烧油层开采方式。

（3）初步划分开发层系和预测火驱效果。

（二）室内实验评价研究

在进行火烧油层前需进行室内实验，目前的实验手段主要有燃烧实验和氧化实验，主要是确定火烧油层热采的油层物理变化特征。不同的火驱实验在室内评价过程中承担着不同的角色（表5-1）。以下问题是室内实验评价过程中需要解决的：

（1）原油黏度、密度对温度的敏感性及相互关系。

（2）不同温度下油-水、油-气相对渗透率曲线及其端点值。

（3）燃烧管实验确定空气耗量、燃料耗量、驱油效率及残余油饱和度等工程计算参数。

（4）火烧油层对储层岩矿影响的实验，确定其对火烧油层开发可能造成的不利影响。

（5）静态氧化及热分析实验确定原油氧化动力学参数、燃烧可持续性等。

表5-1 不同火驱实验对比

实验名称	静态氧化实验	热分析实验	燃烧管实验
实验样品	油砂/油样	油砂/油样	油砂
温度范围	室温~400℃（用于低温氧化）	室温~800℃	室温~800℃
实验得到参数	时间、温度、尾气组分、SARA组分变化、原油物理性质变化	质量、热量随时间变化	温度、压力、产出物随时间的变化
计算方法	$\ln\left(\dfrac{dp_x}{dt}\right)=\ln A-\dfrac{E}{RT}$	针对不同热分析过程建立的分析方法和模型	假定燃烧模式后建立燃烧反应式
计算结果	反应速率[$mol_{O_2}/(h \cdot ml_{oil})$]、氧气消耗速率、二氧化碳生成速率、不同气体的反应速率、结焦、SARA变化	E、A、比热容、放热量、含蜡量、热焓值	空气耗量、燃料耗量、可燃性及燃烧持续性等

续表

实验名称	静态氧化实验	热分析实验	燃烧管实验
优点	耗费低，易操作，可以得到尾气组分	耗费低廉，实验和数据分析时间短，人力需求少	再现地下燃烧过程
缺点	在高温高压环境下容易产生危险，实验周期较长	实验过程很难与油藏或燃烧管条件保持一致	操作复杂、实验准备时间长、受操作条件影响大
用途	氧化路径分析、耗氧速率计算	点火温度、氧化阶段划分、动力学参数计算	火驱工程设计基本参数获取

（三）火烧油层油藏工程设计

在进行火烧油层油藏工程设计时，需要结合室内实验得出的主要参数和结论，必要时通过建立涉及油藏地质、开发历史和氧化反应的数值模拟模型来进行细致的研究，涉及过程主要包含以下必要步骤：

（1）火烧油层开发系统设计。包括开发层系的划分和组合、井网系统及注采井距优选、油层射开井段的选择，不同条件下打开策略有所不同，应分别研究确定。

（2）火烧油层点火设计。点火参数主要涉及点火方式、点火井的层位、点火温度、点火时间、点火时注气速度等。

（3）火烧油层注采参数设计。主要设计注气井的注气量、生产井产液量等基本参数，通常应用油藏工程或数值模拟方法来确定。

（四）火驱效果的分析和预测

火驱效果的分析和预测方法主要有油藏工程方法和数值模拟方法，数值模拟方法较为明确，主要是取全取准相关资料；而油藏工程方法则需要从不同的角度尽可能地使模型接近火驱实际，以分析火驱的燃烧和驱油效果。

第二节　火烧油层可行性油藏筛选评价

一、火烧油层的影响因素

任何提高原油采收率方法的成功都取决于油藏条件，火烧也不例外。事实上，许多早期的火驱作业者在选择试验地点时很少注意地质情况。油藏地质特性对于许多火烧项目的实施效果起了很大作用。对加利福尼亚、俄克拉荷马和得克萨斯州火驱项目（这些州火驱项目占全美国的 70% 以上）油藏特性的调查表明，油藏构造、横向连续性、物性，以及油藏的非均质性对这些项目的动态起着极为重要的作用。

因此，对试验区地质特性的了解和对火烧动态的恰当评估是非常重要的。Earlougher 等（1970）在分析伊利诺伊州 Fry 火烧项目的动态时指出，油藏地质对该项目的效果起了主要作用，并强调对油藏地质的了解是火烧项目的成功设计和实施必不可少的条件。

（一）原油黏度

在轻质油藏中实施火烧油层方案比在稠油油藏中实施成功的可能性更大，一般说来，原油应含有足够的重质成分，且氧化性好，油层条件下密度为 $0.802 \sim 1.00 \text{g/cm}^3$，黏度为 $2 \sim 1000 \text{mPa} \cdot \text{s}$ 的原油适合于火烧油层开采，这一标准实际上已过时了。据北京勘探开发科学院对河南某油田零区的物模和数模研究,当地下原油黏度为6000mPa·s,脱气油黏度为10000mPa·s时,不但可以实现层内燃烧,而且仍能获得很高的经济效益。从热力采油对原油黏度的适应性着眼,凡蒸汽吞吐或蒸汽驱所适应的原油黏度,火驱肯定也更能适应。我国热采专家刘文章高级工程师认为,凭近期技术改进,蒸汽吞吐和蒸汽驱可以适应原油密度>$0.95g/cm^3$、原油黏度>50000mPa·s的油藏条件。显然,火烧油层技术对于稠油油藏的开发,具有更重要的意义。

(二) 油层厚度

一般来说,在薄油层大井距中应用火烧油层成功的可能性较大。一般认为厚度以3.0~15m为宜。

砂层厚度是火烧的重要参数之一。如果油藏大于临界厚度,由于空气与油层流体间的大密度差,使空气趋向于超覆油柱,从而使较多含油区未受波及。薄油层能抵制这种超覆趋势,有利于较均匀地驱替和垂向扫及。另外,在薄油层中,热能很快传到砂层底部,使燃烧前缘在薄油藏底部的推进比厚砂层的快(Boberg,1998)。不过,若砂层太薄,向盖层的大量热损失会使温度降到低于维持燃烧前缘所需的温度,并可能导致低温氧化和损失采油量。最佳的产层厚度至少应1.2m,至多不超过15.2m。进行火烧的油藏最好是由纵向遮挡隔开的多个小于2.4m的薄砂层组成。这不但降低了向盖层的热损失,而且还有助于促进和维持重油油藏中的高温燃烧模式。伊利诺伊州的Fry火驱(Hewitt和Morgan,1965)和得克萨斯州的Gloriana火驱是多个薄砂层(厚度小于1.5m)油藏中成功应用的实例。

对于原油自燃敏感性差的油藏,地层厚度也是一个重要因素。在这类油藏中,必须把近井地带加热到着火温度。如果地层十分厚(大于15.2m),将近井地带的温度升到原油着火温度所需的热量将十分巨大。对厚度在18.3m以上的地层则必须采用人工点火工艺。

(三) 油层深度

从已实施的方案来看,火烧油层似乎对油层深度没有严格的限制。但油层太浅时,其封闭性一般较差,注气易高于油层破裂压力,造成空气向上窜流,从而影响火烧油层效果。井深了以后,则必然增加作业成本。一般认为,油藏的埋藏深度在100~1500m时适合采用火烧油层技术。如果其他条件对燃烧也适宜,那么火烧油层更适合于含有轻烃或中等重质原油的深层油藏。埋深大于1524m的深层油藏,一般有相对低的渗透率、高的地层温度,以及由此而出现的高油层流度,所有这些条件均适合选用火烧油层采油方式。

油藏埋深对火烧来说不是一个约束参数。已进行的经济上成功的火烧项目的埋深范围在90~3500m。但从温度、压力和井的成本来说,深度是一个因素。较浅的埋深(小于60m)会严重限制注入压力;随着深度的增大,空气注入压力会增大,压缩费用会相应地增加(需要较大的压缩机)。较深油藏温度较高,注空气时油藏烃能自燃着火。但是,随着深度的增大,钻井和完井费用加大,为满足注入压力的需要,需要较大的压缩机。而购买、操作和维修较大压缩机的费用较贵。深度还影响举升流体的费用,尤其对湿烧工艺。这些经济上的因素将影响实际深度上限,这个上限在3650~3810m。

(四) 油藏非均质性

油层在横向和纵向上性质变化很大。实际颗粒大小和粒级、颗粒形状、胶结物的性质和数量决定了油藏的物性和性质；颗粒的大小、形状和分选决定了砂层的孔隙度和渗透率，分选好的粗而圆的颗粒，构成高孔隙度和高渗透率的油层。

岩心分析所确定的渗透率剖面(渗透率的变化)是确定砂层相对均质性的一个重要资料。一般来说，均质程度越高，燃烧剖面将越均匀。不过，也有许多渗透率剖面较差的砂体获得火驱经济成功的实例(Casey，1971；Soustek，1994)。在 Mobil 公司的 Webster 油藏火烧项目中，砂体是透镜体并且各向异性，项目的成功是实施方案适合油藏构造的结果。在这个油藏中，燃烧前缘通过高渗透的中粗粒层的推进比细颗粒层的要快，这反映出岩石物性差异对燃烧横向移动速度的影响。专门的油藏监测以及在及时发现热突破的基础上进行的开发方案的修改是项目成功的关键(Soustek，1994)。

因此，从原油采收率和波及系数来说，从一口井到另一口井的特定剖面的相关程度，要比特定剖面的确切形状或尺度更重要。

影响火驱动态的油藏非均质性有：阻挡横向和纵向流动的渗透阻挡层、天然裂缝、高渗透储层、方向性渗透率，以及气顶和水层的存在。

渗透阻挡层对火驱有正负两种影响。当为正影响时，纵向渗透性阻挡层将厚的油层分成较小单元，使之更适合火驱工艺；纵向阻挡层还能阻止注入空气向上运移，从而比厚油层中的燃烧更均匀。当为负影响时，横向渗透阻挡能降低油层的连续性和采油量。裂缝和节理是造成高渗通道和影响产量的第二种非均质性。位于油藏顶部从一口井延伸到另一口井的高渗透薄层，由于漏失空气和燃烧前缘缺乏所需的氧气而降低火驱效果。油藏的各向异性引起的方向性渗透率，对许多火烧项目的动态有较大影响。如堪萨斯州的 Iola 火驱(Hardy 和 Raiford，1975)、伊利诺伊州的 Try 火烧(Earlougher 等，1970)和加利福尼亚州的 Midway Sunset 油田的 Webster 火驱(Soustek 等，1994)受这一影响很大。颗粒大小及其取向对非均质油藏的方向性渗透有影响。中到粗砂粒的取向常形成高渗透方向。方向性渗透率使空气在一个方向的流动更自由，从而导致非均匀燃烧。方向性渗透率不是否定火驱试验的充分理由，通过按渗透率方向选择井的位置，便可以降低甚至抵消它对火驱效果所造成的影响。

砂层顶部游离气顶或高含气饱和度的薄层，不是火驱作业的理想地质特征，因为这种气顶或薄层的作用像注入空气的漏失层，会促进非均匀燃烧。底水或水层的存在，虽然从非均质性观点来看是不理想的，但并不妨碍火驱项目的成功。许多成功的火驱项目，如得克萨斯州的 Glen Hummel、Gloriana、Trix-Liz、N. Government Wells 的一些火驱项目都是在有活跃水层的油藏中进行的。在这些项目中，水层不但提供了压力支持，而且还起到传输燃烧前缘热量的积极作用。

缺乏好的砂层连续性(由于复杂的横向相变化)和流动通道是许多加利福尼亚州火驱项目失败的原因之一(Simm，1967)。由于火烧是井间驱动过程，好的横向连续性是这种项目取得成功的关键。盖层中的缝隙或层状油藏中层间密封性差，都会使流体流失到上覆层中，从而降低了注入效果。裂缝和节理走向可能会产生影响采收率的高渗透条带。

虽然油层非均质性对于项目的实施是不利因素，但通过识别油藏的特殊构造并修改项目设计以适应这种构造可使不良影响减到最小。高度非均质性油藏中的火驱还常需要独特的油藏管理方案，以使项目在经济上能进行下去。经过独特的工程设计和油藏管理方案，克服许多不利因素而获得成功的许多火驱项目，包括 Unocal 在加利福尼亚州 Orange 县进行的 Brea-Olinda 火驱(Showaher，1974)、Mobil 在 Midway-Sunset 油田进行的 Moco 火驱(Curtis，1989；Soustek，1991)，以及在南得克萨斯州进行的 North Government Wells 火驱(1971)。

(五) 含油/含水饱和度

为了补偿火烧中消耗的燃料油，必须有一个最低含油量(饱和度和孔隙度的乘积)，石油工业中普遍接受的经验法则是，ϕS_o 低于 0.09 或 700bbl/(acre·ft)时，应排除干烧。简言之，油藏应含有足够的可采油量，包括提供火驱所需的能量和使火烧具有经济吸引力的产量。对于燃料消耗较低的湿烧，稍低的含油饱和度也可。

含水饱和度较高(超过42%)条件下，当燃烧比较充分时，这部分水被就地加热成蒸汽。由于蒸汽在岩心管中推进速度比火烧前缘推进速度快，蒸汽携带的这部分热量就以对流的方式优先传递到远端。而点火初期，燃烧生成的热量尚不能产生足够的蒸汽，其热传递方式仍以导热为主。对于这样具有高含水饱和度的油藏，尽管采用的是单纯注空气不额外补充注水的干式燃烧，但其燃烧过程同样具有湿式燃烧机理。湿烧过程的出现有利于热量超越式向生产井方向传递。室内实验证明，这种热量的超越式传递可以使采油高峰期提前，改善火驱开采效果。

从区带特征上看，高含水饱和度导致燃烧带的推进位置更加靠前，而燃烧带的区域变窄。燃烧带后面靠近已燃区边界的温度梯度变缓。燃烧带以及已燃区域的比燃烧带温度略低的次高温区间的范围增大。

(六) 油层物性

油层的孔隙度、渗透率对火烧油层有着十分重要的影响。高孔隙度是理想的，因为它直接反映了岩石所能容纳的烃量。在美国，经济成功的火驱油藏的平均孔隙度范围为 0.16~0.38。随着孔隙度的减小，岩石中储存的热量增多。在湿烧过程中，低孔隙度不会对总能量的利用有大的影响，因为通过随后的注入可回收已燃油层中储存的部分热。孔隙度的主要影响是它的含油量。火驱的经济成功更依赖于实际原油饱和度与孔隙度的乘积(ϕS_o)，而不只是孔隙度。只要含油饱和度大于 0.45，孔隙度低于 0.2 也能接受。

实际渗透率值对火烧的影响很小。在渗透率小于 $10\times10^{-3}\mu m^2$ 的碳酸盐岩轻油油藏中已有经济成功的火驱(Miller，1995)。对渗透率的唯一要求是在盖层条件允许的压力下能将空气注入油层。在高黏的重油油藏中，渗透率太低可能不能供应维持燃烧所需的最低通风量。低渗透率需要增加空气注入压力和压缩费用，并拖长项目期。低渗透率的黏油(大于 100mPa·s)浅油藏会限制注入速度，并促进低温氧化。这类油藏的渗透率需大于 $100\times10^{-3}\mu m^2$。油层非均质性会导致燃烧前缘选择性地向前移动，而降低了火烧油层的面积驱油效率。油层应具有高的渗透率和高含油饱和度。

(七) 油藏岩体的组成

一个油藏进行火驱的经济和适用情况，在很大程度上受油藏中所形成的燃料的性质和数量所控制。如果没有足够的沉积燃料，则燃烧将不能维持；反之，如果沉积过量的燃料，则高的空气需求量所带来的高燃烧成本和低采油速度将导致火驱经济效果不佳。大量实验室和油田数据表明，油藏岩石的矿物组成和原油化学组成将影响维持燃烧的燃料量。

油藏岩石和原油所形成燃料的实际实验室测量表明，对燃料沉积量来说，岩石类型可能比原油性质更重要，特别是轻油油藏（Earlougher 等，1970）。岩石的黏土和金属含量以及表面积对燃料沉积速度及其氧化有极大的影响。岩体中的黏土和细砂有利于提高燃料形成速度。黏土含量增加，尤其是高岭土和伊利石的增加，有利于促进低温氧化反应的燃料形成速度。岩石矿物如黄铁矿、方解石和菱铁矿也有利于燃料形成反应。油藏矿物的催化能力在很大程度上取决于原油的特定组成。油藏非均质性所造成的低通风量和氧气的窜流，也会促成低温氧化和燃料生成反应。

Fry 火烧项目的结果表明，燃料沉积随岩石的岩性特征而变化。在实验室实验中，含大量黄铁矿和菱铁矿的细粒砂岩产生的燃料量最多（$3.3 lb/ft^3$）。

对于一个给定的油藏是否可以使用火烧油层工艺进行开发，或者说，具备哪些条件的油藏适宜用火烧油层工艺，这类问题的解决需要有一个适当的筛选标准。国外几十年火烧油层的理论研究、实验室和现场试验已积累了大量的资料和经验。这些资料和经验可用于新油田的火烧油层开发设计之中。

符合筛选标准的油藏用火烧油层开发后可能获得技术上和经济上的成功。同时，可以断定筛选标准必定与制定该标准时的原油价格有密切关系。一段时间以来，世界原油价格的变化，过去被认为是不经济的项目，现在可能变为可行的项目；此外，火烧油层工艺不断改进，也需要有新的筛选标准，表5-2 是较为公认的火烧油层的筛选标准，完全基于成功案例的统计，使用时只需要考察目标油藏的性质是否符合表中所列参数范围。用该方法初步筛选后必须进行室内评价，然后才能决定是否展开现场试验。

表 5-2 火驱措施的筛选标准

指 标	稠油油藏	轻质油藏
压裂	无	无
是否有气顶	无	无
净厚度/m	>3	>3
渗透率/$10^{-3} \mu m^2$	>100	>5
流动系数/$[10^{-3} \mu m^2 \cdot m/(mPa \cdot s)]$	16	—
原油黏度/$mPa \cdot s$	60~10000	<2
孔隙度/%	>18	>10
储量系数 ϕS_o	>0.07	>0.07
当前采出程度/%	<20	<10
油藏温度/℃	—	>90
是否有底水	没有	—

截至目前，原油黏度在 2~60mPa·s 的油藏中商业应用的 ISC 还没有。

有一些稠油和轻油商业和试运营项目虽然可以实现增产，但是经济效果处于边际值，空气油比在 3000~6000Nm³/m³。同时，ISC 用于商业开发油砂尚未被证实。

虽然上述的标准对干式和湿式 ISC 加以区分，湿式工艺主要在相对较薄的渗透性好的地层情况下考虑，并含有相对中质重油（不是很重）；虽然此处只考虑中等湿燃烧，建议实施压力至少为 1.8MPa，使一个连续的过程得以维持，甚至在有些地方的 WAR 会很大（由于一些当地的条件）。如果原油黏度（储层条件下）高于 1000~1500mPa·s，在应用 ISC 前局部预热是有必要的，这可以通过循环蒸汽吞吐（CSS）实现，否则注入过程可能非常困难而且整个火驱过程也会受影响。

火烧油层比注蒸汽具有更广泛的适应性，一般当蒸汽驱热损失太大时，可采用火烧油层技术，它适用于较深的油藏（大于 1000m），较薄的油藏（小于 6m），较致密的油藏（大于 $35\times10^{-3}\mu m^2$）。根据以往现场的经验与研究，总结适于火烧油层的油层条件和筛选标准（表 5-3），然而这些信息只供参考而不是严格的界定，也不是决策的依据，最主要的是要根据具体的油藏条件和现场试验的情况来决策。

表 5-3　火烧油层的有利和不利条件

有利条件	不利条件-使风险性增加	有利条件	不利条件-使风险性增加
油藏温度高	裂缝多	上覆层性质好	
垂向渗透率低	气顶大	地层倾角大	
横向连通性好	非均质性严重	渗透率剖面不统一	
多个薄层	强水驱过的油藏		

二、基于案例分析的油藏筛选标准

一般认为，油藏厚度 3.0~15m、埋深 100~1500m、压力 1.72~15MPa、均质性强、含油饱和度大于 30%、孔隙度大于 20%、渗透率大于 $25\times10^{-3}\mu m^2$、原油黏度 2~1000mPa·s、原油密度 802~1000kg/m³ 的油藏适宜采用火烧油层技术。在对比以往标准的基础上，利用差异置信法分析矿场实例得出影响火烧油层成败的因素和油藏物性参数区间，以及利用灰色关联法得出各个影响因素影响火烧油层成败的强弱程度。

（一）火烧油层影响因素评价

通过整理和总结火烧油层矿场实例，整理各项油藏参数成表。表 5-4 为火烧油层矿场实例及油藏参数的总结。

这里使用的方法是数理统计中的参数假设检验法，对成功与失败的母体的数字特征作一项假设（比如成功与失败两个母体的平均数相等），用两个母体中取得的子样，最后利用差异置信法检验此项假设是否成立，从而得到子样对母体是否存在影响。

针对表 5-4 的火烧油层矿场实例，将每个因素分成 2 组样本（成功与失败的现场实例）作为参考，假设某一因素成功与失败的均值相等（即某一因素不影响火烧油层的成功与失败），利用 2 组子样本中某一因素中成功与失败案例的平均值检验此项假设是否成立（即这项因素是否影响火烧油层的成功与失败）。

表 5-4 火驱油藏基础参数

	埋深/m	层厚/m	倾角/(°)	孔隙度(小数)	渗透率/$10^{-3}\mu m^2$	油层温度/℃	油层压力/MPa	含油饱和度(小数)	含气饱和度(小数)	原油密度/(kg/m³)	原油黏度/mPa·s	采注比/($10^{-3}m^3$/Nm³)	水气比/($10^{-3}m^3$/Nm³)
成功	1082	38.1	25	0.29	300	57.2	1.03	0.539		921.8	20	10	
	640	39.3	22.5	0.36	1575	51.7	6.89	0.75		969.2	110	4.83	
	457	14.9	15	0.33	2500	43.3	0.1	0.55	0.15	989.5	2770	4	
	213	9.3	3	0.36	8000	30.6	2.9	0.6	0.03	979.9	2700	6	
	329	28.3	2.5	0.36	3000	35	2.9	0.73		979.2	1600	17.4	
	442	36.6	12	0.37	1070	40.6	1.34	0.69		964.6	700	4.17	
	277	15.2		0.197	320	18.3	0.14	0.68	0.12	883.2	40	13.67	
	107	22.6	2.5	0.383	1094	23.9	0.28	0.522		940.2	450	3.32	
	107	18.3	0	0.349	695	23.9	0.28	0.606		940.2	676	4.07	3.93
	122	16.5	2.5	0.339	700	23.9	0.28	0.726		940.2	676	5.8	0.6
	1036	2.5	3	0.312	1069	57.2	10.73	0.428		825.1	4		0.63
	3444	9.1	10	0.14		105		0.85		910		4.67	
	1890	4.4		0.193	191	93.3	15.68	0.3		830.9		2.7	4.4
	741	2.4	2.5	0.36	1200	45.6	5.52	0.631	0.069	929.1	52	15.5	
	488	1.2	2.5	0.35	1000	44.4	2.07	0.533	0.052	929.1	110	12	
	1113	2.8		0.28	500	58.9	13.41	0.559	0.091	910	26	3.7	
	274	15.2	3	0.245	1034	22.8	2	0.646		927.9	175	6	
	54.9	6.1		0.29	2300	16	0.39	0.6		943.3	7413	4	
	59.4	5.18		0.272	7680	18.9	0.52	0.64	0.01	944	5000	6	
	195	13		0.209	145	21.1	0.69	0.366	0.284	844.8		6	
	253	2.68		0.203		25.6	1.586	0.68	0.09	915.9	70	2.67	
	290	10.1		0.233	250	20	2.72	0.6		904.5	76	4	
	709	6.1		0.32	1800	48.9	0.52	0.45	0.14	921.8	10	4	
	262	10.7		0.253	2050	23.3	1.59	0.68	0.05	937.1	700	3	
	945	8.4		0.288	958	51.7	1.65	0.452		912.3	13.5	6	
	78	5.8		0.31	3500	21.1	0.69	0.86		961.9	804	4.5	1.2
	485	6.5	0	0.35	4600	21	3.6	0.82		980	3500	4.2	1.15
	76	10	5	0.32	1722	17.8	0.6	0.85		960	2000	5.4	0.75
	800	9	10	0.3	1722	46.5	5.88	0.67		940	120	2.2	
	479	39	4	0.392	5000	40	1	0.73		982.6	6000	6	7
	1372	5.8	3	0.35	3500	65.5	9.38	0.94		1003.5	400	1	
	1234	6.1	2	0.226	5500	63.3	10.5	0.75	0.03	979.2	280	8	
	236	5.5	11	0.304	1000	21	1.5	0.71		945	173	4	1.65
	1320	14.8	5	0.26	400	60	13	0.43	0.1	967	1500	10	

续表

	埋深/m	层厚/m	倾角/(°)	孔隙度(小数)	渗透率/$10^{-3}\mu m^2$	油层温度/℃	油层压力/MPa	含油饱和度(小数)	含气饱和度(小数)	原油密度/(kg/m³)	原油黏度/mPa·s	采注比/(10^{-3}m³/Nm³)	水气比/(10^{-3}m³/Nm³)
失败	256	15.3	15	0.323		29.4	1.72	0.626		1005		3.6	
	341	14.9		0.158	23.8	15.6	1.9	0.351		810.9	4	9	
	671	7.6		0.254	193	26.7	4.5	0.26	0.16	855	8.6	4	2.2
	122	9.1		0.191	70.8	15.6		0.234		806.7	4.6	5	
	853	4.3		0.223	64	51.7	5.17	0.6		946.5	90	3	
	1524	21.3		0.128	9.3	42.2	12.1	0.67		876.2	1.99		2.8
	991	14.3		0.1	10	27.8	7	0.45		822.2	3	5	
	1890	2.1		0.314	1766	80.6	16	0.17	0.4	844.8	0.6	8	
	1402	22.3		0.144	142	53.3	17.24	0.6		940.2	42	5	

首先设两个正态母体成功与失败 X_1、X_2 分别为 $N(\mu_1、\sigma_1^2)$ 和 $N(\mu_2、\sigma_2^2)$。假定两个母体的方差相等，记 $\sigma_1^2=\sigma_2^2=\sigma^2$。然后在两个母体上作假设：母体的均值相等，记：$\mu_1=\mu_2$。最后利用子样本均差 $\bar{x}_1-\bar{x}_2$ 检验此项假设是否成立：

由 $T=\dfrac{\bar{x}_1-\bar{x}_2}{\sqrt{\dfrac{1}{n_1}+\dfrac{1}{n_2}}S^*}$，服从自由度为 n_1+n_2-2 的 t 分布，其中标准差 S^*：

$$S^*=\sqrt{\dfrac{(n_1-1)S_1^{*2}+(n_2-1)S_2^{*2}}{n_1+n_2-2}}$$

式中 n_1、n_2——影响因素的子样容量；

S_1^{*2}、S_2^{*2}——子样标准差；

$\bar{x}_1$、$\bar{x}_2$——子样平均值。

给定显著水平 α，可查到 $t_{\frac{\alpha}{2}}(n_1+n_2-2)$，使：$P\{|T|\geq t_{\frac{\alpha}{2}}(n_1+n_2-2)\}=\alpha$。

由子样值计算得到 $\bar{x}_2$、$\bar{x}_2$、S^* 的数值分析：

若 $|\bar{x}_1-\bar{x}_2|\geq t_{\frac{\alpha}{2}}(n_1+n_2-2)\sqrt{\dfrac{1}{n_1}+\dfrac{1}{n_2}}S^*$，则假设错误，即认为成功和失败平均数有显著差异，该因素是火烧油层的影响因素；

若 $|\bar{x}_1-\bar{x}_2|< t_{\frac{\alpha}{2}}(n_1+n_2-2)\sqrt{\dfrac{1}{n_1}+\dfrac{1}{n_2}}S^*$，则假设正确，即认为成功和失败平均数无显著差异，该因素不是火烧油层的影响因素。

以孔隙度为例：对于孔隙度这一项共有43组有效数据，其中有34组成功和9组失败的项目即（$n_1=34$，$n_2=9$），平均厚度分别为：$\bar{x}_1=0.297$，$\bar{x}_2=0.204$。

由于 $|\bar{x}_1-\bar{x}_2|=0.093$，所以孔隙度有可能是导致火烧油层失败的影响因素。给定置信界限为0.95，利用 t 分布法来检验两个孔隙度平均数是否相等[查表 t 分布上侧分位数表：$t(41)=2.0195$]。其厚度标准差为：

$$S_1^* = 0.0631, \quad S_2^* = 0.0803 \left(S_i^* \text{为标准差}: S_i = \sqrt{\frac{\sum(x_i - \bar{x}_i)^2}{n_1}} \right)$$

统计量：

$$T = \frac{\bar{x}_1 - \bar{x}_2}{\sqrt{\frac{1}{n_1} + \frac{1}{n_2}} S^*} \text{其中}, \quad S^* = \sqrt{\frac{1}{n_1} + \frac{1}{n_2}} \sqrt{\frac{(n_1-1)S_1^{*2} + (n_2-1)S_2^{*2}}{n_1 + n_2 - 2}}$$

代入上述数值，得到

$$T = 3.7178 > t(41) = 2.0195 \left[|\bar{x}_1 - \bar{x}_2| \geq t_{\frac{\alpha}{2}}(n_1 + n_2 - 2) \sqrt{\frac{1}{n_1} + \frac{1}{n_2}} S^* \text{变形得到}: T > t \right]$$

所以，对于孔隙度，成功与失败的项目平均孔隙度是有显著差异的，故孔隙度是导致火烧油层成败的影响因素，同理可判断其余12个油藏参数是否为火烧油层的影响因素，结果见表5-5。

表5-5 差异置信法判断影响因素

影响因素	成功		失败		t	T	是否为火烧油层的影响因素
	均值	组数	均值	组数			
孔隙度(小数)	0.297	34	0.204	9	2.0195	3.717842	是
渗透率/$10^{-3}\mu m^2$	2074	32	284.9	8	2.0244	2.394986	是
油层压力/MPa	3.6778	33	8.20	8	2.0227	2.391301	是
油饱和度(小数)	0.634	34	0.440	9	2.0195	3.284009	是
气饱和度(小数)	0.094	13	0.28	2	2.1604	2.9429	是
原油密度/(kg/m³)	935.7	34	878.6	9	2.0195	3.099137	是
原油黏度/mPa·s	1649.3	23	9.26	7	2.0484	2.090268	是
埋深/m	636	34	894	9	2.0195	1.038734	否
油层厚度(净)/m	13.0	34	12.4	9	2.0195	0.160406	否
倾角/(°)	6.5	34	15	1	2.0345	1.202082	否
油层温度/℃	39.9	34	38.1	9	2.0195	0.224883	否
采注比(比值)	5.96	34	5.0	9	2.0195	0.762593	否
水气比/(10^{-3}m³/Nm³)	2.13	8	2.5	2	2.306	0.222094	否

如表5-5所示，通过差异置信法对火烧油层矿场实例的油藏参数进行分析判断可知孔隙度、渗透率、油层压力、含油饱和度、含气饱和度、原油密度及原油黏度七个因素都对火烧油层提高采收率技术的成败产生影响，与以往标准不同的是上面得出的影响因素中没有油层厚度、埋深及温度，这是对于火烧油层的油层埋深、厚度及温度已经有了相对准确的定性认识，已经实施火烧油层的油藏均为初步筛选过的油藏，厚度多在3~15m、埋深多在100~1500m、温度多在20~100℃这几个合理的范围内，因此在用差异置信法分析时，厚度和埋深及温度不是影响火烧油层成败的影响因素。

（二）影响因素关联度分析

利用统计学中差异置信法计算得到了火烧油层的影响因素，但未对影响因素强弱进行比较，通过灰色理论中的关联分析法可以评价影响因素的大小，依其差值大小确定其密切程度。

这里用火烧油层的成败作为参考数列，成功为 1，失败为 0，为了消除量纲及数值数量级带来对数据比较的影响，需要对驱油效果有影响的油藏参数数据消除量纲，转化为可比较的数据即比较序列。其中，各个油藏参数量纲消除可按照公式(5-1)进行：

$$y_i = \frac{x_{i(1)}}{\bar{x}_i}, \frac{x_{i(2)}}{\bar{x}_i}, \frac{x_{i(2)}}{\bar{x}_i}, \cdots, \frac{x_{i(n)}}{\bar{x}_i} \tag{5-1}$$

其中，$\bar{x}_i$ 是第 i 个影响因素 x_i 平均值，$i=1, 2, \cdots, 6$，是影响因素个数；$n=1, 2, \cdots$ 是样本个数。

在对孔隙度、渗透率、油层压力、含油饱和度、含气饱和度、原油密度及原油黏度七种因素无量纲化处理后，即可计算各个油藏参数的关联系数和关联度，用以比较数列(无量纲化后的各个油藏参数序列)和参考数列(火烧油层的成败)之间的关联关系，得出七种油藏参数对驱油效果的影响程度。

比较数列(无量纲化后的各个油藏参数序列)和参考数列(火烧油层的成败)各个样本处的关联系数 $\xi_i(k)$，可按式公式(5-2)计算：

$$\xi_i(k) = \gamma(x_0(k), x_i(k)) = \frac{\min\limits_{i}\min\limits_{k}|x_0(k)-x_i(k)| + \rho \cdot \max\limits_{i}\max\limits_{k}|x_0(k)-x_i(k)|}{|x_0(k)-x_i(k)| + \rho \cdot \max\limits_{i}\max\limits_{k}|x_0(k)-x_i(k)|} \tag{5-2}$$

式(5-2)中，$\xi_i(k)$ 为第 k 个样本比较曲线 x_i 对于参考曲线 x_0 的相对差值($k=1, 2, \cdots$)，这种形式的相对差值称 x_i 对于 x_0 的在 k 样本处的关联系数；ρ 为分辨系数，取值在 0~1，一般取 0.5。接下来用式(5-3)计算关联度：

$$r_{oi} = \frac{1}{n}\sum_{k=1}^{n}\xi_i(k) \tag{5-3}$$

式(5-3)中，r_{oi} 为参考序列与第 i 个比较序列(影响因素)的关联度；n 为比较序列 i 中的样本数；$\xi_i(k)$ 为第 i 个比较序列的关联系数。

通过灰色关联法分析得到的影响因素与火烧油层成败的关联度见表 5-6。

表 5-6　影响因素与火烧油层成败的关联度及评价

影响因素	孔隙度	渗透率	油层压力	含油饱和度	含气饱和度	原油密度	原油黏度
关联度	0.76301	0.57545	0.69859	0.68772	0.79554	0.86823	0.64957
排序	3	7	4	5	2	1	6

由灰色理论关联法分析得到的火烧油层影响因素的强弱程度由高到低依次为：原油密度、含气饱和度、孔隙度、油层压力、含油饱和度、原油黏度、渗透率。由此可知，原油密度和含气饱和度为火烧油层的关键因素。

(三)影响因素置信区间的确定

对于服从正态分布的孔隙度、渗透率、油层压力、含油饱和度、含气饱和度、原油密度和原油黏度，经过分析计算可以发现对于火烧油层均有影响，在给定置信概率为 95% 时，利用数理统计正态母体平均数区间估计的方法可以得出置信区间即影响因素均值的区间估计，并以此建立一套火烧油层油藏筛选推荐标准。

根据随机变量 X_1, X_2, $\cdots$, X_n 独立同分布,且各随机变量具有正态分布(μ, σ^2),则:

$$T=\frac{\bar{X}-\mu}{\frac{S^*}{\sqrt{n}}} \tag{5-4}$$

T 服从自由度为 $n-1$ 的 t 分布。利用 T 变量的分布,可导出对正态母体平均数 μ 的区间估计。对于给定的 $1-\alpha(0<\alpha<1)$ 存在 $P\{-t_{\frac{\alpha}{2}}(n-1)<T<t_{\frac{\alpha}{2}}(n-1)\}=1-\alpha$,将 T 带入后变形得置信区间为:

$$\left[\bar{X}-t_{\frac{\alpha}{2}}(n-1)\frac{S^*}{\sqrt{n}},\ \bar{X}+t_{\frac{\alpha}{2}}(n-1)\frac{S^*}{\sqrt{n}}\right] \tag{5-5}$$

式中,n 为影响因素的子样容量;S^* 为样本标准差;$\bar{X}$ 为样本平均值。

可以将火烧油层的孔隙度、渗透率、油层压力、含油饱和度、含气饱和度、原油密度和原油黏度数据代入上面的公式,可以求得各个影响因素的置信区间。

以孔隙度为例:孔隙度这一项中有 34 组成功的项目即 $n=34$,给定置信界限为 0.95,利用区间估计方法来估计火烧油层成功项目孔隙度平均数区间[查表得:$t(34)=2.0345$]。其成功项目孔隙度标准差为:$S_1^*=0.0631$(注:标准差 $S_x^*=\sqrt{\frac{\sum(x_i-\bar{x}_i)^2}{n-1}}$)。代入数值,得到孔隙度的区间估计范围为 0.275~0.319。利用同样的方法可以得到其余 6 个影响参数的区间估计范围,见表 5-7。

表 5-7 火烧油层油藏参数范围

影响因素	均值	n	T	S^{*2}	置信下限	置信上限
孔隙度(小数)	0.297	34	2.0345	0.003981939	0.275	0.319
渗透率/$10^{-3}\mu m^2$	2074	32	2.0395	4297311.983	1327	2822
油层压力/MPa	3.6778	33	2.0369	19.86955219	2.0972	5.2583
含油饱和度(小数)	0.634	34	2.0345	0.022008599	0.583	0.686
含气饱和度(小数)	0.094	13	2.1788	0.005138269	0.050	0.137
原油密度/(kg/m³)	935.7	34	2.0345	1815.235793	920.8	950.5
原油黏度/mPa·s	1649	23	2.0739	4204557.02	506	2038

这里得到的是油藏物性参数的均值有 95% 的概率所落到的区间,该区间参数范围应属于火烧油层成功概率较大的最优区间。将表 5-7 中的参数区间范围与以往的火烧油层油藏物性参数推荐相对比可以看到:

(1)对于孔隙度,本书所用方法得到的最优区间为 27.5%~31.9%,以往的推荐范围为大于 20% 即可,对比可知两者基本符合,这验证了适合火烧油层以往的油藏孔隙度范围,以大于 20% 为宜。

(2)对于渗透率,最优区间为 $(1327~2822)\times 10^{-3}\mu m^2$,以往的推荐范围为大于 $25\times 10^{-3}\mu m^2$,从燃烧前缘推进的角度讲,更好的渗透率更有利于燃烧前缘的推进,也能产生良好的经济效益。

(3)对于油层压力,最优区间为 2.0972~5.2583MPa,以往的推荐范围为 1.72~15MPa,

可认为适合火烧油层的油藏压力应较低为好，以 2.1~5.3MPa 为宜。

（4）对于含油饱和度，最优区间为 58.3%~68.6%，以往的推荐范围为大于 30%，由于越高的含油饱和度有更好的驱油效率，因此可认为含油饱和度 40% 以上的油层更适合火烧油层。

（5）对于含气饱和度，由于筛选标准较少，并且现有的数据量也较少，因此可保守地采取本书所用方法得到的最优区间，即 5%~13.7%，但并不受这个范围限制，这是由于均质性较好的油层如果具有高含水饱和度的特点，可以使采油高峰期提前，改善开发效果，这一点在前文中已有详细分析。

（6）对于原油密度，所得到的最优区间为 920.8~950.5kg/m³，以往的推荐范围为 802~1000kg/m³，通过对比案例统计结果，综合考虑认为适合火烧油层的油藏原油密度范围应为 920~1000kg/m³。

（7）对于原油黏度，最优区间为 506~2038mPa·s，以往的推荐范围为 2~1000mPa·s，对比可知差异较大，从表 5-4 可知，成功组中 23 项中黏度大于 1000mPa·s 的有 9 项，5000mPa·s 及以上的有 3 项，并且成功组与失败组的原油黏度均值相差 1640mPa·s，因此原有的筛选标准已经不再适应，综合对比可知原油黏度 50~10000mPa·s 的油层适合进行火烧油层。

综合以上讨论，可以得出一套火烧油层油藏筛选推荐标准，见表 5-8。

表 5-8 火烧油层油藏筛选推荐标准

影响因素	参数范围	影响因素	参数范围
孔隙度/%	>20	原油密度/(kg/m³)	920~1000
渗透率/10⁻³μm²	>100	原油黏度/mPa·s	50~10000
油层压力/MPa	2.1~5.3	油层厚度/m	3.0~15
油饱和度/%	>40	油层埋深/m	100~1500
气饱和度/%	5~13.7	油层温度/℃	20~100

三、火烧油层的油藏筛选流程

对于待筛选的火驱目标油藏，要经过多道程序进行筛选（图 5-2），全部符合者为筛选合格油藏，有任何一轮不合格，将被淘汰。

（1）第一步，确定适用火烧油层开采的首选候选油藏类型。

（2）第二步，确定候选油藏的开采历史对火烧油层是否产生影响。

（3）第三步，确定候选油藏是否在适用于火烧油层开采的参数范围内。

（4）第四步，预测候选油藏火烧油层开采效果，利用空气油比、采收率等指标进行技术评价。

可以应用前面介绍的已燃体积法计算，亦可应用中国石油大学编制的"火烧油层效果预测系统"软件来计算。

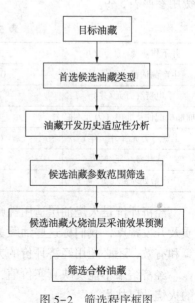

图 5-2 筛选程序框图

火烧油层是一项投资较大、经济风险较高的系统工程，生产过程中需结合原油价格、生产成本及采收率等项指标来衡量经济效益，其中空气油比是火烧油层开采最主要的经济指标。火烧油层阶段存在经济极限空气油比，当空气油比低于这一经济极限空气油比时，生产已不获利，需考虑转换开发方式。

经济评价采用的基本原理是投入和产出的平衡。根据当年投入（成本费用）、产出（原油的销售收入）相等的原则：

$$D+q_aI_a+q_oI_o+n_wI_w=q_oP_r \tag{5-6}$$

式中 D——固定资产，万元；

q_a——年注气量，10^4t；

q_o——年采油量，10^4t；

n_w——井数；

I_a——与注气有关的费用，元/吨；

I_o——与油有关的费用，元/吨；

I_w——与井有关的费用，元/吨；

P_r——原油价格，t。

因此，经济极限空气油比 R_m 的表达式如下：

$$R_m=\frac{q_oI_s}{q_o(P_s-I_o)-D-n_wI_w} \tag{5-7}$$

通常，国内外稠油热采中经济极限空气油比取 3500Nm³/m³，达到此界限值时为结束火烧油层的时机。但是对于每个具体油藏，因地质条件、开发设计方案及工艺技术不同，加上油价变化，都有很大差别，需要对具体油藏进行经济分析，确定原油价格与经济极限累计空气油比的关系。

火烧油层一般应用于二次或三次采油，油气勘探成本可不计，如果应用现有井网，钻井成本也可不计。火烧油层阶段只考虑与井、注空气、采出油相关的可变成本支出，可变成本费用参照表5-9。

表5-9　××油田可变成本经济参数表

井下作业费/（万元/井）	2.4	管输费/（元/吨油）	5
生产测试费/（万元/井）	0.86	油田维护费/（元/吨油）	30
电费/（万元/井）	10	储量有偿使用费/（元/吨油）	55.4
抽油机配件及维护/（万元/井）	2	科研费/（元/吨油）	4.67
工资/[万元/（井·年）]	0.5	管理费/（元/吨油）	5
注气费/（元/吨）	90	销售费/（元/吨油）	5
产出液处理费/（元/吨）	7	资源税/（元/吨油）	8

经济评价是火烧油层适用性筛选的最后一步，前几步基本确定了适于火烧油层的油藏地质及开发特点，我们称这些油藏为通过初步筛选的油藏，但是油藏采用火烧油层开采是否合算和有效，还必须用经济评价的方法来检验。

经济结果不能反映真实价值，仅仅表示火烧油层项目的作用和效益，有助于确定最合适的火烧油层技术。

第三节 火烧油层油藏工程设计

一、火烧油层开发系统设计

（一）层系问题

可以将垂向上相邻近的油层组合成一个开发层系，使油层净/总厚度比能满足火烧油层开发的筛选标准。对于火烧油层开采，此比值须大于 0.60。射孔井段一般不宜过长，以小于 40m 为宜。而且在平面上的分布较广，以保证热采能获得较好的经济效益。

对于多层、薄层油藏开发层系组合和划分要特别注意优化，必要时采取分层注气、分层开发的火驱方式，但层系间必须有良好的隔层。辽河油田杜 66 块就是典型的薄互层稠油油藏，在火驱开发的 7 个试验井组中先后进行了单井单层、多井单层、多井多层的火驱先导试验，但是多层同时火驱会给后续监测和调整带来很多棘手的问题。

（二）井网问题

井网形状与井距直接影响到火烧油层注采动态及开发效果。通常采用的井网形状有五点法、反七点法、反九点法及行列法等。表示井网密度或井距的参数主要有：注采井距(m)、单井面积(km^2)及井组面积(km^2)等。

1. 井网类型的选择

在确定最佳井网和井距时，地质因素至关重要。井网布置应符合砂层的地质情况。在美国已进行过火驱的许多砂体，并不是连续的成片砂岩，而是透镜体。这些砂体往往呈现出与砂体平行的各向异性，某个方向的渗透率大于其他方向的渗透率。在这类各向异性的透镜体油藏中，从地层学观点看，合理的方法是与高渗透率走向成直角并以较密井距钻注入井，沿渗透率走向以较大井距钻生产井。堪萨斯州东南的"鞋带状"油藏中的一些火驱项目，已采用了这种注采井网。

确定合理的井网与井距的主要原则是：

（1）充分考虑油藏的非均质性及油层连通程度，尽可能使注气井注入的空气向多井点较均匀地推进，提高面积扫油系数及有效热利用率。

（2）任何一种开采方式的井网选择，都应尽量满足下述两个平衡：①使注入流体与产出流体相平衡；②生产井数与注入井数的比例和注入能力与生产能力的比例相平衡。

（3）要尽可能为燃烧前缘突破后或发生不规则窜流后留有调整井网及井距的余地。

（4）钻井费用所占总投资的比例很大，虽然井距变小，开发效果较好，但总投资将增大。因此，井距的确定，以经济效益最优为原则。对于浅层油藏井网密度可以增大，但对于深层油藏，将受到限制。

（5）尽管油藏存在非均质性，但井网仍要规则，各井点不可偏离太多。

（6）要考虑油层地应力状态及微裂缝系统分布规律，井网形状及井距要防止沿裂缝窜流的过早出现。

由于火烧油层注入流体的流度比原油流度高，所以它的注入能力与生产能力的比值相对较高，这就使得油层的生产井数与注入井数的比值相对较高，很多火烧油层方案的井网布置一般不违背这个规律。除了注入能力与生产能力的比例因素外，其他因素在选择井网时也应该加以考虑，这些因素包括油层的非均质性、油层倾角、现有井的利用、重力分离等。一般火烧油层所采用的井网有五点、七点、九点、行列及不规则井网等，边缘和端区是火烧油层井网的补充方法。对于高度非均质的油层，不宜采用行列井网，也不应机械地选择正规井网，应依据油层的非均质程度选用不规则井网，以适应油层渗透性的规律。

Turta(1995)建议将火烧先导试验置于构造的最高部位。这个建议的理由是，位于油藏顶部的先导试验的燃烧体积能更精确地确定，并且能更可靠地估算出空气油比和火烧产油量提升。将先导试验置于上倾部位还可避免压缩机出现故障时已燃带的重新饱和。

总之，线性驱动在井网配置的主要优点是：
(1) 行列驱充分利用重力，因而有较高采收率。
(2) 能完全控制已燃区的原油再饱和，再饱和会使空气需要量增大，效率降低。
(3) 这个过程(主要是产油量提升评价)更容易评估。
操作更简单，由于以下原因：
(1) 每口生产井仅与燃烧前缘接触一次就变为注入井，若用井网，生产井至少与燃烧前缘接触4次(反五点井网)，后者生产井危险性高。
(2) 燃烧气体分布的面积要小得多(少量气体分析相同油产量)。
(3) 减少人工点火操作，考虑到只是为了让空气转移到近期火驱燃烧面接触的新生产井排。
(4) 更容易和更可靠的ISC前缘跟踪，燃烧面接触第一行生产井后，跟踪前缘位置难度大大降低，仅仅通过评估每个生产井的接触即可。

反之，井网火驱模式也有其优点，其中之一是生产井和注入井可以有不同要求和完井方式，而且可以自由选择原油产量，同时可以为运营商提供多可选择模式(Machedon等, 1993, 1994)。

ISC工艺可采用不同类型的驱动井网。ISC既可使用井网(面积)配置也可使用行列驱配置。第一个系统可用作毗连井网或分离井网，井网位置沿构造向上或沿构造向下。迄今为止，所有这些配置都进行了尝试，但大部分应用都使用毗连井网和边缘行列驱配置。

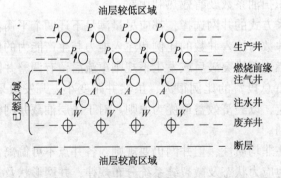

图5-3 错排直线(行列)驱火烧油层

图5-3中，位于构造最上部的第一排油井作为空气(空气/水)注入井(燃烧井)，而流动的原油是由附近的2~3口生产井产出，生产井等深线低于注入井的等深线。一旦燃烧面接近的生产井排被截获，这一排生产井被转换成空气(空气/水)注入井，在这时，原来的空气

注入井排用于注水或干脆关闭。因此，除了最上一排井，其他井都是首先作为生产井和随后转为燃烧井。

行列驱只可从储层的上部开始。由于这一原因，先导试验设计为沿构造向上就极为重要。这样，试验完成以后，发展商业化阶段就有两个选择：使用行列驱或井网（面积）驱。对具体油藏，合理的井网要根据油藏特点及目前工艺技术水平通过综合研究确定。

当确定井距时，可能出现两类问题。若井距太近，燃烧前缘可能会过早地遭到气突破；但若井距过大，则产油速度太低，会延长项目期，并失去经济吸引力。因此，井距有一个最佳范围。

火井位置的合理选择对于火烧油层效果有重大影响。构造形态和倾角是选择火烧井位的重要因素。注入空气和燃烧前缘朝上倾井的运移将比朝低部位的井要快。一般说来，对于倾角大的油藏，火井应布置在构造高处（顶部），从上往下烧，这样有利于充分利用重力驱油的作用；对构造较平缓的油藏，火井应布置在低处，从下往上燃烧，这样布置对缓和火线超覆现象有利。总的要求是：火井应布置在厚（油层较生产井厚）、大（渗透率大）、通（与生产井的连通性好）、封（油层封闭性好）处，现场试验证明，这样做都取得了较好的火烧油层效果。

2. 井距的选择

关于井网大小的选择，小井网、小井距的井间干扰大，且容易形成薄层单方向火窜，从而影响火烧油层效果。由于火烧油层的热源是移动的，它不像蒸汽驱、化学驱及混相驱那样，其驱动效果直接受到井距的影响。因此，只要压缩设备能力允许，采用适当的稀井网是有利的。一般认为，火烧油层井距以200m左右较为适宜。例如，美国史洛斯（Sloss）油田反五点法先导试验的注采井距为283m，10个火烧油层工业开发井网的井距为400m；委内瑞拉米盖（Mega）油田采用不规则火烧油层井网，注采井距为400~800m不等。对先导试验区，为了早出火烧油层成果和经验，采用适当小井距也是有利的。

采用数值模拟方法探讨不同井网类型对火烧油层效果的影响。不同井网类型的开发指标见表5-10。

表5-10 不同井网类型的开发指标对比

井 网	开采时间/年	前缘推进速度/(cm/d)	阶段累计采油/10^4t	阶段采出程度/%	注气量/$10^4 Nm^3$	空气油比/(m^3/t)	燃烧最高温度/℃
反九点	2.5	10.1	13.04	28.82	4490	344.3	509.09
反七点	2.0	11.6	9.14	20.20	3738	409.0	554.22
反五点	1.8	11.8	8.83	19.52	3323	376.3	610.6

二、火烧油层点火设计

要实施火烧油层采油提高原油采收率，首先要解决点燃油层的问题，而油层点燃程度的好坏，又直接影响着火烧油层的成功与否。因此，点燃油层是关键技术之一。

点火方式有层内自燃点火和人工点火两大类。一般深井利用层内自燃点火，浅井常用人工点火。人工点火又包括电热器、井下燃烧器、化学剂以及注热介质等多种方法。目前，普遍采用井下电加热点火器的人工点火方式，使用电缆将井下电加热点火器送入油井内通过对注入空气加热，获得热源，提高油层温度，除此之外还可采用液化气及化学方式对油层进行助燃，对于稠油油藏而言，这两种点火方式成功率很低。

试验表明，在油层内点燃并建立燃烧前缘所花费的时间短则几天，长达几十天，视地层原油的物理性质和化学成分而异。就化学成分和物理性质而言，地层原油各不相同，因此其氧化特性也有明显差别。

在火驱点火过程中，有以下两个关键因素：

（1）注入空气速度控制在一定范围内，过低则不能保证低温氧化的维持；过高则形成冷空气的吹扫降温。

（2）点火时间控制在一定范围，过短则没有达到高温燃烧的门限温度，过长则地层积炭过多，在一定程度上降低油藏采收率。

目前现场摸索出注蒸汽预热地层的技术，可以提高近井地带的油层初始温度，大大缩短了点火时间，进而大大提高了点火的成功率。

试验表明，在油层内点燃并建立燃烧前缘所花费的时间短则几天，长达几十天，视地层原油的物理性质和化学成分而异。就化学成分和物理性质而言，地层原油各不相同，因此其氧化特性也有明显差别。

（一）点火方式及决策方法

1. 层内自燃点火方法

当原油在室内温度环境下暴露于空气中 10~100 天，原油将被氧化，氧化的时间与原油性质有关。如果没有热损失的话，温度将上升，很可能出现原油自燃，即便是反应很差的原油也是如此。

在点火的最初阶段，温度较低，原油吸收氧分子生成醇、酸、酮、醛等物质，并形成焦炭类物质。氧化生热使温度提高，温度提高使氧化更剧烈，生热更多，这种加速氧化反应可以导致温度迅速增加，到达门槛温度之前，属于低温氧化，油藏中结焦，到达门槛温度之后，结焦物燃烧起来，完成点火过程。

从保护火井的套管这一角度来看，层内自燃点火是最理想的方法。一般说来，对于油层温度高于 50℃ 的深层，可采用这种简易方法，否则点火时间过长，如南贝尔里奇油田，其实际点燃时间为 106 天。为防止热损坏，可采取能一定程度上保证作业成功的各种措施。

2. 电点火方法

利用井底电加热点火器点燃地层原油，是一种最常见的点火方法，已经得到了最广泛的应用。这种方法简便实用。

电加热点火器可在井底 700℃ 以上的高温下长时间使用。如果因为油层孔隙被重质原油堵塞，难以点火燃烧，那么就必须周期性地关闭加热器，同时继续注入氧化剂。矿场试验结果表明，经过许多次这样的操作以后，油层的渗透率就会提高。重复作业，直到只靠氧化作用就可保持燃烧为止。有时只有进行几个周期以后，才可达到稳定燃烧状态。

电加热点火器是整个电点火工艺的核心，在通电点火期间点火器的功率、供风量对点火成功率起着决定性的作用。点火器的功率与电压、电流、井筒电压降等存在一定的关系，井筒温度场直接影响注入空气的加热温度。

3. 化学点火

化学点火是首先在注气井的油层内挤入适量的化学剂，该化学剂遇到不断注入的空气或氧气就会发生剧烈的氧化(即燃烧)反应,从而实现点燃油层的目的。

目前,针对火烧油层点火项目在研究新型助燃添加剂,借鉴了许多燃油方面的助燃剂添加技术,已取得了很大的进展。助燃品由于种类、成分不同,功能和效果也不尽相同,但总的目标都是为了达到高温燃烧状态。

1) 助燃剂的作用机理

燃油助燃剂的作用机理因其类型不同而各不相同。有灰型助燃剂主要通过金属功能元素的催化作用,如变价金属化合物的电荷转移作用、主族元素的电子发射作用、燃油分子和氧的活化吸附作用,以及对碳烟前身的催化加氢作用等,产生助燃、消烟、除积炭和节油功能。无灰型助燃剂则主要是通过整体分子在高温下分解产生活性自由基,使燃料氧化燃烧,实现催化助燃和节能助燃的作用。

2) 常用助燃剂种类

目前应用的助燃剂有以下几类:碱金属盐(无机盐、有机盐);碱土金属盐(无机盐、有机盐);过渡金属盐;稀土金属盐;贵金属及其有机配合物。

这些化合物以可溶性羧酸盐、环烷酸盐、碳酸盐、磺酸和磷酸有机盐、酚盐、有机配合物、金属及其氧化物等形式引入燃料,作为燃料燃烧的催化剂,具有提高燃料燃烧效率等功能。

辽河油田高升采油厂高3618块在2008年10~12月对3口点火井采用化学点火方式成功转火烧油层驱油,形成一线6口火井、16口油井线性行列驱。

实施步骤:

(1) 预热油层,向井下注干度为75%的蒸汽20t/m。

(2) 实施加药,停注蒸汽后马上向井内投入点火化学剂。

(3) 通气点火,投药后随之按设计排量向井内注空气点火。

(4) 控制气量,点火初期供气量为$(1.0~1.5)\times10^4 m^3$,三个月内注气量维持在$(1.5~1.8)\times10^4 m^3$。

4. 点火方式决策

利用电点火涉及更多的准备工作(包括机械/电气设备),前期投资(专用设备),以及相对短周期操作(几天)的连续监督,但着火的评估是非常简单的。相反,化学点火方法少了很多准备工作和设备/仪表,但点火(识别的成功或失败)的评价是更复杂的,点火时期显著较长,可达几个月。换句话说,电点火需要矿场的设备/劳动密集,而化学点火方法需要的是办公室点火评价的劳动密集。图5-4显示如何选择点火方式(Turta, 2011)。

点火成功由O_2百分比连续下降作为标记,O_2百分比接近于0,而CO_2比例稳定在11%~16%的范围。另一个指示点火成功的标志是注入压力增加2~3倍时产生完整的ISC燃烧面(White和Moss, 1983),这可能主要是由于通过燃烧面移动对油墙的堆积造成。当井堵塞和或者点火操作导致阻塞时,该现象很难捕捉到。由于不同的次生影响如二氧化碳溶解和其他方面的影响,单纯凭借CO_2比例判断点火成功与否是不可靠的。基于气体成分的组合指示对此判定会更准确,如视氢-碳(H/C)比。

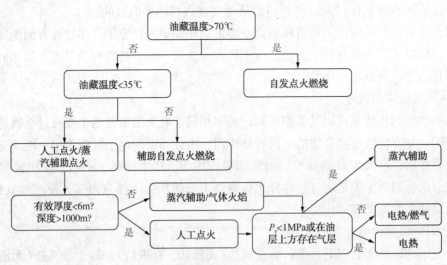

图 5-4 如何选择最合适的点火操作

不管点火时间的估计方式如何，当油层压力增加，油量较轻时，到达稳定燃烧前缘条件需要更长时间，因此难度更大。对于这些稳定条件，从气体组成计算的 H/C 值必须小于 2.53，用于重油和轻油点火操作。

5. 火驱矿场点火工艺流程

一套完整的点火程序可能包括：排液→试注→点火→火驱。

目前，由于地层温度不高，点火过程缓慢，一般会进行蒸汽预热地层，这样，点火程序变为：排液→试注→注蒸汽→点火→火驱。

不同的点火方法程序稍有不同。

电点火程序：排液→试注→注蒸汽→点火/点火器通电/低速注空气→火驱/正常注气。

现场电点火技术基本上是较为成熟的，不过仍有点火强度过大会造成局部流度比过大、燃烧建立不稳定的问题。所以，针对电点火，实验研究侧重于电点火功率和点火时间的设计。亦可深入研究点火参数对点火启动的影响。

自燃点火程序：排液→试注→注蒸汽→点火/低速注空气→火驱/正常注气。

自燃点火的实验研究侧重于预防回流回火的问题。所以，实验侧重点在于蒸汽预热参数优化和点火参数匹配的问题。

化学点火程序：排液→试注→注蒸汽→助燃剂→点火/低速注空气→火驱/正常注气。

在化学点火的施工程序中明显看到，蒸汽、原油、助燃剂与空气四者直接接触，对火井带来的安全风险更大，因此，对于化学助燃剂点火的实验研究重点除了在于助燃剂的优选以外，还要研究如何设计段塞前置液和顶替液配方，保证火井的安全。

经优化后能保证井筒安全的点火程序可能为：排液→试注→注蒸汽→(顶替液→助燃剂→隔离液)→点火/低速注空气→火驱/正常注气。

顶替液将蒸汽顶替到预定的地层深度，而隔离液的作用是将原油与空气短暂隔离，保证近井地带的安全。后续的空气注入将使隔离液变薄或降解，最终实现点火。

(二) 油层点火影响因素分析

1. 门槛温度

在点火过程中，首先是低温氧化形成结焦带，在结焦带燃烧以后，完成点火。在常规的电加热点火过程中，依靠被加热到一定温度的空气来点燃油层，在热空气作用下首先形成结焦。经过长期的实验研究发现，低温氧化可以在很宽的温度范围内发生，而使结焦物燃烧却有一个门槛温度，一般要在430℃以上，不同原油形成的结焦物有不同的燃烧门槛温度，有的甚至530℃以上。所以，在电点火过程中，必须把空气加热到门槛温度之上，才可使结焦物迅速燃烧起来，火烧油层可以正常进行。不然会在地层结出大量的结焦物形成结焦带，虽经过长时间后，结焦带中氧化产生热量达到门槛温度以上，结焦带也可以燃烧起来，但由于结焦带厚度过大，燃烧带与原油带相隔很厚的结焦带，传递的热量少，原油蒸馏强度降低，遗留原油量增加，燃烧前缘推进的速度越慢，燃烧单位体积油藏消耗的空气多，烧掉的原油多，采油速度、采收率和经济效益都要降低。

2. 油层温度

油层温度越高，低温氧化越容易进行，高温氧化越容易实现。地层温度直接影响点火的时间长短，对点火的成败影响很大。为了解决油层温度过低的问题，现场实践提出了应用蒸汽预热地层的做法，非常有效。

3. 燃料含量

燃料含量越多，点火也越容易。但是，如果燃料含量过多，采出的油量就少，影响最终采收率。

4. 助燃剂的影响

添加助燃剂可以适当缩短点火时间，这是室内实验和现场均已证实的结论，在此不再赘述。

(三) 自燃及化学点火参数设计与效果分析

1. 自燃点火时间计算

如果油藏内含有对自燃敏感反应充分的原油，而且具有较高的油层温度，当注入空气后会发生一定程度的氧化作用(低温氧化作用)，氧化反应伴随着放热，致使油层温度缓慢上升。温度升高以后，又加速了原油的氧化速度，从而导致油层温度的进一步升高。这一过程一直持续到油层温度上升到原油的自燃温度时为止。这样，在不断地注入空气的条件下，油层就会产生一个移动的燃烧前缘，向生产井方向蔓延扩大。为了缩短点火时间，适当增加注入空气的温度是有利的。在正常情况下，把油层温度提高到93.3℃，点火时间可缩短到1~2天。自燃点火不需要任何点火设备。因此，了解地层原油的氧化特性，对确定油层自燃点火的经济合理性是很重要的。

如果自燃着火时间为几小时或几天，就应研究自燃的可能性。但是，若时间长达几个月或者几年，则需要从外部能源补给热量——研究人工点火方案。如果油层温度较低，或者准备进行火烧油层的油藏含有难以氧化的原油，不能保证短时间内自燃，这时就要从外部提供热量，将点火井井底附近地带加热到地层原油的燃烧温度，而后向该地带注氧化剂。

根据塔蒂麦(Tadema)和威伊蒂麦(Weijdema)的研究结果，层内自燃点火时间可以用式(5-8)计算：

$$t_i = \frac{\rho_1 c_1 T_0 (1 + 2T_0/B) e^{B/T_0}}{86400 \phi S_o \rho_o H A_o p_x^n B/T_o} \tag{5-8}$$

式中 t_i——点火时间，d；

ρ_1——油层密度，kg/m³；

c_1——油层比热容,kJ/(kg·℃);

T_o——初始温度,K;

A_o——常数,$s^{-1}·MPa^{-n}$;

B——常数,K;

n——压力指数;

S_o——含油饱和度;

ϕ——孔隙度;

H——O_2 的反应热,kJ/kg;

p_x——氧分压,$p_x=0.209p$,p 为注气压力(绝对压力),$p=0.1$MPa。

式中的 A_o、B、n 常数是将试验原油配制的油砂,在不同氧的分压(p_x)、反应温度(T)条件下,测得相应的氧化反应速度 K(每千克原油反应每秒所消耗的毫克氧气量)值,再利用阿累尼乌斯(Arrhenius)关系方程求得 K:

$$K = A_o p_x^n e^{(-B/T)} \tag{5-9}$$

具体试验和求解方法如下:将配制油砂装入高压釜中,先用氮气把油砂孔隙中的空气替代后,同时给油砂加热、加压到要求条件时,再用空气替代氮气,并使压力和温度保持一段适当的时间,在此阶段分析产出气中 O_2、CO、CO_2 等气体含量;最后,停止注空气和加热,改用注氮气,待高压釜冷却后,分析液体、固体物质中的含水和碳氢化合物的氧含量。根据这些资料就可以计算出氧化反应速度极值。在相同压力和不同温度下,对同一油砂进行重复测定。

地层温度高的含油层点燃时间比较短,必须考虑下述情况,如果实际地层温度低,并且在氧化过程中油层顶部和底部散热的热损失超过最初阶段的热损失,那么油层将不能发生自燃(即使在计算的绝热过程时间不超过几个小时的条件下)。

2. 注蒸汽预热地层点火助燃参数设计

在自燃点火过程中,有以下几个关键因素:

(1)注入空气速度控制在一定范围内,过低则不能保证低温氧化的维持,过高则形成冷空气的吹扫降温。

(2)点火时间控制在一定范围,过短则没有达到高温燃烧的门限温度,过长则地层积炭过多,在一定程度上降低原油采出量。

(3)油藏初始温度不能过低。温度过低导致自燃点火时间过长,导致实际施工困难。

目前,现场摸索出注蒸汽预热地层的技术,大大缩短了点火时间。先注蒸汽提高油层温度,然后注空气在油层形成自燃的点火方式,与电加热点火方式有很大的不同。注进大量蒸汽,在相当大范围内提高油藏温度,如果注入蒸汽压力 9MPa,温度 300℃,注入 300t,地层温度 50℃,注入的热量可以把厚度 10m、距井筒半径 4.5m 范围内的油藏温度提高到 300℃。当然实际加热后的温度场是逐渐变化的,由注入蒸汽温度逐渐变化到地层温度。

1)预热注蒸汽方案

蒸汽(或热水)作为热量的携带者,在油层中发生的现象是非常复杂的,是一个包括物理的、化学的以及热动力学的综合作用过程。在油层多孔介质中,既有直接的热量传递,又有通过流体流动伴随的热量传递。因此,注入油层的蒸汽是通过传热和传质两种机理来加热油层的。

由于所注入的蒸汽起到预热地层作用,所以注汽参数不是唯一解的问题,只要在此阶段将地层预热,将自然点火时间缩短到1~2天以内,就能满足施工要求。

在进行注蒸汽预热点火设计时,一般注汽量按油层每米有效厚度来选定,也即注汽强度,最优的经验值是30~100t/m蒸汽的量进行设计。

选择合理的注汽速度。注汽速度不能太低,否则井筒热损失率太大而异致井底蒸汽干度过低;又不能太高,使注汽压力超过地层破裂压力,而发生注汽窜进,也降低开采效果。一般而言,将注汽速度选在100t/d以上,注汽速度不宜超过油层破裂压力,以蒸汽锅炉最高工作压力为上限。

蒸汽干度越高,在相同的蒸汽注入量下的热焓值越大,加热的体积越大,蒸汽吞吐开采效果越好,因此,为了提高蒸汽吞吐的开采效果,应尽可能地提高井底蒸汽干度。

首先按照每米油层30m注汽量Q_s,注汽速度q_s按照600m³/d注入。注汽干度等参数按照设备能力确定,在后面的点火时间计算完成后再进行注蒸汽参数修订。

2)计算预热带温度

油层加热的计算方法是根据油层中能量平衡方程经过某种假设和简化得出的,因此都是以解析解的形式出现的,计算过程简单实用。计算内容包括被加热油层的范围(加热半径、面积及体积)、加热带的推进速度、油层中的温度分布、被驱替的原油体积及油层热效率等。

图5-5为Marx-Langenbeim物理模型。

预热带的温度按照注蒸汽的蒸汽带温度计算进行,公式如下:

$$T_s = T_r + \frac{\pi Q_i h}{4A(t)K_{ob}} \left[\sqrt{\frac{t_D}{\pi}} - \frac{\lambda}{2} \ln\left(1 + \frac{2}{\lambda}\sqrt{\frac{t_D}{\pi}}\right) \right] \tag{5-10}$$

$$Q_i = 10^3 q_s X_s L_v \tag{5-11}$$

式中 T_s——预热后加热带地层平均温度,℃;

T_r——油层原始温度,℃;

Q_i——注热速率,kJ/d;

h——油层厚度,m;

$A(t)$——注入时间为t时的加热面积,m²;

K_{ob}——顶底层的导热系数,kJ/(m·d·℃);

t_D——无量纲时间,$t_D = \frac{4Dt}{h^2}$;

t——注汽时间,d;

D——顶底层的散热系数,$D = \frac{K_{ob}}{M_{ob}}$;

M_{ob}——顶底层热容,kJ/m,℃;

M——油层热容,kJ/m,℃;

λ——油层热容与顶底层热容之比,$\lambda = \frac{M}{M_{ob}}$;

q_s——注汽速度,m³/d;

X_s——井底蒸汽干度,无量纲;

H_s——蒸汽的热焓,kJ/kg;

H_{WT}——在温度 T_r 下的热焓,kJ/kg;

L_v——蒸汽的汽化潜热,kJ/kg。

当预热后加热带地层平均温度高于85℃时,进行下一步计算。

3) 计算点燃点火时间

根据塔蒂麦(Tadema)和威伊蒂麦(Weijdema)的层内自燃点火时间公式计算点火时间,如果超过之前设定的点火时限(根据具体情况而定,例如20h,一般不超过50h,时间过长则积炭过多,影响燃烧的建立),则重新设计注蒸汽预热阶段的注蒸汽量和注蒸汽速度,直到达到要求的点火时间为止。

3. 点火阶段注气速度设计

为了防止空气注入过快形成吹扫和降温的效果,一般在注气阶段需要保持低速注空气。理想情况下,该速度应该是线性增加的,如图5-6所示。这在实验室里是可以实现的,或者近似实现;但对于现场而言这显然很难实现。为此,可以设计为分段式的注气速度模式来进行现场操作,例如分两次提速、三次提速。

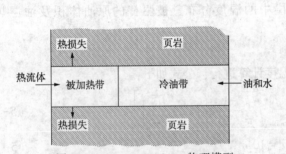

图5-5 Marx-Langenbeim 物理模型

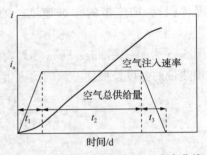

图5-6 反五点井网空气注入速率曲线

一般而言,也可以保持同一速度注入空气,这与点火方式、点火时间有很大的关联性。以下对自燃点火进行分析。

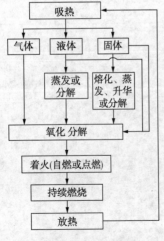

图5-7 不同状态物质燃烧过程示意图

1) 点火启动过程

火烧油层属于地下燃烧,在燃烧的过程中首先需要吸收一定的热量,可燃液体的燃烧过程:可燃液体→蒸发→氧化分解→焦炭→自行着火→燃烧,产生热量维持燃烧,具体过程如图5-7所示。

可见,点火初期吸收一定的热量对点火的意义重大,一般来自电点火加热或者自燃点火在低温氧化阶段的生成热量。

2) 低温氧化反应原理

原油的低温氧化是在油藏温度下发生的自发氧化反应,对其反应机理分析后认为,注空气低温氧化机理涉及非常复杂的化学反应过程,可用两步反应进行简化。首先用一个氧化反应来说明原油被氧气氧化生成烃类氧化物,再用一个燃烧反应来说明烃类氧化物被进一步氧化生成水、CO 和 CO_2 等产物。

设参与氧化反应的 H 原子数与 C 原子数之比为 x，参与氧化反应的 O 原子数与 C 原子数之比为 y，CO 和 CO_2 的物质的量比为 R，则氧化反应和燃烧反应方程式分别为

$$R-CH_x + \frac{y}{2}O_2 \longrightarrow R'-CH_xO_y \tag{5-12}$$

$$R'-CH_xO_y + \left[\frac{2+\beta}{2(1+\beta)} + \frac{x}{4} - \frac{y}{2}\right]O_2 \rightarrow \frac{1}{1+\beta}CO_2 + \frac{\beta}{1+\beta}CO + \frac{x}{2}H_2O + R' \tag{5-13}$$

x、y 和 β 随着原油性质不同而各异。有研究表明，密度中等的原油 x 为 1.6，轻质油 y 约为 0.5，空气驱实验得出 β 为 0.05~0.20。

事实上，以上两步反应虽然说明了低温氧化过程，但是在实验中仍无法测定中间产物，只能通过最终的产物来确定反应的进行程度。低温氧化生成的 CO 较少且较难测量，实验中仅测定了 CO_2 的含量。通过测试原油组分，把 C_{10}^+ 看作重质组分，将反应简化为 C_{10}^+ 与 O_2 反应转化成 CO_2 和水的过程。根据物质守恒定律确定了反应系数，得到反应方程式为：

$$C_{10}^+ + 1.5O_2 \longrightarrow 0.966163C_{10}^+ + CO_2 + H_2O \tag{5-14}$$

原油低温氧化反应的反应速率可用简化的 Arrhenius 方程描述为：

$$\frac{dp_x}{dt} = ke^{-\frac{E}{RT}}p_x^m(C_{10}^+)^n \tag{5-15}$$

式中，p_x 为氧气分压，MPa；t 为时间，h；k 为反应速率常数，L/(s·kPa)；E 为活化能，J/mol；R 为气体常数；T 为绝对温度，K；m 和 n 为反应级数。该低温氧化的反应速率常数、活化能、反应级数和反应焓被称为动力学参数。

3) 点火期间最低注气速度

点火阶段注入空气的主要作用是使井筒附近的油层能发生氧化反应，因此注入速度取决于含油饱和度、油层厚度，以及原油低温氧化反应速度，其中低温氧化反应速度 K（每克原油每秒反应所消耗的氧气量）一般利用阿累尼乌斯定律来确定。

$$K = A_o p_x^{\ n} e^{(-B/T)} \tag{5-16}$$

根据这些资料就可以计算出氧化反应速度值。在相同压力和不同温度下，对同一油砂进行重复测定。表 5-11 是一组氧气消耗速率的实验测定值。

表 5-11 某油井实验测定氧气消耗速率值

温度/℃	O_2 含量/%	CO_2 含量/%	氧气消耗速率/[10^{-5} mol_{O_2}/(mL_{oil}·h)]
80	18.0	0.7	0.81
90	16.1	1.0	1.05
100	11.4	1.7	1.52
110	3.5	3.8	3.08

根据实验测定的氧气消耗速率，可以得到为了维持低温氧化，点火期间最低的注气速度需要满足：

点火阶段的注气速度 i_0 为：

$$i_0 = 2\pi r_w h \phi S_o \rho_o K / (0.21 \gamma_{O_2}) \tag{5-17}$$

式中，r_w 为点燃的范围，m；ϕ 为油藏孔隙度；S_o 为油藏含油饱和度；γ_o 为密度，kg/m³；

h 为油藏厚度，m。

式(5-17)是能够点燃的最低值，点火阶段的注气速度大于此值才有可能引燃。

一般，点火阶段注气速度上限至少低于正常注气速度的50%。如果注气量过少，点燃油层的一小部分，而整个井段难以点燃；设计者应及时分阶段提高注气速度，也能成功点燃油层；如果注气速度过大，由于油层尚未点燃，冷空气携带低温氧化产生的热量进入地层深处，热量累积达不到点火要求，点火成功率必然下降。

对于自燃点火而言，地层温度和点火时间仍然是最重要的参数。

4) 点火期间最大注气速度

为了防止空气注入过快形成吹扫和降温的效果，一般在注气阶段需要保持低速注空气。按照传热学原理，考虑在点火期间的最大注气速度不造成降温，存在以下关系式：

$$\text{低温氧化产生热量} > \text{注入空气的吸热} + \text{油藏升温} \tag{5-18}$$

写成符号，如下所示：

$$V_{max} \times \rho_{air} C_{air}(t_o - t_s) + \rho_s C_s \pi r^2 h(t_o - t) \leq \left(\frac{\pi r^2 h \phi S_o \rho_o \times k}{M} \times Q \right) \tag{5-19}$$

式中，V_{max} 为最大注气速度，m^3/d；ρ_{air} 为空气的密度，kg/m^3；C_{air} 为空气的比热，$kJ/(kg \cdot ℃)$；t_o 为空气与饱和水砂岩升高到的温度，℃；t_s 为地面注入空气温度，℃；t 为原始油藏温度，℃；ρ_s 为饱和油岩石密度，kg/m^3；C_s 为饱和油岩石比热；ϕ 为油藏孔隙度；S_o 为油藏含油饱和度；ρ_o 原油的密度，kg/m^3；r 为燃烧带宽度，m；h 为油藏厚度，m；M 为原油的摩尔质量；k 为燃烧每摩尔原油消耗的氧气量；Q 为低温氧化反应中每摩尔氧气生成的热量，kJ。

（四）电点火功率及空气流量设计

假设要提高从井半径 r_p 周围的油层半径 r_e 温度从 $\Delta T_i = T_i - T_o$，需要在无传导和热对流下提供给每米油层以下的热量：

$$\frac{Q}{H} = \pi(r_e^2 - r_p^2)(\rho c) \cdot \Delta T_i \tag{5-20}$$

电点火器一般包括地面上的电源、测量和调试设备，以及一条电缆和放在井底的加热电阻。注入井中的空气与电阻接触时被加热到一定温度，此温度与点火器的功率和空气流量有关。空气的平均热容约为 $1.2 kJ/m^3 \cdot ℃$，空气穿过一个有效功率 $P_s(kW)$ 的点火器所增加的温度 ΔT_a 由式(5-21)取得：

$$\Delta T_a \approx \frac{3000 P_s}{v_a} \tag{5-21}$$

式中，v_a 为空气流量，Nm^3/h。

电点火器的功率选择和空气流量均需根据油层加热需要来确定。

电点火的点火阶段注气速度设计，根据热平衡原理可计算出如图5-8所示的在一定功率条件下，电热点火器出口的空气温度与相应空气注入速度的关系曲线。计算时取电热器的发热效率为85%，空气密度和比热容取初始空气温度为50℃时的相应值，也就是说在不同功率条件下，将50℃的注入空气加热到设定温度(如420℃)时，相应的空气注入速度。

(五)点火成功的诊断

应该使用一定的方法来选择和评估一个点火操作。利用辅助电点火涉及更多的准备工作(包括机械/电气设备)、前期投资(专用设备)和相对短周期操作(几天)的连续监督。由于外部提供的热量大,电点火的成功率相对高,因此前期评估相对简单。相反,自燃点火方法少了很多准备工作和设备/仪表,但点火(识别的成功或失败)的评价相对复杂,而且点火周期较长,可达几个月。换句话说,基于电点火需要矿场的设备/劳动密集,而自燃点火方法需要的是办公室点火评价的劳动密集。

火驱增油只有火驱燃烧前缘产生之后才会出现,需要经过一段长于点火时间的延迟;在点火期间内,只发生低温氧化(LTO)反应,不能显著驱动原油。

电点火能够快速成功点燃油层,点火成功由 O_2 含量连续下降作为标记,最终 O_2 含量接近于 0,而 CO_2 含量稳定在 11%~16% 的范围。

不论哪种点火方式,另一个成功点火的标志是注入压力增加 2~3 倍时产生完整的燃烧前缘(White 和 Moss,1983),这主要是由于燃烧前缘移动对油墙的堆积所导致。然而,由于最初井的堵塞和导致堵塞的点火操作,这种现象也可能难以识别。

最复杂的是严格确定点火延迟的方法。这可以通过分析气体组成演变来完成,由于不同的次生影响如 CO_2 溶解和其他方面的影响,时常不是很可靠。因此,基于气体成分的组合指示对此判定会更准确,即视氢-碳(H/C)比。这样的诊断方式在 Videle-Balaria 油田的亚麻籽油点火(Turta Pantazi,1986)中使用(图 5-9),点火延迟大约是 3 周。

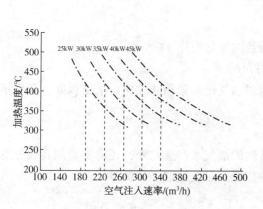

图 5-8 不同功率下加热温度与空气注入速度的关系曲线

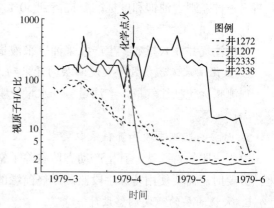

图 5-9 罗马尼亚 Videle East 某区化学点火(亚麻籽油)期间视原子 H/C 比的变化

时间的估计方式如何,当油层压力增加且油较轻时,燃烧前缘需要更长时间到达稳定,因此难度更大。重油和轻油点火并达到稳定时,都需要满足视氢碳原子比 H/C 值小于 2.53。

三、火烧油层注采参数设计

火烧油层油藏工程设计方法有两大类,一是物理模拟方法,二是数学模拟方法。在数学模拟方法中又包括基于各种假设条件的解析、半解析计算模型和油藏数值模拟方法。物理模型可用于研究火烧油层过程中流体饱和度分布和温度分布、驱油及波及效率,预测在特定注入及生产条件下的生产动态,大致可分为非相似单元物理模型和相似或部分相似物理模型。可为火烧油层设计和优选提供基本数据。

1. 火驱基本参数设计

对每个具体的稠油油藏,在所选定的开发系统条件下,采用火烧油层开采,注采参数设计极为重要,它将直接关系到火烧油层效果的好坏及其成败。注采参数确定一般可参考国内外同类型油田经验界限值,应用数值模拟进行优化设计。设计内容为:①点火方式及时间;②注气速度与注气压力;③生产井排液速度与注采比等。

2. 油藏类型及开发历史的影响

对于特殊油藏条件,需要制定出相应的开发策略,如具有气顶、活跃边、底水情况下的开发策略。但是这类油藏通常不能入选火驱开发首选油藏类型。

在国内外,稠油油藏首选的开发方式是注蒸汽开发,待注蒸汽开发到一定阶段后需要考虑是否适合火驱接替,转入火驱开发需要着重考虑以下问题:

(1) 适合的油藏压力条件。对于具体油藏转火烧油层前,除了要考虑充分发挥水蒸气热物性优势外,还要考虑油藏埋深和满足足够的生产流压。浅层油藏转火烧油层前的油藏压力可以低些,深层油藏应高些。

(2) 吞吐井间建立热连通。随着吞吐周期次数增加,各吞吐井的加热半径逐步扩大。井间油层经吞吐预热,油层温度提高并形成某种程度的热连通,这会使火烧油层驱油更易实现。

(3) 剩余油饱和度条件。火烧油层筛选标准对含油饱和度的要求是至少大于35%,如果油田条件差则含油饱和度标准要提高到50%左右。

3. 开发井的生产参数。

包括注气井注入指数、生产井采油、采液指数的变化规律。

4. 最优注采工艺参数下火烧油层的开采动态预测

预测指标包括注气量、产油量、产水量、瞬时油气比、累积油气比、采出程度、开采年限、净产油等。

5. 必要的监测手段和资料录取要求

由于火驱的特殊性,其生产动态监测除了常规的油气水产量之外,还需要监测其成分变化,必要时还需要使用特殊手段监测燃烧前缘的位置,以及钻取心分析等。

6. 火烧油层的开发调整设计

火烧油层开发过程中不断进行调整是非常重要的一个环节。通常,火烧油层的开发调整设计主要包括以下方面:

(1) 火烧油层开发动态的跟踪模拟研究,为开发调整设计提供基本依据。

(2) 注采参数的调整。

(3) 注入剖面的调整,包括改变注入剖面及注入策略、注化学剂调剖等。

(4) 开发层系的调整。

(5) 井网、井距的调整。

(6) 开采方式的调整和转换,如转湿式燃烧、间歇注气、水气交替注入等。

关于用油藏工程方法设计火驱方案,在《火烧油层采油》等书中已经有详细的介绍,在新疆油田浅层稠油注蒸汽后火驱开发实践的相关书籍中详细介绍了使用数值模拟方法设计火驱方案,这里就不再赘述。

第四节 火驱效果预测

一、火驱方案效果预测

(一)油藏工程方法

在实验室中,火驱的采收率通常在60%~90%,由于平面波及和垂向波及较低,油田实际采收率远低于实验室采收率。在文献中已经提到了通过一些方法(Brigm等,1980)计算采收率并用于方案初步设计工作,也仅限于初步设计。

除了数值模拟方法外,传统的数理统计方法也可以进行空气油比AOR的预测,作为评价项目运行效果评价的证据,比较著名的就是朱杰的统计方法,但是朱杰方法没有考虑注气速度大小对燃烧效果的影响,所以这里考虑重新建立一个统计模型,重点考察地质、流体和开发三个方面因素对AOR的影响。

整理国外成功火驱基础参数(表5-12),建立涉及地质、流体、开发等参数的空气油比回归公式如下:

$$AOR = a(S_o \phi h) + \left(\frac{kh}{\mu_o}\right) \cdot T^b + c \cdot \frac{v_g}{h} + d \quad (5-22)$$

式中,S_o为含油饱和度,小数;ϕ为孔隙度,小数;h为油层厚度,m;k为渗透率,$10^{-3}\mu m^2$;μ_o为地下原油黏度,$mPa \cdot s$;T为地层温度,℃;v_g为注气速度,m^3/d。

表5-12 世界范围内较成功火驱项目基本油藏参数

项 目	厚度/m	倾角/(°)	孔隙度(小数)	渗透率/$10^{-3}\mu m^2$	温度/℃	油饱和度(小数)	原油黏度/$mPa \cdot s$	注气速度/(m^3/d)	空气油比/(Nm^3/m^3)
Brea Olinda Calif	38.1	20	0.29	300	57.2	0.539	20	70790	1371
Cold Lake Sask	6.5	0	0.35	4600	21	0.82	3500	450	500
East Tia Juana	39	4	0.392	5000	40	0.73	6000	56632	167
Fosterton Northwest. Sask	8.4	0	0.288	958	51.7	0.452	13.5	39642	1603
Gloriana, Tex	1.2	2.5	0.35	1000	44.4	0.533	110	66543	1690
Mane Granda	5.8	0	0.35	3500	65.5	0.94	400	28317	871
Midway Sunset Calif	14.9	15	0.33	2500	43.3	0.55	2770	33979	515
Midway Sunset Calif	14.9	15	0.33	2500	43.3	0.55	2770	28316	1852
Miga	6.1	2	0.226	5500	63.3	0.75	280	274675	1870
N. Govt, Welld, Freer	6.1	0	0.32	1800	48.9	0.45	10	70792	2761
North Tisdale, WY	15.2	0	0.197	320	18.3	0.68	40	43042	2048
Shannon, Wyo	10.1	0	0.233	250	20	0.6	76	14158	1145
Sloss, NE	4.4	0	0.193	191	93.3	0.3	0.8	28316	2938
South Belridge, Calif	9.3	3	0.36	8000	30.6	0.6	2700	99106	997
Trix Lig, TX	2.8	0	0.28	500	58.9	0.559	26	7306	1425

经过参数拟合计算得到常数项 $a = -100.87$、$b = 0.0828$、$c = 0.0096$、$d = 1237$，计算 AOR 和实际 AOR 符合程度较高(图 5-10)。计算红浅试验区 AOR 为 $1118 Nm^3/m^3$。朱杰的预测方法得到的结果为 $1168 Nm^3/m^3$，从这一点上可以说明红浅目前的注气速度在合理范围内，如果偏离合理范围，两种计算方法得到的结果将会出现较大偏差。

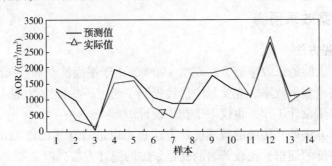

图 5-10　AOR 预测值与实际值对比

(二) 数值模拟法

解析、半解析计算模型可用于研究火烧油层效果预测和评价，而数值模拟方法是应用较为广泛、结果较为可信的一种研究法。目前，火烧油层开采研究与设计常用的热采模拟软件有：美国科学软件公司的 THERM 模型和加拿大计算机模拟软件公司的 STARS 模型。

由于受计算机内存及速度的限制，火烧油层数模一般都在有限井组模型(单井组或单井组的部分单元及多井组等)上进行的。随着计算机技术的提高，火烧油层模拟也在向全油田模拟发展。

油藏数值模拟需要输入大量的数据，包括油藏数据(油层分布、物性及几何参数)；渗流特性数据(火烧油层驱油的残余油饱和度与多相渗流的相对渗透率曲线，毛管压力等)，流体数据(黏温特性、组分间的平衡特性及初始饱和度分布等)，井的数据(井位、打开井段、表皮效应等)，以及操作变量(注入速度、采液速度、井底压力等)。

利用油藏数值模拟技术进行火烧油层的生产动态预测通常需要经过以下步骤：

(1) 选择模型。如前所述，火烧油层的数学模型不下几十种，假设条件不同，考虑因素不同，适用范围和预测效果也各有差异。根据实际情况选择合理模型是第一步。

火烧油层热力采油过程涉及多种化学反应，其中最主要的有热裂解反应和氧化反应(包括高温氧化和低温氧化)。比较典型的化学反应表达式如下：

$$\text{Light Oil} + S_1 O_2 \xrightarrow{l_A} S_2 \text{ CO}_x + \Delta_3 \text{ H}_2\text{O} \tag{5-23}$$

$$\text{Heavy Oil} + S_4 O_2 \xrightarrow{l_B} S_5 \text{ CO}_x + S_6 \text{ H}_2\text{O} \tag{5-24}$$

$$\text{Heavy Oil} \xrightarrow{l_C} S_7 \text{Light Oil} + S_8 \text{Coke} + S_9 \text{Gas} \tag{5-25}$$

$$\text{Coke} + S_{10} O_2 \xrightarrow{l_D} S_{11} \text{CO}_x + S_{12} \text{H}_2\text{O} \tag{5-26}$$

式中，Coke 代表焦炭；Light Oil 代表原油轻烃组分；Heavy Oil 代表原油重烃组分；Gas 为惰性气体；$s_1 \sim s_{12}$ 为化学反应计量系数，化学反应计量系数由室内实验结果分析得到。

根据以上四个主要反应，对辽河油田某区块油样的一系列等温裂解及燃烧反应速度实验分析后得到指前因子和活化能，列于表 5-13 中。

表 5-13 化学反应动力学参数

化学反应	反应活化能/10^7[J/(kg·mol)]	指前因子/(h/kPa)
重油裂解[式(5-23)]	6.28	4.167×10^5
重油燃烧[式(5-24)]	9.29	4.38×10^9
轻油燃烧[式(5-25)]	9.29	4.38×10^9
焦炭燃烧[式(5-26)]	4.30	60.44

针对待评价的目标区块，火驱过程中不一定遵循以上四个反应或者反应动力学参数会有差异，需要进一步从静态实验、热分析实验等过程中分析反应过程，并计算各个反应的氧化动力学参数，这样才能建立一个比较符合实际的化学反应描述模型。

（2）输入资料。火驱采油所需要的资料见表 5-14。

表 5-14 火烧油层数值模拟所需的典型输入数据

参数类型	特征参数	要 求
油藏	油藏几何形状，油层有效厚度，岩石孔隙度和 X、Y、Z 方向各向异性渗透率，岩石压缩系数和导热系数、热容	三个渗透率值和导热系数值坐标类型、井位及边界位置
顶、底层	导热系数和热容	至少顶、底层岩石各一种
渗流	各相相对渗透率	每种岩石类型一套油-水、油-气关系式及温度的影响。一般给出具有代表性的若干种岩石类型，每个网格赋予其中的一种
	毛管压力	为饱和度和温度的函数，分岩石类型给出。对火烧油层，一般可忽略
流体	每相的密度和黏度；各组分的性质和相平衡常数；气化潜热和饱和压力，每相的焓和热能；参与化学反应的物质和计量平衡式、活化能与反应焓	与温度、压力和组分有关；是温度和压力的函数；与温度、压力及组分有关，一般已编入模型中
初始条件	饱和度、压力、温度及组分	每个网格均须赋值
井及边界条件	注入速度、采油及产液速度、井底压力、温度等	最大和最小值、约束条件

（3）灵敏度试验。考察所建立模型的参数（如渗透率和压缩系数等）灵敏度。火烧油层数值模拟的灵敏度试验还包括网格尺寸敏感性分析、燃烧反应动力学参数敏感性分析，以及注气速度敏感性分析等，需要根据实际需要进行测试。

（4）历史拟合。由于非井点数据的参数是未知的，或受客观条件限制未能获得反映油藏实际的参数（例如相对渗透率关系数据），使所建立的油藏模型存在不确定性，因此对于一个具有一定开发历史的油田，历史拟合过程是必须的。历史拟合指标为油藏压力和产液量，火驱数值模拟还需要兼顾产气量和燃烧前缘位置等因素，较水驱数值模拟考虑的因素多。

本书第二章的燃烧管实验数值模拟历史拟合结果如图 5-11、图 5-12 所示，数值模拟计算的产液量、温度场分布和变化结果与实验室测量结果吻合较好，说明数值模拟结果比较可靠,基本反映实验室火烧油层过程。值得注意的是,模拟过程中也考察了网格尺寸对结果的影响,当网格小到一定程度时,计算结果才稳定,这是由实验室内燃烧前缘的尺度(2cm 左右)决定的。

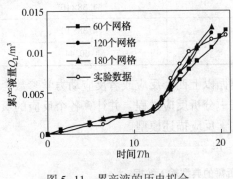

图 5-11 累产液的历史拟合

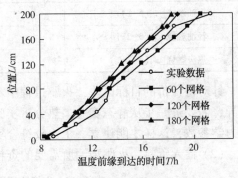

图 5-12 温度前缘的拟合

(5)油藏动态预测。历史拟合后的模型不确定性降低,可以进行动态预测,包括产量和压力两方面的预测。

油藏数值模拟存在以下缺点:

(1)油藏模拟的基础在于油藏描述和生产动态,若油层参数和生产数据不准确,将导致模拟的误差,因此油田开发初期进行模拟的误差比较大。

(2)有时需要求解相当复杂的数学物理方程,给油田开发的实际计算和理论研究带来了不便。

(3)建立油藏数值模型时具有许多的假设条件,因此与实际油藏有较大的误差。

很好地分析油藏动态,是科学合理开发油田的前提。因油藏是一个庞大的复杂非线性系统,要分析的因素很多,各因素之间的影响关系也很复杂,需要寻找更好地反映油藏特性的分析建模方法。

二、火驱动态效果预测

Z408 块为普通稠油油藏(图 5-13)。Z408 主力油层为沙三上,油层厚度一般 10~30m。整体构造表现为由东北向西南倾没的鼻状构造,属高孔中渗储层,黏土含量平均 12.2%,为中-强水敏储层。本区原油密度一般 $0.95~0.99g/cm^3$,原油黏度一般 1000~6000mPa·s。

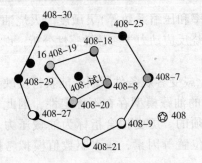

图 5-13 Z408 块火烧油层试验井组

(一)数值模拟方法

通过数值模拟,能够预测出火烧油层的生产动态指标,而且可以得出其温度场、压力场及饱和度场的不同时间的分布,从而得到油藏动态变化。数值模拟能够为现场调整操作参数提供可靠依据。

火烧油层数值模拟生产动态预测需要前期的燃烧管模型的物模实验,为数模提供点火温度、最高燃烧温度的定量值和火驱前缘的渗流特性的定性描述、初始参数(如生成焦炭的门限温度)等,并要求现场取全取准生产井产量、流体性质、压力、温度等动态资料。建模过程也比较复杂，且掌握起来比较困难，操作不便。

（二）灰色组合模型

一般情况下，对于给定的原始数据列，多为随机的、无规律的明显摆动。若将原始数据列经过一次累加生成，可获得新的单调增长数据列，增强了原始数列的规律性，而随机性被弱化了。因此，选择累积产油量作为建模和预测对象。

灰色组合预测模型是用灰色模型确定数据序列中的趋势项 d_t 之后，再对剩下的残差序列 $\{\zeta_t\}$ 建立 ARMA 模型，由灰色模型和时序 AR 模型构成的组合模型为：

$$x_t = d_t + \varepsilon_t = (-ax_1 + u)\exp[-a(t-1)] + \sum_{i=1}^{n}\varphi_i \varepsilon_{t-i} + \zeta_t \qquad (5-27)$$

得到 Z408 块的火烧油层驱油动态灰色组合预测模型：

$$x^{(0)}(t+1) = 634.48e^{0.07588t} + 1.0546x^{(0)}(t) - 8.3891 \quad t = 0, 1, 2, \cdots, 33 \qquad (5-28)$$

对比灰色理论、AR 及所建的灰色理论组合预测模型的拟合结果可以看出，虽然单独用 AR 模型拟合的相对误差也比较小（2.34%），但灰色理论组合模型同时考虑了趋势项和随机项，其拟合结果更为可信。

所建的火烧油层生产动态预测灰色理论组合模型，对 2004 年 10 月～2005 年 1 月 Z408 块试 1 井组的累积产量进行预测，与真实生产数据对比，相对误差在 2% 以内，预测精度较高，能够满足现场需要。

（三）支持向量机方法

火烧油层是一个多因素、多层次的复杂系统，影响生产动态的因素很多。火烧油层驱油动态预测应是针对某一油藏及其流体性质，进行火烧油层现场试验能否成功来判断，并且能够预测其生产动态，用以调整开发方案。

支持向量机是一种基于小样本运算的统计学习方法，通过选取不同的核函数及其参数，对比实际值和计算值的差异，最终选取满意组合进行未来时间步的预测。

对 Z408 块自 2003 年 9 月～2005 年 1 月的产油量作为预测指标，对其时间序列 $\{q_1, q_2, \cdots, q_N\}$ 建模，将其分成两部分，其中 2003 年 9 月～2004 年 9 月的数据用来训练预测器的结构确定，其余的 2004 年 10 月～2005 年 1 月的数据用来验证模型的有效性。多项式核函数预测精度要高些，核函数不同的支持向量机分类器的分类结果接近，说明 SVM 分类器具有良好的稳健性。火烧油层的开发方案可以根据此 SVM 模型提供的预测结果，进行有效调整。

（四）火驱生产动态预测效果对比

从 Z408 块火烧油层生产动态的三种方法预测结果看，三种方法中，油藏数值模拟方法井组的累积产油和累积产水拟合误差在 5% 以内，单井累计产油和累积产水拟合误差在 10% 以内。井组累积产液量的预测误差为 1.35%。通过数值模拟，能够预测出火烧油层的生产动态指标，而且可以得出其温度场、压力场及饱和度场在不同时间的分布，得到油藏动态变化。数值模拟的前期建模工作量大，如燃烧管模型的物理模拟实验，并要求现场取全取准生产井产量、流体性质、压力、温度等动态资料。建模过程也是比较复杂。

图 5-14 为不同预测模型预测效果对比。

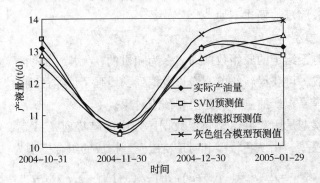

图 5-14　不同预测模型预测效果对比

所建的火烧油层生产动态预测灰色理论组合模型，建模过程最为简单，累积产量进行预测相对误差在 2% 以内，比油藏数值模拟的误差稍大，但也能够满足现场需要。

支持向量机预测模型拟合最大相对误差都在 6% 以内；预测最大相对误差不超过 10%，实际最大相对误差在 2.2% 之内，完全满足火烧油层生产动态预测的需要，是预测误差最小的模型，但其建模过程较灰色组合模型复杂，参数选取依靠试算。

第六章 火驱矿场燃烧监测与特征评价方法

常规的监测方法有产出流体取样、动态分析、开发井压力测试、观察井的井底流压/温测试等。更深入的监测需要打观察井、钻井取心,甚至四维地震。而火驱矿场所具备的监测手段和技术往往难以满足矿场油藏管理的需要,其中巨大的投入是一个重要原因,如何找到一种低投入、高效率的动态监测方法也是火驱研究的一个重要方向。

第一节 火驱生产特征及分析

实验室进行火驱实验可以得到燃烧状态和区带推进情况,因为燃烧管驱替实验可以通过温度、压力的加密监测和瞬间灭火等技术进行火驱的静态刻画区带,而矿场火线是动态发展的,监测点和监测量大大受限,对燃烧和驱油的评价也仅限于生产数据,这显然是不够的。火驱机理研究广泛结合矿场监测数据,深入分析才能解释现场燃烧和驱油的问题(图6-1)。

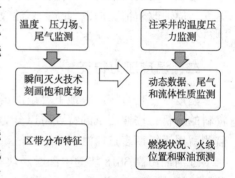

图6-1 室内实验监测评价技术与矿场监测手段

一、火驱生产规律

火驱生产的特殊性来自不断向生产井推进的燃烧前缘,在此过程中生产井的产量变化、尾气组成等都呈现明显的阶段性。根据火驱开发特点,前人把火驱开发阶段划分为烟道气驱、产量上升、高温稳产、氧气突破四个阶段(图6-2)。

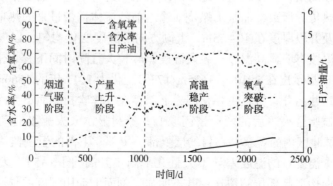

图6-2 注蒸汽后转火驱见效模式图

对于蒸汽吞吐后实施火驱的油藏,由于油藏中复杂的油水关系进一步加剧了生产阶段的特殊性。以新疆红浅火驱试验区为例,红浅先导试验区在经历4年生产后,整体处于高产稳产阶段。先期点火井组hH00×、hH01×燃烧前缘已经推进到离生产井10~15m范围内,但通过气体组分监测及生产数据分析显示，目前生产井并没有出现氧气含量迅速上升的现象，而是表现出高温、高含水特征。因此，修正了火驱生产阶段划分，将注蒸汽开发后的油层火驱生产阶段分为排水、上产、稳产、高温高含水及氧气突破五个阶段（图6-3），火驱生产中达到第四阶段后，加强监测，控制注气量或采取控关措施，避免发生氧气突破及各类安全事故。

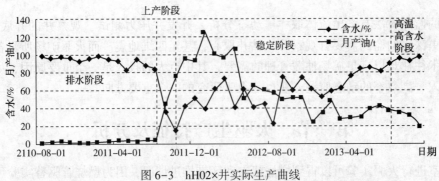

图6-3 hH02×井实际生产曲线

对油田火线效果的分析主要集中在火驱的燃烧效果和驱油效果，燃烧效果可以通过监测尾气、原油改质情况加以判断，驱油效果可以通过生产井产量变化、见效的均匀程度等方面进行分析。

二、温度压力特征

温度变化是直接反映地下燃烧的证据，所以火驱现场试验比较关注测温井的布置和测温资料的分析，按照测试的特点可以分为长期监测和短期监测两种类型。辽河高3618块温度监测就属于短期多点监测，新疆红浅试验区的温度监测方式为长期监测。

辽河油田高3618块为中深厚层块状、单斜构造地层，具有一定倾角、中-高孔中-高渗储层，原油黏度3800mPa·s，属于常规稠油。自2008年5月开始，高3618块在中部率先开展火驱现场试验，设置注气井4口，生产井30口（开井14口），观察井5口。对监测井和生产井进行井温剖面测试，可以较清晰地了解地下火驱运行状态，需要指出的是生产井底升温并非燃烧前缘的热传导所致，而是由燃烧前缘之前的流体携带过来的热量。

纵向上温度波及井段厚度在10~55m。上倾方向的温度变化均匀，以气体和蒸汽携热为主。下倾方向的井温段有明显高温段，各段温度差异较大且随时间下移（图6-4）。高35015××井的井温剖面测试显示出在2010年1675m/173℃变化为2011年的1666m/195℃，高温井段向下扩展了50m。井温分布特点主要是因为上部存在气体吹扫，而下部冷流体积存导致。

新疆红浅火驱试验区火驱后的两口密闭取心井资料显示，火驱纵向动用程度可以达到80%以上。另外，试验区内的观察井在目的层上部、中部、下部的温度监测结果显示，在火线推进过程中，三个温度点的温度差异不大且几乎同步升高（图6-5），表明在地层倾角不大的情况下，气体向构造高部位超覆作用并不明显，剖面上动用程度差异不大。

通过这两个火驱试验区温度剖面的对比可以发现，油层厚度对火线的纵向波及影响较大，新疆红浅油层厚度小于10m，纵向波及相对均匀，而辽河高3618块油层厚度98m，明显见到温度升高段在10m左右。可见，在火驱目标区块筛选时，需要仔细考虑油层厚度是否在合适的范围内。

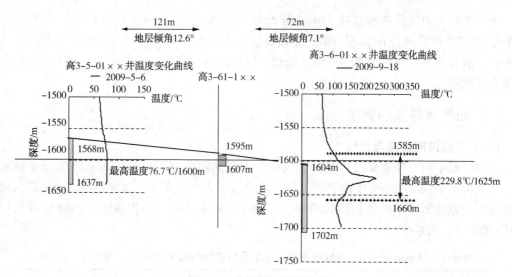

图 6-4　井温剖面监测结果

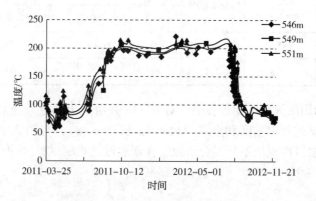

图 6-5　观察井 h20××井温度曲线

目前,文献中很少涉及火驱过程中压力监测及分析,但是压力监测能给研究者提供一个全新的视角。新疆红浅试验区在长期监测注入压力后发现了两个燃烧腔从相互独立到连为一体的证据(图 6-6),给判断线性火驱燃烧腔发展提供了非常有效的研究手段。

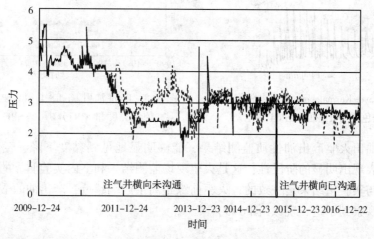

图 6-6　红浅试验区注入压力监测结果

生产井的压力变化能够直接影响火驱产量,辽河杜 66 试验区就发现地层压力每升高 1MPa,生产井产量就会有 1t 左右的产量提高。注入压力波动会带来注气量的变化,如果在生产井上能够观察到同样形态的产气量变化,说明这两口井的连通性好,这对火驱动态分析是很有帮助的。

三、油气水性质的变化

(一) 产出油的监测与分析

火驱过程中的一项重要反应是裂解反应,即在高温作用下原油中重质组分分子键被破坏、分裂成 2 个或多个小分子链轻质组分,宏观表现为原油密度、黏度不同程度降低,微观主要表现为原油短分子链正构烷烃增多,Mordovo-Karmalskoyr 油田火驱产油就呈现这样的规律(表 6-1、图 6-7)。

表 6-1 Mordovo-Karmalskoye 油田火驱前后原油物理化学性质对比(据 SPE 64728)

项 目	20℃时密度/ (g/cm^3)	50℃动力黏度/ (mm^2/sec)	焦炭质量/%	馏分组成(质量)/%			组分组成(质量)/%		
				<200℃	200-350℃	>350℃	焦油	沥青	硫
火驱前	0.9412	145.8	8.3	50	20.4	74.6	26.9	6.0	4.69
火驱后	0.8923	16.3	3.8	19	41.2	39.8	10.6	1.9	2.62

在印度 Balol 油田的火驱试验过程中,对 IC-18 井组产出油进行油品质量分析,结果发现产出油在整个火驱过程中黏度和重度变化不明显(图 6-8),与实验室内规律不同。这是由于改质油和原始油区内原油不断混合所致。在新疆红浅火驱试验区的产出油中也同样发现了这一现象。

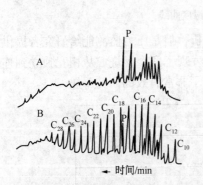

图 6-7 Mordovo-Karmalskoyr 油田火驱前后原油全烃色谱对比(据 SPE 64728)

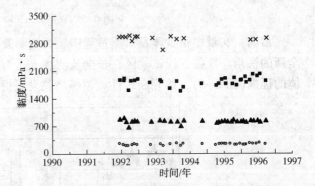

图 6-8 Balol 油田 IC-18 井组火驱全过程产出原油黏度和 API°分析(据 SPE 37547)

分析众多油田火驱产出油性质监测结果,能够明显地见到黏度下降、轻组分增加的特征,但是没有表现出明显的阶段性,这是火驱现场监测结果和室内实验明显的不同。原油酸值的变化规律与实验室结果是一致的,火驱前缘距离生产端越近,产出油的酸值越高,在新疆红浅试验区观察到了这一现象(图 6-9)。

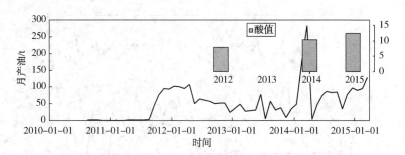

图 6-9　红浅 1 试验区 hH02×井原油酸值变化特征

(二) 产出尾气组分的变化

产出燃烧尾气是火驱主要特征,一般正常情况下,从火驱生产井和观察井采出的气体中,O_2 含量为 0%~2%;CO_2 含量一般为 10%~20%,最高可达到 25%;CO 含量一般为 1%~2%。作为一种从无到有的气体,CO_2 在尾气组成中的含量变化在一定程度上反映了地下的燃烧情况。根据气体产物成分的变化(如氧气含量减少、二氧化碳和一氧化碳的出现),及注入井、观察井和生产井中温度的变化可判断油层中发生的各种氧化过程。

在印度 Balol 油田的火驱试验过程中,对 IC-18 井组产出气体组分进行了全程跟踪。在火驱的初始阶段(1992 年前),CO_2 呈现上升趋势,最高达到 20% 以上,最终维持在 15% 左右,O_2 含量始终保持在较低水平(图 6-10)。

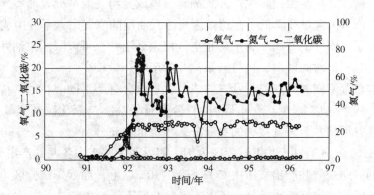

图 6-10　Balol 油田 IC-18 井组产出气体组分分析(据 SPE 37547)

单纯依靠 CO_2 含量不能准确反映地下燃烧的状态,一般要借助假设的反应式对产出气体进行组合运算,一般的高温氧化燃烧标准有:氧气利用率大于 85%;CO_2 含量大于 10%;视 H/C 比在 1~3,气体指数 GI>0.6。

气体指数(GI)体现了实际产出废气和理论产出废气之间的比值,在火烧油层的初始阶段,因为没有生成 CO_2,所以 GI=0;随着化学反应的进行,GI 值逐渐增大,在火烧油层稳定燃烧阶段,产出端气体指数 GI 会趋近于某一定值;在火烧油层的结束阶段,气体指数 GI 会逐渐下降到 0。可以简单地认为,GI 增大过程是火烧油层点燃阶段,GI 减小阶段是火烧油层熄灭阶段。

单井 GI 值阶段性明显(图 6-11):呈现先见 CO_2,后见油的特征,而且 GI 稳定在 0.6 以上能指示高温燃烧(表 6-2)。

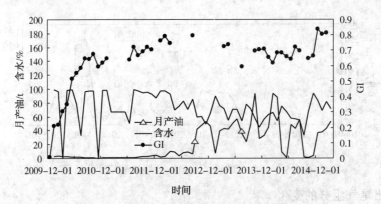

图 6-11 hH0××单井产量与 GI 检测结果

表 6-2 GI 值与单井产量存在相关性

GI 范围	燃烧阶段	生产特征
0<GI<0.6	点火燃烧启动	含水稳定，产量略升；烟道气驱作用阶段
0.6<GI<1.0	高温燃烧	产量上升，高温稳产阶段

以上规律适用于大多数情况，但应根据油田现场实际情况合理应用。例如：

（1）在某些阶段，可能会出现生产井观测到气体成分与一般情况有所差异的现象，如氧气含量提高了，而 CO_2 含量却降低了。这是因为注入油层的空气窜入了井中或者燃烧前缘和纯净的空气通过了观察井的井底。为了防止空气窜入采油井，可以限制采油井的产量或者暂时关闭采油井。过一定时间以后，再打开采油井生产时产量较高。

（2）当井的位置不同时，产气量及气体成分含量也会有所不同。在通常情况下，距注气井较近的生产井的产气量大，且氧气所占的百分含量较高，二氧化碳及氮气的百分含量较高，即距离注气井近的井与氧气接触的更充分，燃烧也更充分。

以辽河的杜 66 火驱项目 6 井组试验区为例，测得同一井组中各井的产出气体含量显示，处于井组内部的多向受效井产出气体中 CO_2 普遍在 10% 以上，而处于试验区边缘的生产井就出现 CO_2 含量偏低，产气量低的现象，所以到了试验区火驱的中后期，一定要考虑扩大试验区，把边缘部位的井包围进试验区内部，这种逐步滚动的开发方式，既能积累火驱开发经验，也能避免前期基础设施投入过大的风险。

（三）产出水性质的变化

火驱后发生明显的岩矿迁移，高岭石转为伊利石、蒙脱石。高温地层水不断冲刷地层中的矿物，使得产出水的矿化度会比火驱前要高。实验室内的规律与油田火驱现场现象并不完全符合，如印度 Balol 油田 IC-18 井组的产出水分析结果表明，在整个记录过程中，pH 值没有明显变化，矿化度也基本维持不变（图 6-12）。

经过对红浅火驱前后产出水矿化度的分析，发现其总矿化度上升至火驱前的 1.73 倍（图 6-13），主要体现在钙镁离子含量的上升（表 6-3）。红浅火驱产出水性质变化规律同国外火驱油田一致，伴随着火驱推进，产出水性质没有出现持续的规律性趋势变化，与火驱阶段性关联差。

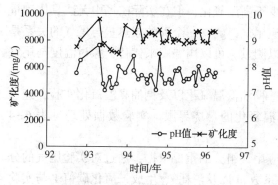 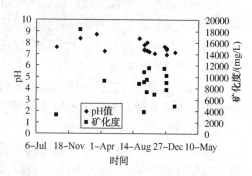

图 6-12　Balol 油田 IC-18 井组产出水性质分析(据 SPE 37547)

图 6-13　红浅火驱试验区产水性质变化

表 6-3　地层产出水矿化度及主要离子含量对比表

	矿化度/(mg/L)	阴离子		阳离子	
		HCO_3^-	Cl^-	Ca^{2+}	Mg^{2+}
火驱前	5435	1520	2445	39.84	21
火驱后	9395	2040	3786	142	61
升高倍数	1.73	1.34	1.55	3.56	2.90

四、基于尾气的地下氧化状态分析

(一) 利用尾气判断氧化状态

注空气开发一直存在着如何判断地层氧化状态的问题。关于燃烧界限判据做过很多研究，但一直没有建立一个统一的判断方法，但在实际矿场应用中一直有个共识，就是利用尾气来判断氧化状态，下面我们就来讨论一下尾气作为判据来判断氧化状态。

高温(>350℃)条件下只发生完全燃烧和不完全燃烧，这些反应导致碳氢键被破坏，生成 CO_2、CO 和 H_2O，即断键反应；在低温条件下，导致氧原子和碳氢化合物连接，羧酸、醛、酮、醇或过氧化氢部分氧化会生成大量的氧化物和水，但几乎没有 CO_2 和 CO 产生，即加氧反应。

在一般氧化中，碳链长的烃易被氧化。因此，可假设原油中的重质组分 C_nH_{2n+2} ($n \geqslant 10$) 与 O_2 发生氧化反应，故氧化反应可表示为：

$$C_nH_{2n+2} + mO_2 \longrightarrow \frac{2m-1}{2}CO_2 + H_2O + C_{n-1}H_{2n}$$

高温氧化反应温度很高(>350℃)，反应生成 CO_2、CO 和 H_2O，而低温氧化反应一开始温度很低(<100℃)，反应开始产生少量 CO_2，随着反应的进行，温度逐渐增高，CO_2 含量逐渐增高。所以，低温氧化与高温氧化反应在尾气组分及尾气含量上就有很大区别。但是，一般认为低温氧化和高温氧化的区别在于放热量的不同。氧化反应中，氧与其他原子结合生成新的键，是放热反应，氧化消耗 1mol 氧释放的热量为 293.0~439.5kJ，不同氧化反应释放的热量不同，完全燃烧或生成羧酸释放的热量为 439.5kJ/mol；形成一氧化碳、醛和酮释放热量为 355.8~376.7kJ/mol；形成醇的释放热量 293.0~376.7kJ/mol。

氧化反应中,低温氧化反应放出热量远远少于高温氧化,但在实际矿场中无法具体测量油层反应放热情况,能判断反应状况的只有反应尾气,建立一个反映放热量与尾气的关系是判断油藏反应状态的关键。由于反应放热量难以测量,可以用温度来代替,探讨温度与尾气各组分含量之间的关系。

通过室内的稀油低温氧化、稀油高温氧化、稠油低温氧化以及稠油高温氧化实验,经过对实验数据的处理,来分析不同油品低温、高温氧化的燃烧界限。实验数据处理见表6-4(m 为氧化反应式中 O_2 的系数)。

氧化反应方程式中各组分的比例关系是反应尾气组分的重要依据,通过对实验尾气的分析,我们计算出了不同实验的氧化反应式中 O_2 系数 m 以及消耗氧/生成二氧化碳值 Y 与实验温度的统计表,见表6-4。

表6-4 不同实验温度与 m 和消耗氧/生成二氧化碳值

实 验	温度/℃	m 值	消耗 O_2/生成 CO_2 值 Y
稀油低温氧化	91.5~250	0.52~0.9	2.26~30.12
稀油高温氧化	470~510	1.24~1.53	1.49~1.68
稠油低温氧化	100~200	0.57~0.65	4.25~8.45
稠油高温氧化	350~643	1.29~2.24	1.29~1.63

在氧化反应式中,设有 m 份的氧参与反应,经方程式配平可以得到生成的 CO_2 份数,由尾气中的气体组分可以得到生成 CO_2 含量和折算出消耗氧含量,进而求出消耗氧/生成二氧化碳值与 m 值。由表6-4可以看出:

(1) 高温氧化反应温度>350℃,低温氧化反应温度<350℃。

(2) 原油在低温氧化时 m 值小于1,在0.5~0.9,而高温氧化 m 值大于1,在1~2.3。稀油低温氧化 m 值在0.5~0.9,稀油高温氧化 m 值在1.2~1.5。稠油低温氧化 m 值在0.5~0.65,稠油高温氧化值在1.2~2.3,但稀油与稠油的低温氧化或高温氧化仍旧无法区分。

(3) 对于消耗氧/生成二氧化碳值,低温氧化时大于2,在2~30,而高温氧化时小于2,在1.2~1.7。稀油低温氧化 m 值在2~30,高温氧化值在1.4~1.7。稠油低温氧化 m 值在4~8.5,高温氧化值在1.2~1.65,但稀油与稠油的低温氧化或高温氧化无法区分。

可以看出,氧化反应 m 值与反应温度成正比关系,而消耗氧/生成二氧化碳值与反应温度成反比关系。下面将氧化实验消耗 O_2/生成 CO_2 值与实验温度做散点图来进行比较(图6-14)。

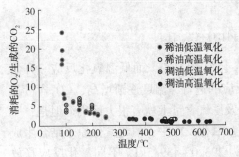

图6-14 氧化实验温度与消耗 O_2/生成 CO_2 比散点图

从图6-14中可以看出来,氧化反应中消耗 O_2/生成 CO_2 的值 Y 有着明显的阶段性差异。

在实验温度小于150℃时,稀油的比值 Y 高于稠油,此阶段稀油低温氧化氧气消耗量小,氧化反应速率低于稠油。

实验温度在150~300℃时,稀油低温氧化 O_2/CO_2 比值 Y 低于稠油低温氧化,此阶段稀油低温氧化氧气消耗量较稠油高温氧化多,氧化反应速率大于稠油低温氧化。

实验温度大于300℃,能够看到稀油低温氧化

O_2/CO_2 比值 Y 略高于稠油低温氧化,此阶段稀油高温氧化氧气消耗、氧化反应速率等与稠油高温氧化相当。

这说明在低温氧化过程中,150℃是一个分界点,跨越这一温度点时,稀油低温氧化会由慢转快,氧利用率升高。而稠油低温氧化则正相反。从整体上来看,低温氧化反应氧利用率低,Y 值较高且与温度呈反比关系。所以,尾气含量与温度即放热量之间存在相关性,利用尾气来判断氧化反应状态是可行的。

(二)实验尾气与各判据的相关性

原油氧化反应产出的气体主要有 N_2、O_2、CO_2、CO 等气体,其中 N_2 是不参加反应的,O_2 是原油氧化过程中的氧化剂,参与氧化反应生成 CO_2 气体。通过尾气分析可以反映出氧化反应状态,讨论氧化反应实验中消耗 O_2/生成 CO_2 值与氧利用率、GI 指数、N_2/CO_2,以及视 H/C 原子比相关性,可以建立一个尾气判断氧化标准。

1. 与氧利用率的相关性分析

氧利用率是消耗氧与总氧之比,而氧化反应能直接测得的数据只有反应产出的气体含量,可以利用产出气体来表示氧化反应氧利用率。

由不完全燃烧反应式可知,低温氧化时随着反应的进行,消耗 O_2/生成 CO_2 值趋于 1,在高温氧化反应中,温度一直处于高温状态,氧利用率高,反应生成 CO_2,由完全燃烧化学反应可知,消耗 O_2/生成 CO_2 值趋于 1.5。

由氧化反应过程和氧利用率反应公式可知,低温氧化,反应刚开始时,由于实验温度较低,耗氧量少,原油的氧利用率很低,反应几乎不生成 CO_2 或生成量很少,消耗 O_2/生成 CO_2 比值较大;随着反应的进行,温度逐渐升高,耗氧量增加,氧利用率上升,反应生成 CO_2 含量增加,消耗 O_2/生成 CO_2 比值减小。高温氧化反应,反应温度高,耗氧量大,氧利用率大,反应生成 CO_2 含量大,消耗 O_2/生成 CO_2 比值较小。这说明氧利用率随温度的上升而增大,消耗 O_2/生成 CO_2 比值随之减小,所以氧利用率与消耗 O_2/生成 CO_2 比值呈反比相关性。

根据氧利用率与消耗 O_2/生成 CO_2 比值呈反比相关性,拟合乘幂曲线,如图 6-15 所示。

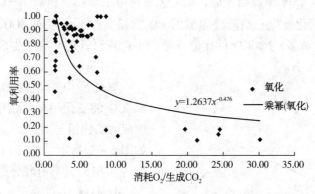

图 6-15 消耗 O_2/生成 CO_2 与氧利用率的相关性

从拟合的效果上来看,氧化过程中氧利用率与消耗 O_2/生成 CO_2 比值的相关系数为 0.4095,相关性并不强。

2. 与 GI 指数的相关性分析

GI 指数是表征氧化反应中生成 CO_2 与消耗氧的比值关系。因为 N_2 不参与反应,将 N_2 含量作为指示成分，表示出 O_2 的总量，而尾气组分中的 CO_2 和 CO 作为氧化的产物。注入空气中 O_2 与 N_2 的体积之比为 0.265，所以给 N_2 前乘以 0.265，将 N_2 含量折算成注入空气中的 O_2 含量，即 GI 指数为：

$$GI = \frac{CO_2}{0.265N_2 - O_2} \qquad (6-1)$$

由式(6-1)可知，在低温氧化反应开始时，生成 CO_2 含量少，GI 指数小，随着反应的进行，CO_2 含量上升，GI 指数也随之增高；高温氧化生成大量 CO_2，GI 指数相对较高。这与消耗 O_2/生成 CO_2 值趋势刚好相反，所以 GI 指数与消耗 O_2/生成 CO_2 值大致呈反比关系。这也可以从计算 GI 指数的公式中获得，GI 指数计算值应该是与消耗 O_2/生成 CO_2 值刚好互为倒数，呈反比关系。

根据 GI 指数与消耗 O_2/生成 CO_2 值的反比关系，在散点分布趋势图中拟合出相关性较强的幂乘曲线(图 6-16)，乘幂曲线相关性系数为 0.9188，这也说明乘幂曲线的相关性非常强。

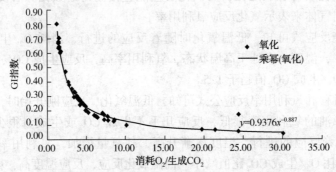

图 6-16　消耗 O_2/生成 CO_2 与 GI 指数的相关性

3. 与 N_2/CO_2 的相关性分析

因为在氧化反应中 N_2 不参与反应，而 CO_2 是反应生成物，所以 N_2/CO_2 是描述反应进程的一种参考。低温氧化反应开始阶段生成的 CO_2 含量很少，所以 N_2/CO_2 的比值很大，随着反应进行，CO_2 含量增多，N_2/CO_2 的比值逐渐变小；高温氧化反应中生成大量的 CO_2，因此 N_2/CO_2 的比值相对较小。

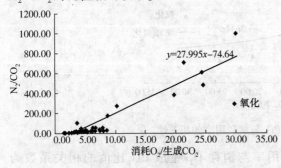

图 6-17　消耗 O_2/生成 CO_2 与 N_2/CO_2 的相关性

氧化反应中消耗 O_2/生成 CO_2 比值与 N_2/CO_2 的变化趋势大致相同，所以消耗 O_2/生成 CO_2 比值与 N_2/CO_2 的关系大致呈线性。如图 6-17 所示，拟合出的线性直线相关系数为 0.8757，具有较强的线性相关性。

4. 与视 H/C 原子比的相关性分析

气体视 H/C 原子比也可称作当量氢碳原子比，之所以被称为"视"或"当量"H/C 原子比，是因为该定义只考虑高温氧化(燃烧)反应，不考虑低温氧化反应，不考虑油层矿物质和水的化学反应，认为是氧与有机燃料的反应，结果生成 CO、CO_2 和 H_2O 等基本反应产物。实际上并非如此，因此由化学反应的化学计算式只是近似地反映了包括氧、碳和氢的反应，称为"视"或"当量"H/C 原子比。

可按高温氧化反应(全部的 O_2 都消耗生成了 CO_2 和 CO，所有不在 CO_2 和 CO 中的氧均在氢燃烧生成的水中，求取视 H/C 原子比 X，该方法是将反应的氢原子用尾气中的 O_2、CO_2 和 CO 来表示，用氢的含量比碳的含量，则 X 为：

$$X = \frac{106 - 3.06CO - 5.06(CO_2 + O_2)}{CO_2 + CO} \tag{6-2}$$

根据视 H/C 原子比的计算公式可知，在低温氧化反应开始阶段生成的 CO_2 含量很少，所以视 H/C 原子比值相对较大，随着反应进行，生成 CO_2 含量增多，X 值逐渐变小；高温氧化反应中生成大量的 CO_2，因此视 H/C 原子比值相对较小。氧化反应消耗 O_2/生成 CO_2 值与视 H/C 原子比随反应进行的变化趋势大致相同，这说明两者之间大致存有相关关系。

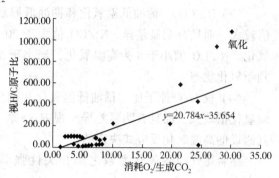

图 6-18　消耗 O_2/生成 CO_2 与视 H/C 原子比的相关性

根据消耗 O_2/生成 CO_2 比值与视 H/C 原子比的直线相关关系，如图 6-18 所示，拟合直线的线性相关系数为 0.5998，线性相关强度一般。

5. 分析与总结

由以上四点分析可以知道，消耗 O_2/生成 CO_2 比值与各氧化参数大都呈正比或反比的关系，但拟合曲线相关性系数差异很大。其中，与氧利用率的幂乘曲线相关系数为 0.4095，与 GI 指数的幂乘曲线相关系数为 0.9188，与 N_2/CO_2 的线性相关系数为 0.8757，与视 H/C 原子比的线性相关系数为 0.5998。因此，通过对比各个参数与消耗氧/生成二氧化碳之间的相关性系数，得出关系：GI 指数 > N_2/CO_2 > 视 H/C 原子比 > 氧利用率。

(三) 氧化状态判据

根据稀油和稠油高温氧化、低温氧化实验，对比不同实验的氧利用率、GI 指数、N_2/CO_2 以及视 H/C 原子比参数，利用实验参数值结合与尾气的相关性强弱作为氧化实验状态的判据。表 6-5 即为稀油和稠油高温氧化、低温氧化下的参数范围。

表 6-5　原油氧化实验尾气判断氧化状态依据

类型	指标	低温氧化	高温氧化
稀油	氧利用率	0.11~0.95	1
	GI 指数	0.03~0.47	0.6~0.68
	N_2/CO_2	8.94~997.48	5.59~6.31
	视 H/C 原子比	25.63~1089.22	0.99~1.59
稠油	氧利用率	0.85~1	0.46~0.96
	GI 指数	0.12~0.24	0.51~1
	N_2/CO_2	25.94~58.77	3.6~12.89
	视 H/C 原子比	12~28.66	0.37~2.32

由表 6-5 可以看出：

（1）氧利用率。在低温氧化和高温氧化实验中没有明显的界线，但从表中数据可以看出，当氧利用率小于 0.4 时，可以判断是稀油的低温氧化，当氧利用率一直是 1 时，可判断是稀油高温氧化。

（2）GI 指数。稀油低温氧化和稠油低温氧化值相较于稀油高温氧化和稠油的高温氧化值相对较小。GI 指数可以用来判断氧化状态。

（3）N_2/CO_2。稀油低温氧化和稠油低温氧化值相较于稀油高温氧化和稠油的高温氧化值较大，而且有明显差异。N_2/CO_2 值大于 20 为低温氧化，当大于 60 时可认为是稀油低温氧化。N_2/CO_2 值小于 8 为高温氧化，当小于 5 时可认为是稠油高温氧化。N_2/CO_2 可以用来判断氧化状态。

（4）视 H/C 原子比。稀油低温氧化和稠油低温氧化值相较于稀油高温氧化和稠油的高温氧化值较大，而且有明显差异。视 H/C 原子比可以用来判断稠油高温氧化状态，这是由其假设的高温氧化反应式决定的。

结合尾气与各氧化参数之间相关性强弱关系，这里给出一个氧化判据参考表 6-6，如下：

表 6-6 氧化判据参考表

氧化参数	低温氧化	高温氧化	效果
氧利用率	0.1~0.95	0.45~1	差
GI 指数	<0.6	>0.6	好
N_2/CO_2	>9	3~9	较好
视 H/C 原子比	>12	<2.5	较好

五、地下燃烧区带识别

（一）基于岩心分析的地下燃烧区带分析

红浅 1 井区直井火驱先导试验区位于准噶尔盆地西北缘的红山嘴油田西北部。该区自 1991 年投产，历经蒸汽吞吐转蒸汽驱开发，于 1999 年废弃。自 2009 年开始直井火驱先导试验，是一个典型注蒸汽后转火驱开采的试验区。试验区充分利用原有井网，共部署 55 口井，火驱试验取得了明显的增产效果（图 6-19），预计可进一步提高采收率 30%以上。

直井火驱过程呈现明显的区带特征，火驱储层从空气注入端到出口端可划分为五个区带，分别为已燃区、火墙、结焦带、油墙、剩余油区。各个区带的温度、压力、压力梯度特征明显，可以利用区带间差异，在火驱矿场实践过程中，在观察井（或生产井）设置井底流温、流压测试装置，来判断地层中各个区带相对于该观察井的位置，从而判断燃

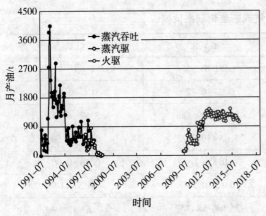

图 6-19 先导试验区全生命周期产油曲线

烧带前缘在地层中的推进情况。

为了监测地下燃烧情况，进一步研究各个区带的储层与流体高温变化特征，制定调控对策，在已燃区内进行密闭取心钻井。

根据取心井岩心识别结果，可将储层纵向划分为 5 个燃烧区带：已燃区（A-B 段）、火墙（B）、结焦带（B-C 段）、油墙（C-D 段）、剩余油区（D-E 段）（图 6-20），各区带具有不同的岩心特征：

(1) 已燃区（A-B 段）。经历了高温氧化阶段，岩心呈现砖红色。在高温燃烧过程中，当温度高于焦炭燃点（343℃），氧气会和原油中的有机燃料发生高温氧化反应，即燃烧，生成 CO、CO_2 和水等基本产物。该反应可以使碳链断裂，消耗的氧气可以用生成的氧化物来平衡，铁质矿物在氧气作用下产生铁的氧化物，呈现砖红色。

(2) 火墙（B）。火墙即燃烧前缘，本质上为一高温燃烧界面，岩心上为砖红色与黑色结焦带的分界面（图 6-21）。

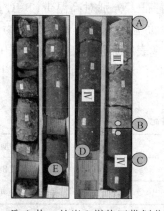

图 6-20　取心井 B 的岩心燃烧区带划分示意图

图 6-21　火墙部位岩心观察

(3) 结焦带（B-C 段）。岩心颜色较深，大量焦炭附着在岩石表面，厚度约为 10cm。

(4) 油墙（C-D 段）。岩心颜色较深，无大量焦炭富集，岩石的油浸和油斑明显，含油饱和度较高（53.2%），该段厚度约为 85cm。

(5) 剩余油区（D-E 段）。岩心颜色较结焦带（C 段）和油墙（C-D 段）略浅，岩石无明显油斑，并随着岩性的变化颜色略有变化。

（二）不同燃烧区带原油和储层高温变化特征

根据岩心观察结果，为分析储层岩石与流体的高温火烧过程中的变化特征，提取了不同燃烧区带的岩心进行了有机碳、原油组分、岩石热解与矿变系列实验。

1. 高温燃烧过程中储层内有机质变化特征

为分析高温火烧过程中，储层内流体的高温变化特征，对 B-C 段和原始段储层（D-E 段）内有机质进行了热解分析对比，结果见表 6-7。

根据热解分析结果，火墙-结焦带（B-C 段）的 S_0、S_{11} 含量仅为 1.27，而对应原始油带（D-E 段）为 16.23，表明轻质烃类在该高温段已经迁移；油墙-结焦带（B-C 段）的 S_{21}（200~350℃）段和 S_{22}（350~450℃）段热解有机碳总含量为 14.65，而对应原始油带的该温度区间热解有机碳总含量为 46.42，差异较大，表明该温度区间的重质烃类有机物在该高温段也已经迁移；油墙-结焦带(B-C 段)的 S_4(>600℃)段剩余量较大，说明该区带经历过 350℃ 以上高温产生大量结焦和高温无法迁移的沥青质渣油，不是完全的焦炭成分，属于原油和焦炭的中间体，该沉积的焦炭和渣油为维持燃烧提供燃料。

表 6-7 储集岩热解分析对比

S_0 90℃	S_{11} 200℃	S_{21} 200~350℃	S_{22} 350~450℃	S_{23} 450~600℃	S_4 剩余	备注
0.00	1.27	10.96	3.69	0.99	22.5	B-C 段
0.65	15.58	30.75	15.67	3.00	12.1	D-E 段

注：S_0 为 90℃检测的单位质量烃源岩中的烃含量；S_1 为 300℃检测的单位质量烃源岩中的烃含量；S_2(300~600℃)为检测的单位质量烃源岩中的烃含量；S_4 为单位质量烃源岩热解后的残余有机碳含量。

2. 原油高温组分变化特征

为了分析高温燃烧过程中原油的热化学变化即改质特征，分别对高温带(B-C 段)和原始油带(D-E 段)的原油进行了族组分分析。结果显示，高温带胶质沥青质含量为 40.11%(表 6-8)，远高于原始油带的胶质沥青质含量(17.4%)。表明原油高温氧化过程中的饱和烃与芳香烃向胶质和沥青质转化，并在经过高温后产生了大量焦炭和渣油，发生了燃料沉积。

表 6-8 油样族组分分析对比

油样来源	饱和烃/%	芳香烃/%	胶质/%	沥青质/%
B-C 段	40.99	19.48	30.23	9.88
D-E 段	62.6	19.9	15	2.4

3. 燃烧区带储层高温孔渗变化特征

通过对高温 B-C 段和原始油带(D-E 段)内储层进行压汞实验，揭示出储层高温燃烧过程中孔渗变化特征。由 B-C 段的岩心压汞分析得知，其孔隙度、渗透率和毛管半径均比原始油带大幅度变小(表 6-9)，分析认为是由于燃烧界面附近有较强的焦炭沉积现象，而焦炭沉积导致孔隙变小，最终使渗透率和毛管半径急剧下降。

表 6-9 高温孔渗压汞分析结果

深度/m	所在位置	孔隙度/%	渗透率/$10^{-3}\mu m^2$	毛管半径/μm
554.26	D-E 段	26.7	1170	17.40
547.74	B-C 段	20	23.3	0.63

4. 燃烧区带储层高温矿变特征

高温下，储层的矿物成分变化将导致储层内部产生大量微裂缝，有利于燃烧气源的输送以及原油的高温迁移和采出，因此高温储层矿变对火驱效果具有重要影响。为此，对火驱各区带的黏土成分进行了 XRD 谱图分析(图 6-22)。

结果表明，已燃区(A-B 段)的伊利石含量明显高于原始油带(D-E 段)，局部位置伊利石含量高达 100%(544~546m)。从 541.49~543.76m 的燃烧区顶部油层可见，随着与燃烧区越接近，储层温度逐渐升高，伊利石含量也逐渐升高，而高岭石含量略有下降。547.36～553.0m 的燃烧区下部油层也反映出同样的矿变特征，随着与燃烧区越接近，储层温度逐渐升高，伊利石含量也从 24% 逐渐升高到 66%，而高岭石含量下降更为明显，由 50% 下降到 33%。研究认为，高温下存在高岭石转化为蒙脱石，蒙脱石转化成伊利石，以及高岭石直接转化为伊利石的三种化学反应，导致黏土矿物内部伊利石含量大幅上升，黏度胶结发生变化，储层产生大量微裂缝，有利于高温燃烧稳定持续推进。

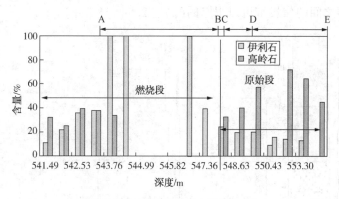

图 6-22 X 衍射与取心段对比图

高岭石→蒙脱石：

$$Al_4[Si_4O_{10}](OH)_8+E+Mg^{2+}\rightarrow E_x(H_2O)_4\{(Al_{2-x},Mg_x)_2[(Si,Al)_4O_{10}](OH)_2\} \quad (6-3)$$

高岭石→伊利石：

$$Al_4[Si_4O_{10}](OH)_8+K^+\rightarrow K_{1-x}\{Al_2[(Si_3+xAl_{1-x})_4O_{10}](OH)_2\} \quad (6-4)$$

蒙脱石→伊利石：

$$E_x(H_2O)_4\{(Al_{2-x},Mg_x)_2[(Si,Al)_4O_{10}](OH)_2\}+Al^{3+}+K^+\rightarrow$$
$$K_{1-x}\{Al_2[(Si_3+xAl_{1-x})_4O_{10}](OH)_2\}+Si^{4+} \quad (6-5)$$

（三）基于热物性和热化学性质变化的燃烧区带划分结果

根据上述火驱取心分析实验结果，得到基于储层和流体高温热物性和热化学性质变化的火驱区带划分结果，补充和完善了目前仅限于温度、压力和油饱和度的火驱各区带划分结果（表 6-10）。

表 6-10 B 井岩心火驱区带特征及描述

区段	描述	油饱和度/%	有机碳	四组分	孔渗	黏土矿物
A-B	5.64m 红砖砂砾岩段	0	—	—	高孔渗，渗透率 $2775\times10^{-3}\mu m^2$	伊利石 100%
B-C	10cm 焦炭沉积段	7.9	S_0-S_1：1.27，S_2：15.64；S_4：22.5	胶质+沥青质 40.11%	低孔渗，渗透率 $23.3\times10^{-3}\mu m^2$	伊利石>30%，高岭石<35%
C-D	85cm 黑色油斑砂砾岩段油墙	53.2	—	胶质+沥青质 9.82%	中孔渗，渗透率 $482\times10^{-3}\mu m^2$	伊利石>20%，高岭石<50%
D-E	4.4m 灰色原始油段	31.9	S_0-S_1：16.23，S_2：49.42；S_4：12.1	胶质+沥青质 17.4%	高孔渗，渗透率 $1170\times10^{-3}\mu m^2$	伊利石<15%，高岭石>50%

在火驱实践过程中，空气注入停止时，驱扫区域外的石油流入高温、燃烧区，石油的裂解产生大量的焦炭。这种现象相比较于常规注水把油推入气顶更为有害。空气需求量和空气油比的增加是直接后果；大量"焦化石"将保留在油藏中，在Suplacu油田先期ISC试验区过火面积中，这种现象由取心井的证据所证实（Carcoana等，1975）。

取心井的位置要做到最大程度地关注细节。取心井对确定波及系数的重力分离性质很重要，辅助测定燃烧体积和岩石燃料含量。图6-23显示Suplacu取心井K2和K3的结果；有时燃烧区和未燃区之间的焦炭带可以很厚的（高达2.5m，K3井）。

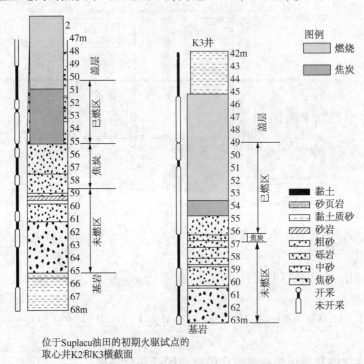

图6-23　Suplacu火驱1区取心井岩心剖面（据Conf-940450）

测量部分燃烧和未燃的区域之间的边界岩石焦炭厚度达3.5m，该焦炭沉积物量高达170kg/m³岩石（因为这个油藏比较正常积炭是35kg/m³岩石）。这些非常高的沉积炭是被频繁波动的注入压力和空气注入的频繁停工所引起的。

（四）基于原油主峰碳和轻重比的燃烧区带分析

氧化反应是火驱过程中最主要的化学反应，除了产生CO_2、CO等气体外，还生成羧酸、醛、酮、醇或过氧化物。不同频率、不同强度的红外光谱可反映不同的分子官能团的结构和相对含量。在红外光谱中，$1700cm^{-1}$表征—C═O羰基团的伸展振动峰，$1600cm^{-1}$表征芳烃骨架C═C双键的振动吸收峰，通常选用$1700cm^{-1}$频带吸收强度的变化程度反映原油氧化程度，但由于实际测量时样品涂膜浓度很难一致，故采用官能团吸收强度比值比较法——加氧程度指标（A1700/A1600）描述火驱过程中原油氧化程度，实验过程中7个样品的加氧程度变化见表6-11。

由表6-11可知：在已燃区内加氧程度无法测定，这是因为火驱已燃区内岩心几乎看不到原油，含油饱和度小于2%，原油无法抽提；在未波及区内，岩心经历的最高温度仅为

114.3℃，原油的加氧程度与原始状态基本一致，即在较低温度内(150℃以下)原油氧化反应很微弱；在火线区与结焦带内，其温度一般均高于350℃，原油的加氧程度指标可达到1.521，是未波及区的近2倍，原油氧化反应极为剧烈，即当原油加氧程度高于原始状态2倍时，可认为处于高温氧化阶段。

表6-11 火驱不同区带样品加氧程度指标变化

取样编号	取样位置	最高温度/℃	加氧程度
原样	—	20	0.655
1	已燃区	666.7	
2	已燃区	518.6	
3	火线区	508.6	1.521
4	火线区	435.7	1.341
5	结焦带	386.2	1.018
6	未波及区	114.3	0.560
7	未波及区	95.7	0.663

火驱前，原油全烃色谱中主峰碳(全烃色谱峰中质量分数最大的正构烷烃碳数)为C_{25}，呈后峰型分布，火驱后产出原油的全烃色谱中出现了丰富的低碳数系列正构烷烃和异构烃，主峰碳变为C_{13}，即火驱后的低分子烃类主要来源于原油中高分子化合物的裂解反应。全烃色谱很直观地展示了火驱前后原油正构烷烃分子分布，但仍无法定量反映火驱改质效果，结合有机地球化学分析技术，提出了主峰碳和轻重比($\sum 21^-/\sum 22^+$)2项火驱燃烧状态判识指标。表6-12为实验过程中7个样品的主峰碳、轻重比数值。由表6-12可知：火线区内(3号、4号)，原油主峰碳前移，由25降至13，轻质组分增多，轻重比由0.77增至1.53，即温度越高，原油改质效果越好；在结焦带内因焦炭不断生成，原油聚合导致重质组分不断增多，其主峰碳后移，轻重比降低；在未波及区内，由于温度较低，各种反应都很微弱，原油分子链结构没有太大改变，即主峰碳、轻重比指标与原始条件一致。

表6-12 火驱不同区带样品主峰碳、轻重比数据

取样编号	取样位置	最高温度/℃	主峰碳	轻重比
原样	—	20	25	0.77
1	已燃区	666.7	—	—
2	已燃区	518.6	—	—
3	火线区	508.6	13	1.80
4	火线区	435.7	13	1.53
5	结焦区	386.2	29	0.63
6	未波及区	114.3	25	0.77
7	未波及区	95.7	25	0.77

D66块油藏埋深为800~1200m，50℃地面脱气原油黏度为300~2800mPa·s，为中孔、中渗薄互层普通稠油油藏。2005年，在6个井组开展火驱先导试验，开井率大幅提高，油

藏温度及压力具有上升趋势，取得了明显的增油效果。K039取心井是先导试验区最早实施的火驱井，平面距原注气井为20~35m，纵向取心井段为上层系的35~50m。为了认识多层火驱燃烧特征及纵向波及状况，利用室内建立的评价指标对取心井进行燃烧状态判识分析。K039取心井纵向上高温氧化波及特征如图6-24所示。

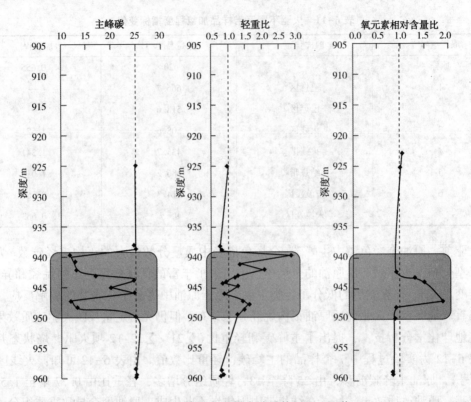

图6-24　火驱高温氧化纵向波及特征（K039井）

由图6-24可知，在埋深为939.1~950.6m处火驱高温氧化判识指标发生明显变化，主峰碳由原始状态的25最多降至13，发生明显前移；轻重比较原始状态增大，最大值接近3.00；加氧程度也较原始状态增大1倍。上述指标变化特征可判定在埋深为939.1~950.6m处发生了高温氧化反应。该深度范围在杜66块火驱目的层（杜家台上层系）之杜12、杜13砂岩组，且以杜13为主，动用程度占火驱主力层段的40.3%。综合分析认为，该区域还具有较大的调整潜力。

在ISC过程结束时，在已燃区钻取心井得到的信息是非常有用的；中子测井和感应测井也可以表示已燃部分的厚度（图6-25），一般位于朝向该层的顶部。这一认识对通过生产井测井来认识火驱纵向波及很有帮助，如果进一步研究岩石性质和火驱纵向波及之间的关系，对火驱生产井的射孔也可以起到指导作用。

六、火驱系统的监测

燃烧过程的监测和监测程序的设计必须考虑该过程中涉及的所有子系统。通常可以分为注入、储层和生产三个系统。

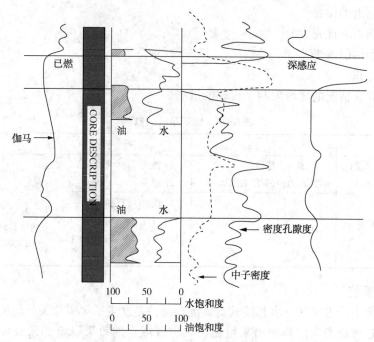

图 6-25 NPR-3 油田燃烧区岩心-测井曲线相关性(据 P. S. Sarathi, 1994)

(一) 注入系统

该系统由压缩机、压缩流体的分注管线和注入井组成。在这一点上,监测(表 6-13)的主要目标是保证:

(1) 压缩系统的有效运行。
(2) 所需空气注入量。
(3) 所需的注水量(湿式燃烧)。
(4) 足够的注入压力。
(5) 永久控制腐蚀。

表 6-13 注入系统的监测

监测点	监测点	工具	频率	追踪
注入井	1. 油层温度; 2. 注空气量; 3. 供水量; 4. 注入压力; 5. 腐蚀	1. 光纤温度传感器; 2、3. 流量计; 4. 压力传感器; 5. 试片	1. 最初要每天或每周读取; 2、3. 每天 4. 每天 5. 每 9 个月检查一次,依流体而定	1. 注入井概况; 2. 温度概况; 3. 压力概况
压缩系统	1. 排出温度; 2. 排出压力; 3. 润滑油状态	1、2. 感应器; 3. 视觉观察	1、2. 电子报表实时采集; 3. 季度维修	
注入管线	1. 空气流量; 2. 供水量; 3. 腐蚀	1、2. 电子传感器; 3. 试片	1、2. 每天; 3. 每 6 或 9 个月检查一次,依流体而定	

(二) 储层系统

该系统完全由储层构成,监测(表 6-14)的主要目标是了解:

(1) 燃烧前沿的位置。
(2) 燃烧前沿的优先方向。
(3) 燃烧前沿的推进速度。
(4) 燃烧体积。
(5) 出现异常情况的区域限制了火驱的进展。

表 6-14　储层系统的监测

监测点		工　具	频　率	追　踪
开发井	温度监测 压力监测	1. 温度传感器； 2. 压力传感/压力测试	1. 每月或每季度； 2. 每年	1. 井温剖面； 2. 压力剖面
储层	温度 压力	4D 地震	1. 取决于过程的阶段； 2. 可以在早期阶段的 6 个月或在 1~2 年的成熟阶段之间变化	3. 饱和度、温度、压力的地震响应； 4. 等值图

(三) 生产系统

在生产系统中产出尾气，水和油的流体混合物，是发生了火驱相关反应的结果。在该系统中，由于通过燃烧产生位移前沿来量化注入空气或水的效果以增加采收率。此时，监测(表 6-15)的主要目的是用于以下评估：

(1) 生产的流体量(石油、水和天然气)。
(2) 燃烧气体的组成(CO_2、N_2、O_2、CO、H_2S、SO_2、碳氢化合物等)。
(3) 产生的水的性质变化(pH、矿化度、Ca^{2+}、Mg^{2+}、SO_4^{2-}、Cl^-、TDS 等)。
(4) 产生的油的性质变化(黏度、API 比重、酸值)。
(5) 流体温度。
(6) 乳化液。

表 6-15　生产系统的监测

监测点		工　具	频　率	追　踪
生产井	1. 尾气； 2. 井口温度； 3. 井底温度； 4. 井口压力； 5. 腐蚀	1. 气相色谱仪； 2. 热电偶； 3. 光纤； 4. 压力计和传感器； 5. 试片/超声/电阻	1. 注气前几个月：每天以至几个月，每周至每月； 2、3. 每周至每月； 4. 每周到每月； 5. 半年	1. 生产概况； 2. 温度曲线； 3. 等温线； 4. 等浓度线； 5. 视 H/C 比； 6. 流体和尾气的特性曲线
处理系统	1. 生产水； 2. 生产油； 3. 产量； 4. 腐蚀	1. 实验室分析； 2. 油的性质； 3. 标尺； 4. 试片/超声	1. 季度； 2. 季度； 3. 日常； 4. 季度	
生产管线	1. 水、油和天然气的比率； 2. 腐蚀	1. 孔板仪表、超声波换能器； 2. 试片/电阻	1. 每日、每周和每月； 2. 6~9 个月，取决于先前的液体研究	

表 6-15 中列出了监测要点和监测频率，这些变量代表了火驱研究的基础，并构成了监测和后续调整计划出发点。表中还提供了不同的测量仪器，既符合经济标准，又符合分析技术的要求。需要注意的是，应对数据采集和维护措施进行审查，并与监测和后续追踪同时执

行,以获得高度可信和有代表性的数据。

数据获取频率由火驱成功案例中总结而来,但这个频率受所用工具类型的影响,并且随着开发阶段的不同而变化。如早期阶段将对生产井中的温度获取频率低,而其他阶段应更频繁地对尾气进行测量。在获取数据时,必须同时制定表格、曲线、等值图等,以便于对所收集的信息进行联合分析。这一过程称之为监控,用于评估火驱效果并设定最佳操作条件。

这种综合方法适用于火驱过程从点火到项目废弃的所有阶段,为制定火驱方案提供了坚实的指导。火驱项目运行信息获取、分析和评估过程是一种多维度信息的综合运用,直接影响油藏管理决策的质量和火驱项目的成功。

第二节 矿场燃烧前缘的确定

火驱前缘也被称为火线,从现场的试验过程来看,根据火驱状态对地下燃烧情况进行控制和调整尤为重要,只有掌握了火线位置和形态,才能针对其表现出来的问题采取有针对性的调整措施,也就是通常所说的控火和管火。火线的位置以及形态是整个火驱过程的重点问题,实验室内通过一系列的温度、压力监测手段来还原火线动态,但是在火驱现场不能照搬实验室内的手段和思路,需要结合火驱现场特点探索出便捷、高效的监测办法。

确定火线位置的方法有很多种,按照火驱方式差异可以分为直接测试法和计算法。

一、直接测试法

(一)测温元件直接观测火线推进情况

用测温元件直接观测火线推进情况。这种在试验区观察井、生产井内采用热电偶(阻)和高温计定期测试油层温度剖面,用温度变化来判断火线位置的方法,其优点是简便、易行、及时。但这种方法绘制等温图时,如果观测点不够,需用插值计算,准确度较差,而测温井布置过多又不经济。

在红浅1火驱试验区,专用温度观察井及生产观察井中应用电子压力计与热电偶组合测试工艺技术,实现井下油层段多点温度、单点压力的实时监测。目前,红浅试验区共有观察井8口,其中,专用观察井3口,生产观察井5口。

温度观察井成功监测到了火线的运动方向,为地面注气参数调控、火驱生产过程机理研究提供了依据(图6-26)。

(二)示踪剂监测技术

井间示踪剂测试是从注入井注入示踪剂段塞,然后在周围生产井监测其产出情况,并绘出示踪剂产出曲线,不同的地层参数分布和不同的工作制度均可导致示踪剂产出曲线的形状、浓度、到达时间等不同。示踪剂产出曲线里包含了油藏和油井的信息,对于一些特殊的井间示踪剂测试,比如汽(气)窜监测和人工裂缝监测等更需要通过对示踪剂

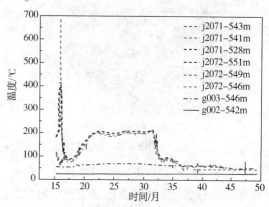

图6-26 4口观察井不同深度的温度监测结果

产出曲线地层参数的分布以及数值进行分析和判断(图 6-27)。

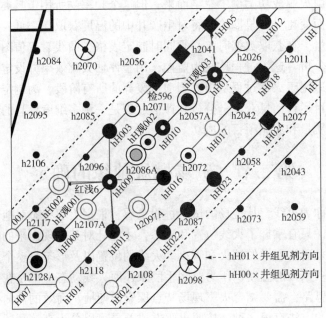

图 6-27 示踪剂见剂方向

(三) 电位法监测技术

井间电位法监测火驱火线原理是根据火驱过程中油层燃烧形成温度场差异,随着温度的变化,使得油层内部各种物性发生改变,引起目标地层电阻率的变化,导致地表电位分布变化(图 6-28)。

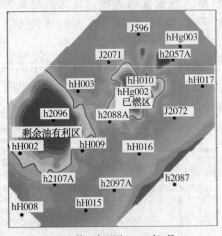
(a) 第一次观测:2011年6月

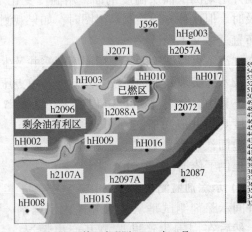
(b) 第二次观测:2011年11月

图 6-28 新疆红浅试验区 J_1b_4 上部射孔段的反演电阻率分布图

井间电位法是以电磁场基本理论为依据,通过测量由火烧产生的热量和气体所引起的地面电磁场的变化,并根据这些变化反演出目的层的电性参数变化,来达到解释推断目的层段火线前缘位置和推进速度以及推进方向之目的。在 Mordovo-Karmalskoye 油田进行的先导性试验研究结果表明,磁法和电位法在监测火烧油层前缘动态时是十分有效的。

把监测结果和测温井以及生产动态相互验证,虽然在部分位置还存在争议,但是大部分能够得到相互支持的结论,电阻率方法监测浅层油藏火驱的燃烧前缘是一个相对准确的手段,但是也存在研究尺度大、监测和解释周期长的缺点。

二、间接计算方法

(一)物质平衡方法

计算方法就是在分析火烧油层机理的基础上,利用物质平衡(图6-29)、能量守恒等原理对火烧前缘的计算,可以在没有直接测量资料下准确分析火烧油层的发展过程。

由于油层的不均匀性,油层燃烧过程中火线的径向距离也各异,因此需按某一油井方向的动态资料分别计算。按燃烧反应的物质平衡关系推导,某一油井方向的火线位置方程:

$$R = \sqrt{\frac{360 Q_\text{分} Y}{\pi \alpha H A_s}} \quad (6-6)$$

图6-29 火线计算示意图

式中 R——火线位置,m;

$Q_\text{分}$——各油井方向的分配气量,m^3;

Y——各油井方向的氧利用率,小数;

α——各油井方向的分配角,(°);

H——各方向油层平均厚度,m;

A_s——燃烧单位体积油层的空气耗量,m^3/m^3。

只要各项参数准确,本方法计算结果是可行的。误差在±5%左右,实验数据计算准确率可以满足,但是实际生产中,很难取得准确的参数,地层的厚度以及非均质性、原油的组分、地下裂缝以及毛细管的存在等都影响到氧利用率、注气分布等参数的选取。

根据累计产液和累计产气呈现很强的相关关系,对全区生产井的产气量进行劈分。利用物质平衡法计算历年来燃烧前缘位置分布,绘制历年燃烧前缘分布图(图6-30)。

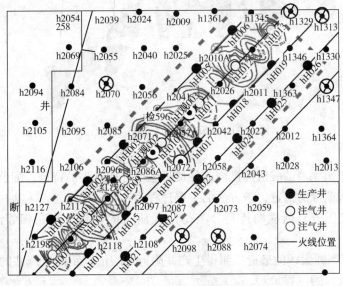

图6-30 历年燃烧前缘分布图

示踪剂辅助物质平衡方法得到的结果和数值模拟方法得到燃烧前缘大体波及范围一致。因为计算方法易实施、及时、经济，因此，计算方法种类繁多，在理想的条件下，大部分方法计算结果比较准确，但实际应用中也可能存在误差，主要原因是相关的计算模型以及方法所考虑的动态因素很多，而且是趋于理想化的考虑，而实际地层条件的不确定因素较多，诸如地层非均质性、地层裂缝分布、断层、毛管力等的影响，因此所选择的参数就不够理想，计算的结果难免存在误差。

（二）数值模拟方法

热采油藏数值模拟，一般采用加拿大商业软件 CMG 的 STARS 模块。根据地质模型结果，首先建立了 3 相 2 组分的注蒸汽开发模型。

其基本假设条件包括：油藏中存在油相、水相和气相 3 种相态，组分包括水、油 2 个组分，对注蒸汽开发历史进行了拟合；其次，在注蒸汽开发拟合的油藏参数基础上，建立火烧油层数值模型，再结合室内实验与现场试验数据的拟合结果，对火驱可采储量和采收率进行预测。

数值模拟方法较为常用的燃烧前缘描述方法，新疆红浅试验区的燃烧腔体（图 6-31）充分体现了燃烧腔在火驱最初阶段的发育情况。

与注蒸汽相比，火烧油层的油藏数值模拟更难。原因在于，一方面是由于火烧油层机理复杂，许多化学反应和相态之间频繁变化大大增加了火驱数值模拟的难度；另一方面，火烧油层矿场试验的相关配套技术必须完善，尤其是单井产出气的计量。这些因素都制约了数值模拟的精度，数值模拟方法也存在周期长以及数据依赖度大的缺点。

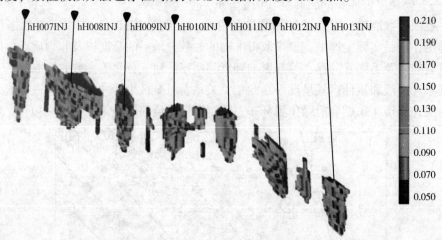

图 6-31　火驱各井组已燃区发育形态

（三）酸值法

利用生产井产出原油的酸值随燃烧前缘接近生产井而升高的特征，配合注气井注气压力特征计算火驱燃烧前缘的位置。该方法的主要过程为：

步骤 1：注入压力判断横向连通。测得注入压力的趋势，判断相邻注气井之间是否连通。

步骤 2：酸值判断火线的远近。测得生产井附近的酸值，距离生产井的距离越近，酸值越高，由此判断火线的位置。

这种方法计算火驱前缘位置(图6-32)的结果较为准确,与电磁法监测结果的符合程度在90%以上,而且这种方法具有快速准确的特点,在燃烧腔体的刻画上优势明显,如果再辅助以测温井监测结果作为约束,其结果的精度会更高。

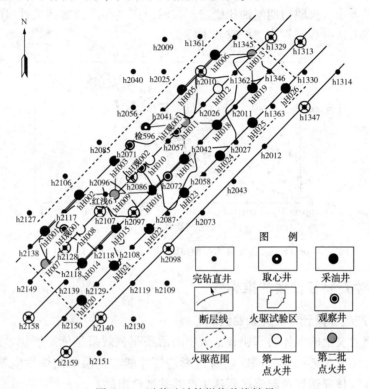

图6-32 酸值法计算燃烧前缘结果

第三节 火驱驱替范围工程分析

火驱的驱油效果来自持续稳定的高温燃烧,而储层孔渗、倾角等地质条件,注气速度、产气速度等开发政策都对驱油效果产生影响。从室内实验和现场取心井的分析数据可知,火驱的驱油效率高,所以火驱的波及程度影响了整体的驱油效果。

准确计算火驱的波及程度是很困难的,主要是火驱前缘的位置监测没办法做到十分精确,而且火驱前缘也往往不是垂直向前推进的,部分火驱项目的波及效果见表6-16。

表6-16 火驱现场项目的波及效果

	项目编号	1	2	3	4	5
波及系数/%	面积	85	43	100	60~80	50
	垂向	30.6	100	1/2~2/3	70~80	100
	容积	26	43	1/2~2/3	40~70	50

根据奥格诺夫(Oganov)著作的观点,大部分项目的体积波及系数在70%~80%,厚油层的垂向波及系数相对小些,薄油层能够接近100%。

印度 Balol 油田是位于印度古吉拉特邦西部的稠油油田,在 1997 年 10 月前,原油产量约为 $60m^3/d$,含水 80%。空气注入开始后,原油产量逐渐增加并稳定在 $260m^3/d$,平均含水率从 80% 下降到 40%。观察 Miga OS-703 油田火驱生产动态,从日产油量曲线和气油比曲线的形态可以看出,火驱初期气油比稳定,显示出产气和产液的相关性(图 6-33)。这些现象引导着研究人员寻找其规律、探究其本质。

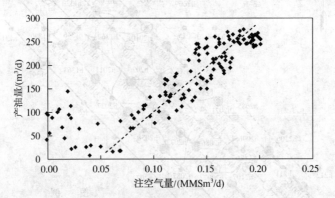

图 6-33 注空气量和产油量的相关性(据 SPE 126241)

一、火驱生产特征曲线的推导

(一)累计产气和累计产液关系曲线

不同于严格意义上的气体活塞驱替,火驱的活塞驱替效果是依靠燃烧带的推进形成的。燃烧带的形成必须有足够的空气(氧气)穿过燃烧带才能与地层中的油发生氧化反应,反应后的气体会沿着气体通道穿过渗流区到达生产井并被产出。

根据火驱驱油特征以及产量变化特点,为进一步分析火驱生产过程,作出如下假设:
(1)燃烧带推进时的温度是恒定的。
(2)围岩和顶底层为绝热,不考虑热量损失。
(3)所有流体渗流发生在油藏温度下,即不考虑温度对原流体的影响。
(4)油藏液体不可压缩。
(5)不考虑重力分异以及重力超覆。
(6)含油饱和度到达 S_{ob} 即形成油墙,油墙的含油饱和度不变。

根据火驱现场的岩心分析与数模验证,这部分气体通道主要集中在上部油层,而且其流动仅占用了极小的孔隙体积,不到 1%,对大部分下部油层中的油水两相流动几乎没有影响,因此,在研究渗流区的流体流动过程时可以忽略其影响。

火驱过程中燃烧带可以观察到明显的温度升高现象,燃烧带温度的升高是由于燃料燃烧放热引起的。因此,利用燃烧带的温度增加量可以计算消耗的燃料以及产气量。

$$m_R = \frac{(1-\phi)\rho_s C_s \Delta T}{\Delta H_c} \tag{6-7}$$

式中 m_R——燃烧单位油藏体积消耗燃料质量;
      v_f——燃烧带推进速度;
      S——燃烧带横截面积;

ϕ——油藏孔隙度；

ρ_s——油藏岩石密度；

C_s——岩石热容；

ΔT——燃烧峰值温度与油藏温度的差值；

ΔH_c——燃料的热值。

假定已燃区内被未参与燃烧的原始空气充满，穿过燃烧带的气体均充分燃烧，不含氧气。则产出的气体主要是这部分经历过氧化燃烧后的气体，主要成分为氮气和二氧化碳。这部分气体体积可以用下列公式计算：

$$q_g = \frac{A_b v_f S(1-\phi)\rho_s C_s \Delta T}{\Delta H_c \rho_o} \tag{6-8}$$

式中 q_g——产气速度，m^3/d；

A_b——单位体积燃料燃烧产生的气体体积；

ρ_o——燃料的密度。

被燃烧带驱替的液体流量可以用下列公式计算：

$$液体流量 = 被火线扫过的原始油水 - 燃烧消耗油量 + 燃烧产水量 \tag{6-9}$$

即：

$$q_l = v_f S\phi(S_o + S_w) - \frac{v_f S(1-\phi)\rho_s C_s \Delta T}{\Delta H_c \rho_o} + \frac{a v_f S(1-\phi)\rho_s C_s \Delta T}{\Delta H_c \rho_o} \tag{6-10}$$

式中 a——生成水的体积与消耗燃料体积之比。

流体的热容在计算过程中被忽略了，因为流体热容大约只占总热容的30%，且在前缘推进过程中，流体携带这部分热量在距离火线非常近的较冷的区域就被释放，根据假设1，流体是在油藏温度下流入生产井，并没有造成热损失。因此，在温度前缘未突破到生产井井底前，式(6-10)忽略流体热容是可行的。

假设液体不可压缩，根据物质平衡原理，流入液体体积等于流出液体体积，即：

$$q_{l_1} = q_{l_2} = q_l \tag{6-11}$$

令 $S_{of} = \frac{(1-\phi)\rho_s C_s \Delta T}{\phi \Delta H_c \rho_o}$，$S_{of}$是等效燃烧消耗燃料饱和度。公式(6-8)和公式(6-10)可化简为：

$$q_g = A_b v_f S\phi S_{of} \tag{6-12}$$

$$q_l = v_f A\phi(S_o + S_w - S_{of} + aS_{of}) \tag{6-13}$$

两式相除得：

$$\frac{q_g}{q_l} = \frac{A_b S_{of}}{S_o + S_w - S_{of} + aS_{of}} \tag{6-14}$$

整理得：

$$q_g = \frac{A_b S_{of}}{S_o + S_w - S_{of} + aS_{of}} q_l \tag{6-15}$$

对等式两边积分：

$$\int_0^t q_g \mathrm{d}t = \int_0^t \frac{A_b S_{of}}{S_o + S_w - S_{of} + aS_{of}} q_l \mathrm{d}t \tag{6-16}$$

在气体突破前,渗流区的气相饱和度可以忽略,即 $S_o+S_w=1$,则有积分得:

$$G_p = \frac{A_b S_{of}}{1+(a-1)S_{of}} Lp + C \tag{6-17}$$

令: $Y = \dfrac{A_b S_{of}}{1+(a-1)S_{of}}$

$$G_p = YLp + C \tag{6-18}$$

式(6-18)即为火驱生产的气液特征公式。由公式可以看出,在氧气突破前火驱的累产气-累产液曲线呈现直线关系。斜率 Y 值主要与原油性质有关,单位体积稠油形成的燃料越多,等效燃烧消耗燃料饱和度 S_{of} 越大,斜率 Y 值就越大。

(二)累产水和累产油关系曲线

渗流区部分忽略气相存在的条件下,可视为油水两相的渗流过程,并且是油相驱动水相的过程。在此,以油水相对渗透率曲线与 Buckley-Leverett 方程为基础推导火驱特征曲线。假设油水渗流服从达西定律,忽略重力和毛细管力,油水两相的流量应该满足:

$$\frac{q_o}{q_w} = \frac{\mu_w k_{ro}}{\mu_o k_{rw}} \tag{6-19}$$

移项整理得:

$$q_o = \frac{\mu_w k_{ro}}{\mu_o k_{rw}} q_w \tag{6-20}$$

累产油量可以用式(6-21)表示:

$$N_p = \int_0^t q_o \, dt \tag{6-21}$$

假设油水相对渗透率满足:

$$\frac{k_{ro}}{k_{rw}} = m e^{nS_o} \tag{6-22}$$

代入得:

$$N_p = m \frac{\mu_w}{\mu_o} \int_0^t e^{nS_o} q_w \, dt \tag{6-23}$$

在上产阶段中,在油墙到达生产井井底之前,由于油驱水作用,渗流区地层平均含油饱和度是一直增加的,可以用式(6-24)表示:

$$S_o = S_{oi} + \Delta S_o \tag{6-24}$$

其中,ΔS_o 表示含油饱和度增加量。

ΔS_o 与累产水的关系如下:

$$\Delta S_o = \frac{W_p}{V_s} \tag{6-25}$$

式中,V_s 为火驱最大波及体积。

代入式(6-24)整理得:

$$S_o = S_{oi} + \frac{W_p}{V_s} \tag{6-26}$$

$$W_p = V_s(S_o - S_{oi}) \tag{6-27}$$

由瞬时产水量与累积产水量的关系可得：

$$q_w = \frac{dW_p}{dt} = V_s \frac{dS_o}{dt} \tag{6-28}$$

将式(6-28)代入式(6-23)积分式得：

$$N_p = m \frac{\mu_w}{\mu_o} \int_{S_{oi}}^{S_o} e^{nS_o} V_s dS_o \tag{6-29}$$

积分得：

$$N_p = \frac{m}{n} V_s \frac{\mu_w}{\mu_o} (e^{nS_o} - e^{nS_{oi}}) \tag{6-30}$$

代入 S_o 表达式：

$$N_p = \frac{m}{n} V_s \frac{\mu_w}{\mu_o} e^{nS_{oi}} + n\frac{W_p}{V_s} - \frac{m}{n} V_s \frac{\mu_w}{\mu_o} e^{nS_{oi}} \tag{6-31}$$

令 $A = \frac{m}{n} V_s \frac{\mu_w}{\mu_o} e^{nS_{oi}}$，$B = \frac{n}{V_s}$，$C = -\frac{m}{n} V_s \frac{\mu_w}{\mu_o} e^{nS_{oi}}$：

$$N_p = Ae^{BW_p} + C \tag{6-32}$$

亦可以通过移项取对数得：

$$\ln(N_p - C) = \ln A + BW_p \tag{6-33}$$

式(6-32)和式(6-33)均为火驱上产阶段的特征曲线。

在 t_s 时，油墙到达生产井井底，火驱见效，地层含油饱和度不发生变化，即为油墙含油饱和度 S_{ob}，代入式(6-29)积分式：

$$N_p = m \frac{\mu_w}{\mu_o} \left(\int_0^{t_s} e^{nS_o} q_w dt + e^{nS_{ob}} \int_{t_s}^{t} q_w dt \right) \tag{6-34}$$

$$N_p = N_{ps} + m \frac{\mu_w}{\mu_o} e^{nS_{ob}} (W_p - W_{ps}) \tag{6-35}$$

式中 N_{ps}——火驱见效时累积产油量，$N_{ps} = m \frac{\mu_w}{\mu_o} \int_0^{t_s} e^{nS_o} q_w dt$；

W_{ps}——火驱见效时累积产水量。

令 $D = m \frac{\mu_w}{\mu_o} e^{nS_{ob}}$，$E = N_{ps} + DW_{ps}$，则火驱见效后，稳产期的累产水和累产油关系为：

$$N_p = DW_p - E \tag{6-36}$$

综上，火驱油水特征曲线为：

$$N_p = \begin{cases} Ae^{BW_p} - C \text{（上产阶段）} \\ DW_p - E \text{（稳产阶段）} \end{cases} \tag{6-37}$$

二、特征曲线规律分析

(一) 特征曲线形态分析

根据气液特征曲线(图6-34)可以看出，在火驱形成稳定的燃烧带后，火驱的产气量与产液量会呈现一种线性关系。在气体突破后由于气相饱和度不再可以被忽略，$S_o+S_w<1$，因此 Y 值增大，曲线会表现为上翘。

利用生产数据很容易拟合得到参数 Y 和 C 的值。利用曲线可以直接分析气体突破前火驱产气和产液的变化趋势。

对于产油和产水关系，根据公式(6-37)可以看出，由于最大含油饱和度(油墙)的存在，火驱的累产水—累产油的关系曲线可以分为两个部分。上产阶段曲线在普通坐标系中表现为指数形式，在半对数坐标系中可以呈现直线关系。稳产阶段在普通坐标系即可以表现出直线关系(图6-35)。

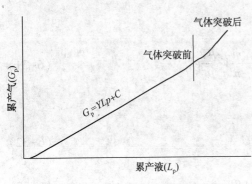

图 6-34　火驱气液特征曲线

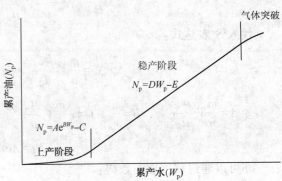

图 6-35　火驱油水特征曲线

(二) 油水特征曲线拐点分析

由于火驱油水产量变化的过程是连续的，因此在拐点处的特征曲线也应该是连续的。对上产阶段特征曲线公式(6-34)求导得：

$$N_p'(W_p)=ABe^{BW_p} \qquad (6-38)$$

拐点处 $N_p'(W_p)=D$：

$$ABe^{BW_{ps}}=D \qquad (6-39)$$

$$W_{ps}=\frac{1}{B}(\ln D-\ln AB) \qquad (6-40)$$

通过对生产数据进行回归，得到参数 A、B、D 的值，便可求得 W_{ps}。将计算结果代入公式任意一段方程，即可求得对应 N_{ps}。则拐点坐标为 (W_{ps}, N_{ps})。

如果将 $A=\dfrac{m}{n}V_s\dfrac{\mu_w}{\mu_o}e^{nS_{oi}}$，$B=\dfrac{n}{V_s}$，$D=m\dfrac{\mu_w}{\mu_o}e^{nS_{ob}}$ 的参数计算式代入式(6-40)可以得到：

$$W_{ps}=V_s(S_{ob}-S_{oi}) \qquad (6-41)$$

由式(6-41)可以看出，油水特征曲线拐点的位置与油墙饱和度 S_{ob} 和火驱最大波及体积 V_s 有关。油墙饱和度越大，波及体积越大，则拐点位置越靠后。

(三) 上产阶段油水特征曲线的校正

与水驱特征曲线类似，由于常数 C 值存在，在生产早期，直接将 $\ln N_p$ 与 W_p 绘制在坐标系内并不能得到明显直线关系，需要确定参数 C 值进行校正，使 $\ln(N_p+C)$ 与 W_p 满足直线关系(图6-36)。

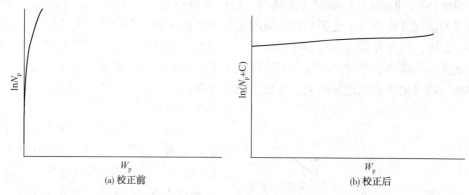

图 6-36　上产阶段油水特征曲线的校正

参数 C 的值可以用下列公式计算：

$$C = mV_s \frac{\mu_w}{\mu_o} e^{nS_{oi}} \tag{6-42}$$

还可以用生产数据来计算 C 值，计算过程如下：

(1) 在早期 $\ln N_p$—W_p 曲线上，取 1、2、3 点，满足 $2W_{p2} = W_{p1} + W_{p3}$；

(2) 这三点满足 $\ln(N_p + C) = A + BW_p$，代入得：

$$\begin{cases} \ln(N_{p1} + C) = A + BW_{p1} \\ \ln(N_{p3} + C) = A + BW_{p2} \\ \ln(N_{p3} + C) = A + BW_{p3} \end{cases}$$

(3) 通过求解方程组可计算 C 值：

$$C = \frac{N_{p2}^2 - N_{p1}N_{p2}}{N_{p1} + N_{p2} - 2N_{p3}} \tag{6-43}$$

（四）开发措施调整对油水曲线形态的影响

前文所述的特征曲线形态是基于井网和生产制度不变进行分析的，所得到的也只是一般特征。实际油田在进行开发时，开发井网和生产制度是在不断进行调整的，火驱特征曲线的形态也会随之发生变化。利用红浅火驱试验区的储层物性和油藏流体参数建立机理模型，讨论分析注气井加密，增加生产井，以及产液速度调整等措施对曲线形态的影响。

1. 注气井加密

应用机理模型对比基础井网方案与加密注气井方案。方案 1 基础井网采用一口注气井一口生产井。方案 2 在基础井网生产一段时间后，进行注气井加密，注气井增加到 3 口。其他因素与方案 1 一致。利用模拟得到的生产数据，绘制特征曲线，结果如下（图 6-37）：

根据模拟结果所绘制的曲线可以看出，与基础井网相比，在加密注气井后，曲线 I 偏向 W_p 轴（横轴），而且拐点位置后移，稳产

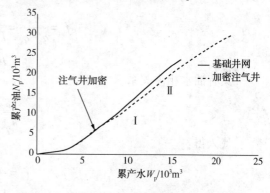

图 6-37　注气井加密对油水特征曲线的影响

阶段的曲线(曲线Ⅱ)斜率较基础井网略小,最终的端点处的产量比基础井网高。说明:首先,新增的注气井使原本未受影响的区域的地层水驱替排出,生产井产水量增大,引起曲线Ⅰ偏折。其次,注气井数量的增多使得注入气量增大,会使火驱生产的含水率增大,使得稳产期曲线Ⅱ斜率略小;新增的注气井可以将原来不能被驱替部位的油层受效,提高了火驱的波及体积,最终使得火驱产量增大,延长了曲线右端点。

2. 增加生产井

在基础井网的基础上,生产一段时间后进行油井加密,在同样井距的位置新增2口生产井继续生产。根据产量变化绘制特征曲线。

根据图6-38特征曲线可以看出,在进行油井加密后出现了新的上产阶段(曲线Ⅰ),火驱上产阶段与稳产阶段的曲线拐点后移,稳产阶段(曲线Ⅱ)斜率大于基础井网。在部分井中由于氧气突破关井停产后,曲线(曲线Ⅲ)会突然偏向N_p轴(纵轴)且斜率逐渐降低。右端点稍有延长。这说明增加生产井后,

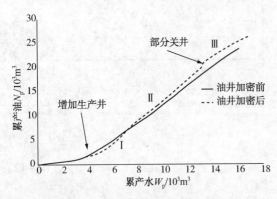

图6-38 增加生产井对油水特征曲线的影响

在新增生产井附近地层含水饱和度较高,导致产水增大,随着油墙在此处逐渐形成,产油逐渐增大,曲线斜率增大。这个过程导致曲线出现新的上产阶段特征。在存在多个生产井时,部分井的提前关井导致产量的突变,从而造成了曲线后段出现波动。但增加生产井对于火驱最终的采收程度并没有很大的提升,只是略微延长了曲线右端点的位置。

对比两种加密注气井和增加生产井可以看出,提高火驱波及体积最有效的方法是加密注气井。加密注气井可以有效地动用未被驱替到的油层,而增加生产井可以提高采油速度,降低火驱生产的综合产水量。

三、油水特征曲线的应用

(一)油墙饱和度的计算

在油墙突破之前,含油饱和度的变化主要是由于油水渗流速度差异引起的。根据含水率定义,渗流过程中任意断面处的含水率为:

$$f_w = \frac{q_w}{q_o + q_w} = \frac{\frac{k_{rw}}{\mu_w}}{\frac{k_{ro}}{\mu_o} + \frac{k_{rw}}{\mu_w}} = \frac{1}{1 + \frac{\mu_w}{\mu_o}\frac{k_{ro}}{k_{rw}}} \tag{6-44}$$

又有油水相渗关系:

$$\frac{k_{ro}}{k_{rw}} = m e^{nS_o}$$

代入得:

$$f_w = \frac{1}{1 + \frac{\mu_w}{\mu_o} m e^{nS_o}} \tag{6-45}$$

式（6-45）即为油水两相渗流条件下含水率和含油饱和度的关系。据此可以绘制含水率和含油饱和度的关系曲线。

油墙到达生产井井底之后，此时油气两相为稳态渗流，油墙任意断面处的含水率相等。因此，此时流入液体的含水率即为渗流区的含水率。

由被燃烧带驱替的液体流量：

$$q_l = v_f A\phi (1-S_{of}+aS_{of}) \tag{6-46}$$

$$q_w = v_f A\phi (1-S_o+aS_{of}) \tag{6-47}$$

根据含水率定义有：

$$f'_w = \frac{1+aS_{of}-S_o}{1+(a-1)S_{of}} \tag{6-48}$$

油墙突破至生产井井底时，此时油气两相为稳态渗流，油墙任意断面处的含水率为常数，不发生变化。因此，在同一坐标系下，绘制两条曲线式（6-45）和式（6-48）的交点处含油饱和度即为油墙含油饱和度 S_{ob}（图6-39）。

火驱过程中，油藏温度直接影响了油水两相的渗流关系，对于火驱效果有较大影响。不同油藏温度下油水相渗曲线不同，回归得到的 m、n 值也不同。因此，不同温度下用此方法确定的油墙饱和度也不同。

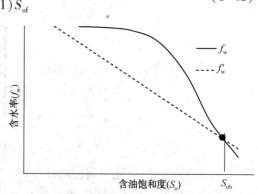

图6-39 含水率和含油饱和度关系曲线

（二）计算火驱最大波及体积

根据油水特征曲线的拐点分析，拐点位置与火驱最大波及体积有关。当油藏生产条件一定，在一定井网条件下火驱的最大波及体积是确定的。当火驱由上产阶段转化为稳产阶段，此时油墙前缘到达最大波及位置。据此，可以计算此时火驱波及的最大体积。

若拐点位置累积产水量 W_{ps} 已知，根据产水量与波及体积的关系，则当前条件下火驱的波及体积可用下列公式计算：

$$V_s = \frac{W_{ps}}{S_{ob}-S_{oi}} \tag{6-49}$$

若油藏体积 V_r 已知，则火驱的最大波及系数为：

$$E_v = \frac{V_s}{V_r} \tag{6-50}$$

（三）计算油墙体积

当火驱达到稳产时，油墙前缘已经到达最大波及位置。根据火驱的区带特征，在忽略掉燃烧带的情况下，油墙体积可以用以下公式计算：

油墙体积=波及体积-已燃区体积

即：

$$V_{ob} = V_s - V_b \tag{6-51}$$

式中 V_{ob}——油墙体积。

又有已燃区体积可以通过累计注空气量计算，计算公式如下：

$$V_b = \frac{I_a}{A_r} \tag{6-52}$$

式中 I_a——累计空气注入量;

A_r——燃烧单位体积油藏需要空气量。

则火驱达到稳产后的油墙体积为:

$$V_{ob} = V_s - \frac{I_a}{A_r} \tag{6-53}$$

此时,如果知道油藏和已燃区的形状,则油墙的宽度即可求得。

不考虑重力作用,对于直线活塞驱替油藏和径向火驱油藏(图6-40):

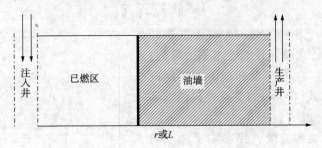

图6-40 计算活塞驱替油藏的油墙模型

则油墙宽度 L_{ob} 可用下列公式计算:

假设油层厚度为 h,则油墙宽度 L_{ob}:

直线:

$$L_{ob} = E_v L - \frac{I_a}{A_r h m} \tag{6-54}$$

径向:

$$L_{ob} = \sqrt{\frac{V_s}{\pi h}} - \sqrt{\frac{I_a}{\pi A_r h}} \tag{6-55}$$

式中 h——油藏厚度;

L——一维油藏生产井距;

m——直线油藏宽度;

r_e——径向油藏半径。

如若采用考虑重力超覆作用下的径向模型(图6-41):

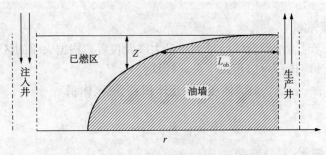

图6-41 重力超覆作用下的径向模型

据徐克明等提出的燃烧面形状方程，在忽略注气井的井筒半径后：

$$Z = \sqrt{\frac{FI_a}{\pi r}\left[1 - \frac{\frac{2}{3}\sqrt{F\pi}\phi\left(1+\frac{A_r}{\phi}\right)}{\sqrt{I_a}}r^{\frac{3}{2}}\right]^{\frac{1}{2}}} \tag{6-56}$$

式中　Z——燃烧区厚度；

　　　F——比例系数，取 1.2×10^{-5}；

　　　r——燃烧前缘距离注气井距离。

假设油藏厚度为 h，则燃烧区厚度 Z 的取值范围为 $0<Z<h$，将 Z 值代入式(6-56)即可得到对应的 r。相应地，油墙宽度可用 $L_{ob}=r_e-r$ 来计算。

（四）预测综合含水率变化

已知综合含水率与水油比满足如下关系式：

$$f_w = \frac{1}{1+\dfrac{1}{WOR}} \tag{6-57}$$

对油水特征曲线公式(6-37)两边对 W_p 求导并变形：

$$WOR = \begin{cases} \dfrac{1}{AB}e^{-BW_p}\text{（上产阶段 }W_p<W_{ps}\text{）} \\ D\text{（稳产阶段 }W_p\geq W_{ps}\text{）} \end{cases} \tag{6-58}$$

代入式(6-57)得综合含水率计算公式：

$$f_w = \begin{cases} \dfrac{1}{1+ABe^{BW_p}}\text{（上产阶段 }W_p<W_{ps}\text{）} \\ \dfrac{1}{1+D}\text{（稳产阶段 }W_p\geq W_{ps}\text{）} \end{cases} \tag{6-59}$$

四、现场实例分析

（一）火驱特征曲线拟合

利用火驱特征曲线对历史生产数据进行拟合。以新疆红浅试验区为例，该试验区于 2009 年 10 月份开展火驱先导试验。油藏孔隙度 0.25，平均含油饱和度 0.6，油藏厚度 10m。截至 2015 年 5 月，试验区注气井 13 口，见效采油井 40 口，累产油 8.03×10^4t，火驱阶段采出程度 18.9%，采油速度 3.3%；单井最高产油量达到 2500t（仍在生产）。

将红浅试验区截至 2015 年 3 月的火驱开发生产数据绘制在坐标系内，并利用特征曲线进行拟合。拟合结果如图 6-42、图 6-43 所示。

由图 6-43 可以看出，拟合得到的火驱生产特征曲线基本吻合火驱油藏的实际生产情况。在累产液和累产气特征规律曲线中，出现了一处拐点，将曲线分为两个直线段。第一个直线段与横轴有一个交点，此处的产液量主要是注入气体所驱替出来的水。火驱初期，注气井和生产井之间的气体渗流通道和稳定的燃烧带尚未形成，因此并无产气。随着火驱稳定燃烧带的形成，产气量和产液量保持良好的直线关系。拐点出现在 2014 年 7 月，火驱波及范围进一步扩大，多数生产井已经进入氧气突破阶段，产气量增大，而产液量下降。因此，曲线的斜率增大。

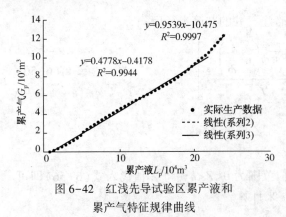

图 6-42 红浅先导试验区累产液和
累产气特征规律曲线

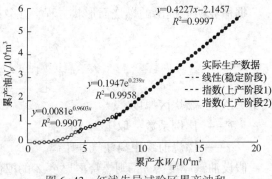

图 6-43 红浅先导试验区累产油和
累产水特征规律曲线

第一条直线段拟合得到的产气与产液特征公式为：

$$G_p = 0.44778L_p - 0.4178 \tag{6-60}$$

第二段直线段拟合得到的产气与产液特征公式为：

$$G_p = 0.9539L_p - 10.475 \tag{6-61}$$

在累产油和累产水特征规律曲线中，出现了 2 个拐点，将曲线分为 3 个部分。其中，前两段都是指数形式的上产阶段特征曲线，后一段为直线形式的稳产阶段特征曲线。生产初期，试验区共有两口注气井 hH00× 和 hH01×，曲线第一段呈现正常的上产阶段特征。而在 2010 年 6 月之后，开展了一系列的增注措施，在未受影响的区域增加新的注气井。这些新增的注气井在开始阶段由于烟道气驱的作用，会增加产水量，导致上产阶段的曲线形态发生变化，斜率变小，影响了上产阶段曲线的特征，导致了拐点 1 的出现。拐点 2 出现在 2012 年 1 月，说明此时火驱开始见效，油墙到达了大部分的生产井，火驱生产进入稳产期，曲线呈现直线关系。

上产阶段 1 的油水关系为：

$$N_p = 0.0081 e^{0.9603 W_p} \tag{6-62}$$

上产阶段 2 的油水关系为：

$$N_p = 0.1947 e^{0.239 W_p} \tag{6-63}$$

稳产阶段的油水关系为：

$$N_p = 0.4227 W_p - 2.1457 \tag{6-64}$$

（二）油墙饱和度的计算

利用前文所述方法，计算红浅火驱现场试验的油墙的含油饱和度。在绘制此曲线图时，需要的实际参数较多，油的实际黏度、水的黏度、S_{of} 等效燃烧消耗燃料饱和度、生成的体积与消耗燃料体积之比 a、S_{wl} 滞留等效含水饱和度、相渗关系曲线参数 m、n 等。以新疆红浅先导试验区为例，各个参数取值见表 6-17。

表 6-17 新疆红浅先导试验区参数表

参　数	取　值	参　数	取　值
水的黏度 μ_w	1mPa·s	S_{of}	0.11
油的实际黏度 μ_o	50mPa·s	a	1.3
$\dfrac{\mu_w}{\mu_o}$	0.02	S_{wl}	0.2

火驱过程油藏温度变化范围取 30~90℃，针对不同温度下的油水相渗曲线进行分析（图 6-44~图 6-47）：

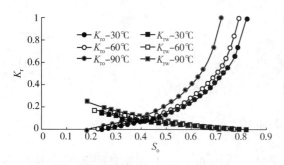

图 6-44　不同温度下油水相渗曲线

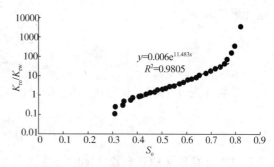

图 6-45　（K_{ro}/K_{rw}）与 S_o 关系（30℃）

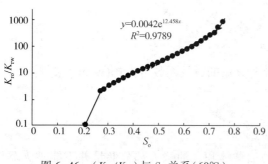

图 6-46　（K_{ro}/K_{rw}）与 S_o 关系（60℃）

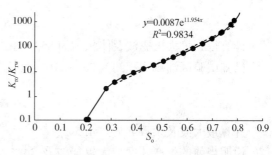

图 6-47　（K_{ro}/K_{rw}）与 S_o 关系（90℃）

得到不同温度下油水相渗参数 m、n 的值见表 6-18：

表 6-18　不同温度油水相渗拟合参数取值

温 度/℃	m	n
30	0.0065	11.483
60	0.0042	12.458
90	0.0087	11.954

将以上参数代入式（6-45）和式（6-48）并绘制曲线。与 $f'_w(S_o)$ 曲线的交点即为该温度下相应的油墙饱和度（图 6-48）。

结果表明，温度 30℃时，形成的油墙饱和度为 0.76；温度 60℃时，形成的油墙饱和度为 0.72；温度为 90℃时，形成油墙饱和度为 0.655。红浅试验区的油藏温度在 30~60℃，因此其油墙饱和度应该在 0.72~0.76。结果与数模模拟结论相吻合，说明此方法可行。

由图 6-48 可以看出，温度对油墙饱和度存在较大影响，油藏温度越高，油墙饱和度越低。这是因为油受温度影响较大，温度越高，油的流动性越好，油水流动能力的差距减小。因此，形成的油墙饱和度也就越低。

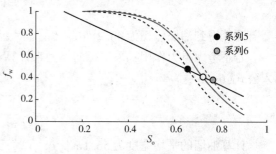

图 6-48　不同温度下油墙含油饱和度

(三) 计算火驱最大波及体积

首先，根据拟合的火驱油水特征曲线公式。利用第二段上产曲线与稳产曲线计算火驱拐点处累产水 W_{ps}。

$$N_p = 0.1947e^{0.239W_p} \quad (6-65)$$

$$N_p = 0.4227W_p - 2.1457 \quad (6-66)$$

参数 A 为 0.1947，B 为 0.239，D 为 0.4227，代入公式(6-40)：

$$W_{ps} = \frac{1}{B}(\ln D - \ln AB)$$

可以计算得火驱达到稳产期时，累产水 W_{ps} 为 $11.9 \times 10^4 \text{m}^3$。又有原始含油度 S_{oi} 为 0.6，S_{ob} 取 0.74。利用公式(6-49)计算油藏火驱最大波及体积。

$$V_s = \frac{W_p}{S_{ob} - S_{oi}}$$

计算得到最大火驱波及体积约为 $85.2 \times 10^4 \text{m}^3$。

已知试验区油藏体积约为 $24.7 \times 10^4 \text{m}^3$，则此时火驱的波及系数可由式(6-50)求得：

$$E_v = \frac{V_s}{V_r}$$

计算最大波及系数 E_v 为 34.5%。

说明当前的生产井网最大仅能波及 34.5% 的油藏体积，油藏大部分储量并不能被火驱波及。分析未波及的储量主要位于第二排生产井之外和油藏边界以内的部位，以及纵向上由于重力作用未能被驱替的底部油层。后续生产为提高火驱的波及系数，可采用在第二排生产井之外增加注气井，以及生产井移风接火等措施提高平面波及系数。未被驱替的底部油层可考虑采用水平井重力泄油等技术提高波及系数。

(四) 计算火驱油墙体积

火驱达到稳产期时，累产水为 $11.9 \times 10^4 \text{m}^3$，根据生产数据，查得火驱进入稳产期时累注气量为 $10.69 \times 10^7 \text{m}^3$。已知 A_r 取值 $288.7 \text{m}^3/\text{m}^3$，代入式(6-52)和式(6-53)：

$$V_b = \frac{I_a}{A_r}$$

计算已燃区体积 $37.02 \times 10^4 \text{m}^3$。

$$V_{ob} = V_s - \frac{I_a}{A_r}$$

计算得到油墙体积为 $48.2 \times 10^4 \text{m}^3$。

若不考虑重力作用，采用径向模型来计算油墙平均宽度，油藏厚度 h 取 10m，将参数代入公式(6-55)：

$$L_{ob} = \sqrt{\frac{V_s}{\pi h}} - \sqrt{\frac{I_a}{\pi A_r h}}$$

计算油墙的平均宽度为 56.1m。

如若采用考虑重力作用的径向模型，油藏厚度取 10m，r_e 取 7m，F 取 1.2×10^{-5}。将参数代入公式(6-56)得到燃烧面形状(图6-49)方程：

$$Z = 20.2r^{-\frac{1}{2}} - 2.3112 \times 10^{-3} r^{\frac{1}{2}} \tag{6-67}$$

当 $Z=0$ 时，计算油藏顶部的油墙宽度 $L_{ob}=12.8$；当 $Z=10$ 时，计算油藏底部油墙宽度 $L_{ob}=66$。计算得到油墙宽度应该在 $12.8\sim66\mathrm{m}$。

(五) 预测综合含水率变化

根据拟合得到的油水特征曲线，上产阶段1的 A_1 为 0.0081，B_1 为 0.9603；上产阶段2的 A_2 为 0.1947，B_2 为 0.239；稳产阶段 D 为 0.4227。可以得到该油田的综合含水率变化曲线(图6-50)。

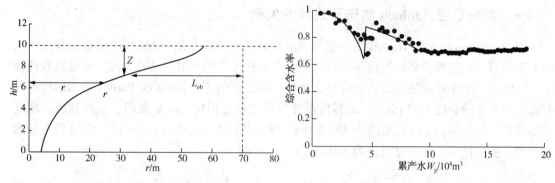

图6-49　计算得到燃烧面形状　　　图6-50　预测综合含水率变化曲线与实际值对比

$$f_w = \begin{cases} (1+7.78 \times 10^{-3} e^{0.9603 W_p})^{-1} & (上产阶段1) \\ (1+4.65 \times 10^{-2} e^{0.239 W_p})^{-1} & (上产阶段2) \\ 0.703 & (稳产阶段) \end{cases} \tag{6-68}$$

对比综合含水率预测变化曲线与实际生产数据，可以看出，计算得到的综合含水率基本符合实际含水率的变化特征，因此本方法可以较为准确地预测油田未来生产动态特征，火驱到达稳产期后综合含水率将稳定在 0.703 附近。

第七章 典型注空气 EOR 矿场实例

火烧油层的燃烧方式和井网模式多样,国内外都有成功的火驱试验和商业化开发,本章介绍几个典型的火驱实例,分别涉及不同的燃烧方式、井网模式和开发历史,以及在火驱开发过程中遇到的特有问题及其解决办法,这些成熟的经验都是值得借鉴的。

一、罗马尼亚 Suplacu 油田干式线性火驱

罗马尼亚 Suplacu de Barcau 是一个采用小井距(50~100 井距)边缘线性驱动为开发模式的火驱项目,是世界上最好的火驱项目之一。该油田位于罗马尼亚的西北部,靠近奥拉迪亚市。油藏为一个东西向的隆起褶皱背斜,轴向主断层分割了 Suplacu de Barcau 油田的南部和东部。单斜层的长度大约 15km,北部和西部与弱含水层相接。从东到西,从北到南,深度和厚度都呈增加趋势。深度范围为 35~200m,厚度范围为 4~24m(图 7-1),储层岩石分选不均匀且胶结松散,油田总面积为 1700ha($1ha=10^4m^2$)。

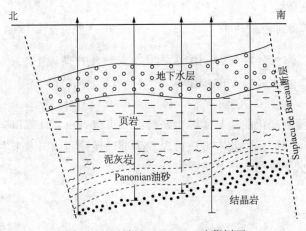

图 7-1 罗马尼亚 Suplacu 油藏剖面

Suplacu 油藏主要特点是低压(小于 200psi)浅层(小于 180m),原油黏度约 2000mPa·s,原油储量大约为 $46.9×10^6m^3$。该油藏于 1960 年投入生产,主要依靠溶解气驱动。预计 UOR 为 9%。初始产油量在 2~5[m^3/(d·井)],但迅速下降到 0.3~1[m^3/(d·井)]。1963 年和 1970 年,在上部构造区域内同时进行蒸汽吞吐和蒸汽驱,这两种开发方式试验井组面积都在 0.5ha 左右。Suplacu 油田从 1964 年开始在一个面积 2~4ha 的 6 个连续井组上进行半商业化火驱试验,基于良好试验效果,在 1970 年把火驱转为商业开发。使用蒸汽吞吐方法来预热靠近火驱燃烧面前的生产井,同时将开发模式转换为线驱动开发(表 7-1)。

火驱从储层的高部位开始,由位于构造中间和低部位(接近油水界面)的两个独立火驱试验井组进行。这些试验运行了 5 年,结果发现,当试验区不在上倾位置时,试验的控制和效果较差。

表 7-1　Suplacu 油藏主要性质参数

参　数	数　值	参　数	数　值
初始油藏压力/bar	4~22	绝对渗透率/$10^{-3}\mu m^2$	1700~2000
初始油藏温度/℃	18	原油运动黏度/mPa·s	2000
平均油藏孔隙度/%	32	原油密度/(kg/m^3)	960
初始原油饱和度/%	85	束缚水饱和度/%	15

注：1bar=10^5Pa。

Suplacu 油田的火驱试验先后经历扩大试验和工业化应用，火驱高产稳产近 30 年，峰值产量为 1500~1600t/d，累积增产 15000000t，取得了十分显著的开发效果及经济效益（图 7-2）。目前，Suplacu 油田的火驱开发仍在进行，日产原油 1200t，预期全油田的最终采收率将超过 50%。

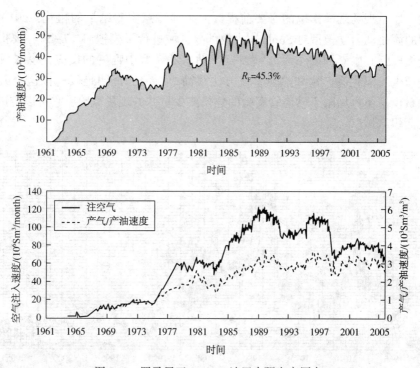

图 7-2　罗马尼亚 Suplacu 油田火驱生产历史

注空气井被分布在一个东西向超过 10km 范围内，这一排中的两口相邻井之间的距离在 50~75m。线性 ISC 燃烧面在 40 多年来不断地向构造下倾方向传播，传播过程中基本平行于等深线，1986 年在油藏西部地区扩大了新区。如图 7-3 显示了截至 2004 年 ISC 燃烧面的位置，由于油水界面的扩展以及生产井邻近油/水界面造成含水率上升到 82%，根据 ISC 受效区井的效果计算 UOR 达到 55%。

1983 年，在油藏东部构造中部建立了平行于主燃烧面的第二个线性 ISC 燃烧面，两个平行的 ISC 燃烧面对项目运行产生了很大挑战，主要是主倾方向 ISC 燃烧面的传播速度变慢了，并且火驱整体效果变差，第二个 ISC 燃烧面在 1996 年被终止。

从 1985 年到 1991 年间，当观察到最大的产油量期间，AOR 增加到最大值 3000Sm^3/m^3。

随着蒸汽吞吐和火驱联合应用(图 7-4),其产量的贡献高达东部的 18% 和西部的 25%。

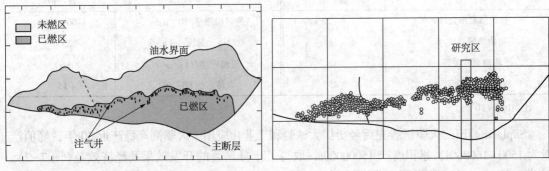

图 7-3　Suplacu de Barcau 油田燃烧前缘位置
(2004 年)

图 7-4　注气井、生产井和蒸汽吞吐井的位置
(2010 年)

实验室工作是现场规模模拟的必要前提,但必须注意实验结果的粗化,2010 年斯坦福大学等使用的简化动力学模型对 Suplacu 火驱部分区域进行了模拟(图 7-5),模拟中假设油由两种组分组成,其中一种成分称为"燃料"。动力学模型中唯一的反应是燃料成分在氧气条件下燃烧产生二氧化碳、水和热量。该方法很简单,但已证明足以模拟这个大型火驱项目。火驱油藏模拟不再局限于燃烧管实验的建模或少量井的现场试验,它可以应用于拥有数百口井的大面积区域。

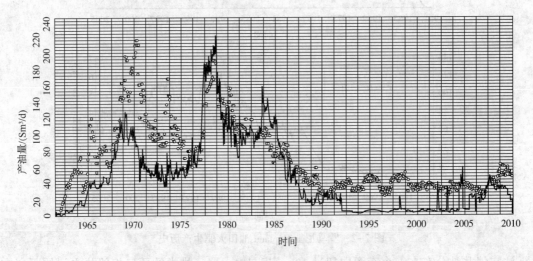

图 7-5　历史拟合中的实际产量(点)和计算产量(线)

截至 2010 年初,该油田钻了 2700 多口井,开井约 700 口,注空气 80 口,石油产量为 1200m³/d,每天 20~24 口井接受蒸汽吞吐(Ruiz 等,2013)。约 15% 生产井已更新为新井,过火面积内已钻了 8 口取心井。

目前,已取得数百口观察井和生产井温度剖面,其中一些监测到上部层位约 600℃ 的较高峰值温度(图 7-6),表明了火驱过程的超覆分离特征,相对良好的波及区域至少为 2~4m。使用 ISC 燃烧过程的监测数据,可以预测燃烧前沿将在大约 10 年内覆盖整个油田(Turta 等,2007)。

为了相关过热生产井修井作业的安全起见,研制了一种特殊的钻井泥浆来为这些井降温,其适用温度在80~250℃的范围内。这种流体可保证在井内流体平衡,避免形成堵塞,并在指定温度下呈现出相应的流变特性(Aldea等,1988)。

火驱导致产生油中的天然乳化剂的浓度增加(比如沥青质、树脂、环烷酸和细分散的固体颗粒),带来非常棘手的乳化问题。从生产井中提取的水呈黄色,pH值和矿化度降低,硫酸盐和铁含量增加,针对原油的脱水和脱盐,开发了一种特殊的热化学处理技术用于最后的分离。产出气体具有11%~15%的CO_2、N_2,微量的CO,未反应的O_2,有时是H_2S。

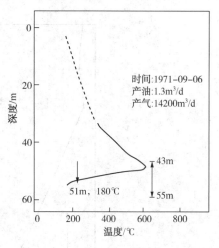

图7-6 Suplacu火驱项目well486井温度剖面

伴随着火驱商业开发生产过程,在构造高部位会有一些燃烧气体以泥火山或蒸汽火山的形式由地表泄漏。这种气体逸出与油藏埋深较浅或一些老井固井质量差所致(Carcoana,1990)。气体泄漏这一问题在俄罗斯阿尔兰油田以及新疆的红浅火驱试验区都曾出现过。

二、印度Balol油田湿式火驱

Balol火驱项目是在高压(大于10.3MPa)、相对较深强边水油藏(约1000m)里运行的。始终采用边缘直线驱动方式的湿烧火驱。

Balol油藏位于古吉拉特邦西印度北部地区的重油带,于1985年开始产油。油藏构造是一个复合地层构造圈闭,含油圈闭由上倾的尖灭线和下倾水-油界面界定(图7-7),原油的黏度在200~1000mPa·s。

储层是部分具有页岩、炭质页岩和煤夹层的疏松的砂岩。煤和炭质条带在油层中呈现为分散状态存在(黑色颗粒和厘米级薄片),厚度从层内0.2m到层外几米开外,在井间水平延伸距离从数米或更远不等(表7-2)。

表7-2 Balol油田试验区物性参数

井网面积/m×m	150×150	井网面积/m×m	150×150
油藏深度/m	1049	孔隙度/%	28
平均厚度/m	6.5	渗透率/μm^2	8~15
油藏温度/℃	70	原油黏度/mPa·s	150~300
油藏压力/atm	105	API重度	15
原油饱和度/%	70	油藏倾角/(°)	5~7

在不利流度比条件下油藏采用自然边水驱动,油藏静压力至今几乎保持恒定,表明水层能量很强,油藏压力仍高于泡点压力。最初原油自喷生产,后来在油井上安装有杆泵。在火驱开发期间,大多数井主要还是依靠有杆泵生产,虽然一些井在热效应下能自喷。

Balol油田的火驱试验从1990年开始,最初在一个2.2ha反五点井网上进行,通过周围新钻4口井扩大到9ha,随后第二个井组火驱试验启动。鉴于这两个井组的良好火驱效果,

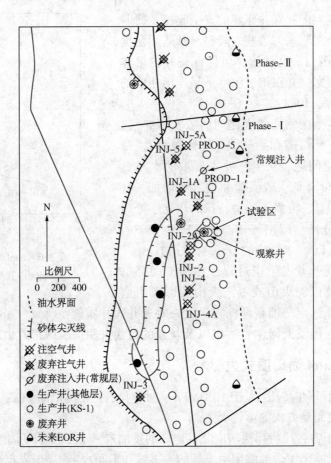

图 7-7　Balol 油田 Phase-I 区火驱试验井组示意图

于 1996 年决定进行火驱商业化开发。Balol 油田在 1997 年开始商业开发，采用上倾方向外围线性驱的火驱模式。

试验区油井样品通过 DSC-TGA 实验（图 7-8）确定燃烧反应的焓 $[4e+006J/(g \cdot mol)]$，频率因子 $(3e+007)$ 和活化能 $[25469J/(g \cdot mol)]$。鉴于 Balol 油田室内研究令人满意的结果，开辟了一个反五点井网进行现场试验。

注入井在人工点火后注入空气，启动高温氧化（HTO）模式，燃烧温度保持在 350℃ 左右。生产井采用砾石充填的完井方式，没有遇到明显出砂问题。

距离注入井 20m 远处设置观察井 IC-6，在试验开始 4 个月后燃烧前缘到达观察井 IC-6 中（图 7-9），可以观察到燃烧前缘沿着顶部传播，水驱扫过的高渗带不是火驱主要通道，这为后续转变为顶部线性注气提供了依据。

Balol 的注入井的分布在超过 12km 一线上，在 1999 年底开始湿式火驱，注水量稳定在 200m³/d，产油量由于火驱项目的扩大而持续增加（图 7-10、图 7-11）。

位于接近油水界面的生产井在火驱过程中的含水从 75% 降至不到 5%（图 7-12），这一戏剧性的现象是由于火驱所致的游离油推向下倾方向，在 Santhal 油田火驱也有类似的现象出现。由于火驱可以把水推回到含水层中，说明火驱是一个开采强边水稠油油藏非常有效的方法。

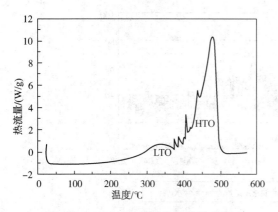

图 7-8　Balol 油田原油热重实验结果

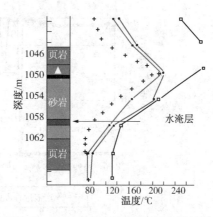

图 7-9　Balol 油田 IC-6 井温度监测结果

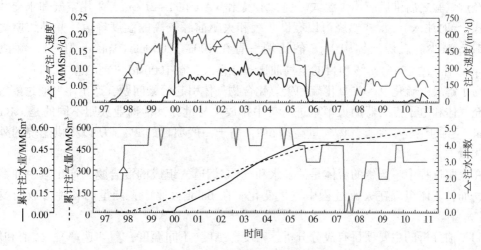

图 7-10　Phase-I 区注入历史曲线（据 SPE 150310）

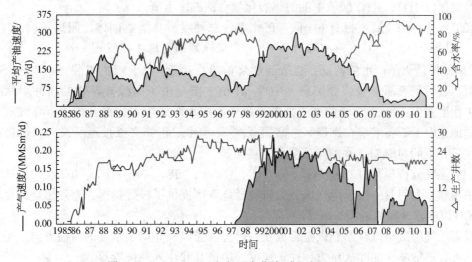

图 7-11　Phase-I 区生产历史曲线（据 SPE 150310）

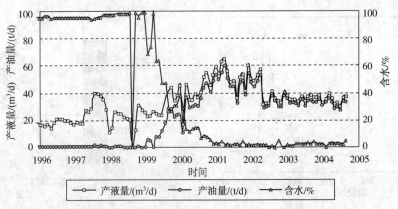

图 7-12 Balol 油田受 ISC 影响典型生产井效果

经过试验之后推广应用了湿式燃烧，水气比 WAR 在 $1\sim 2L/m^3$，采用空气和水交替地注入方式（异时注入）。湿式燃烧可以有助于缓和火驱前缘较高的温度峰值，并导致燃烧气体中的 H_2S 减少。燃烧气体中 H_2S 的比例一直在 $100\sim 1500ppm$（$1ppm=10^{-6}$），峰值时为 4000ppm（Turta，1996）。该项目的空气油比非常喜人，在 1000std m^3/m^3 左右。

为了解决由硫化氢、二氧化硫和碳氢化合物气体引起污染问题，产出尾气通过配置有外部补充气体和电子点火器的火炬塔进行集中排放。与世界其他商业火驱不同的是，Balol 和 Santhal 产生的尾气中烃类气体含量高达 6%，高于一般项目的 2%，所以提供燃烧的外部补充气体量不大。

在火驱过程中，产生的流体是油、水和气体/烟道气组成的混合物，产出量由油藏性质决定，而且流体组成在火驱过程中发生变化。在 Balol 火驱中，测量的各种参数简要描述如下：

（1）油分析的主要项目有成分分析、密度、黏度（不同温度，剪切速率）、酸值和倾点，采样频率为每 2~3 个月一次。黏度和酸值的增加表示低温氧化（LTO），黏度和酸值减少表示高温氧化（HTO），HTO 区域中油的热裂化导致油黏度下降。

（2）水分析的主要项目有 pH 值、矿化度、总硬度、总溶解固体、阳离子（Na^+、Mg^{2+}、Ca^{2+}）、阴离子（Cl^-、CO_3^{2-}、HCO_3^-、SO_4^{2-}），采样频率为每 2~3 个月一次。SO_4^{2-} 水平提高和 pH 值降低是火驱产水的特征，也表明燃烧前沿在接近（由于产生硫酸）生产井。SO_4^{2-} 持续高值，表明了火驱前缘将要突破，中性 pH 值主要是由于碳酸盐矿物的缓冲。总溶解固体、矿化度和 Na^+ 和 Cl^- 离子的减少是由于燃烧生成水对地层水的混合作用所导致。二氧化硅的增加是由于石英溶解在燃烧区之前的蒸汽/热水中。正如文献报道所说，当燃烧前缘推进到注采井距的 80% 时，水的组成变化才很明显。

（3）尾气分析项目有 CO_2、O_2、N_2、C_1、C_2、C_3、IC_4、NC_4、IC_5、NC_5、C_6、H_2S、CO 等，采样频率为每月一次。尾气成分为研究燃烧效率提供了极好指标，有效燃烧具有较低的 O_2 和 CO 浓度以及较高的 CO_2 浓度。

根据尾气组成可以判断点火是否成功，燃烧前缘以及储层中空气的传播方向。尾气组成对操作参数很敏感，如注入压力、注入速度、生产井和注入井位置等。

（4）井口温度监测。井底温度或井口温度的任何增加都反映了燃烧前沿的移动。最为理想的是测量井底温度，因为它提供了井下流体的真实温度，然而在没有井底数据的情况下，井口温度也可以定性地分析燃烧前缘的推进情况。正常生产中,井口温度在30~45℃变化,在火驱的影响下,井口温度可以大于45℃。

油的黏度进一步降低至150cP,仅为基础黏度的一半。此时,生产井产生了稠油伴随自喷的现象,液体产量增加到80m³/d并保持到2004年11月,产油量也增加到25m³/d(图7-13),这是油墙达到生产井的缘故。

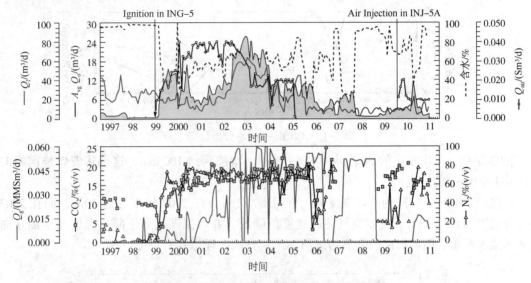

图7-13 PROD-5井生产动态和气体分析

从1999年6月起至2006年4月,石油产量增加超过20m³/d。将1998年5月的C_1/C_3、C_1/C_2比率(图7-14)作为基础数据。1998年5月以后这两个比率都急剧下降,表明发生了裂化反应,在此期间燃料沉积由H/C比率表示。

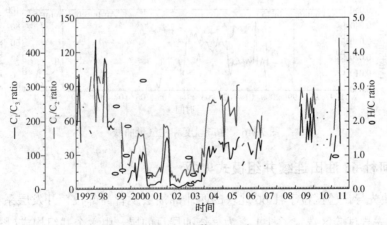

图7-14 PROD-5井C_1/C_3和C_1/C_2

与此同时,产出水的盐度(图7-15)从1998年1月的7500ppm降至2004年3月的约3500ppm,主要表现为硫酸盐离子浓度减少。由于产液含水量非常低,因此无法获得干预期间的水分析数据。油分析数据表明,2000年3月至2002年10月酸值较高,同时油的黏度约为225cP,低于300cP的基础油黏度。

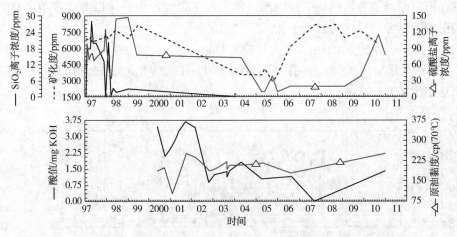

图 7-15 PROD-5 井水分析数据

2003 年初,采出水中的 SO_4^{2-} 水平从约 25ppm 增加到约 100ppm,这意味着燃烧前缘向生产井 PROD-5 的推进。

燃烧产生的热量反映为井口温度的上升(图 7-16),在 2002 年 1 月是 30℃,而在 2003 年 6 月它增加到约 55℃。随着空气注入速度的降低,井口温度随后下降。温度和产油量曲线清晰地表明了,随着温度的升高带来石油产量升高的理想效果。

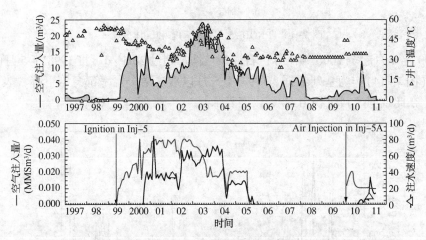

图 7-16 井口温度和注气量曲线

三、辽河杜 66 油田连续井组模式火驱

杜 66 北块先导试验区位于杜 66 北块的西北部油层发育高部位,开发层系为杜Ⅰ~Ⅱ$_4$,有四套油层,先导试验区选定了杜Ⅰ$_{6-9}$为火烧油层目的层,由六个井组构成(图 7-17)。

杜 66 北块原始地层压力 10.82MPa,油藏温度 47℃。火驱前地层压力 1.05MPa。孔隙度为 23%~27%,渗透率一般为 $(300\sim1000)\times10^{-3}\mu m^2$,渗透率级差为 13~14。平均有效厚度为 5.3m,平均孔隙度为 26%,原始含油饱和度为 65%,原油体积系数为 1.055。地面脱气原油黏度一般为 300~2000mPa·s,胶质+沥青质含量为 31%~38%。地下原油黏度为 107.8mPa·s,属普通稠油。地层水总矿化度为 3359~8760mg/L。

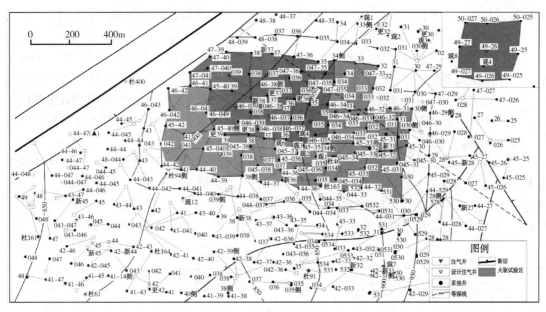

图 7-17 杜 66 北火驱先导试验区井组分布

平面上试验井组的 21 口井均钻遇杜 I ~ II$_4$ 层，说明该区杜 I 组和杜 II$_{1-4}$ 组两个油层组发育，并且分布稳定。考虑油层连通情况，选择在杜 I 组油层进行火烧试验，单井平均厚度为 13.1m，泥岩隔层也发育稳定。

在对国内外稠油开发方式转换技术调研和油藏适应性评价的基础上，2005 年在杜 66 块杜家台油层开展了常规火驱先导试验，并获得成功。考虑到储层条件，中心区井网采用反转九点形式，井间距为 100m，边缘区域井网格局为井眼井距，井间距为 100m。杜 66 油藏采用干法正向燃烧火驱模式。注入井的空气注入压力为 2~3.5MPa。每口注气量为 0.5×10^4 ~ $1.12 \times 10^4 m^3/d$，月增量为 1000~3000m^3/d，每日最大空气注入量为 2×10^4 ~ $3 \times 10^4 m^3$。

试验区日产油由转驱前的 93t 上升到 393t，平均单井日产油由 0.7t 上升到 2.3t。按火驱实施过程，火驱可划分为 3 个开发阶段：

（1）先导试验。自 2005 年开始，在 7 个井组先后进行了单井单层、多井单层、多井多层的火驱先导试验。

（2）扩大试验。2010 年 10 月，外扩试验 10 个井组，试验井组达到 17 个。

（3）规模实施。2012 年再实施 24 个井组，火驱总规模达到 41 个井组。

杜 66 北块先导试验区自 2005 年 6 月现场试验以来，原油产量表现出明显的上升趋势，有着较大幅度的提高，单井平均日产由 7.04t 升高到 50.09t，平均单井日产增加了 6 倍。截至 2012 年 12 月，年产油 10.4×10^4t，累计气油比 760m^3/t（图 7-18）。

杜 66 火驱项目采用两种点火方式，一种是采用蒸汽注入辅助化学方法，先注入一些化学点火助燃剂以降低重油燃烧成分的燃

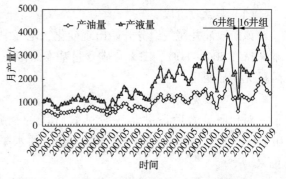

图 7-18 杜 66 北块先导试验区产量变化曲线

烧温度，然后注入蒸汽完成点火；另一种方法是使用电加热器加热井下油层同时注入空气，直到油层被点燃。

化学点火过程简单易操作且成本适中，蒸汽注入强度通常为每米油层厚度 $100\sim200m^3$。然而，由于压力变化，在注空气和蒸汽之间的间隔中可能会发生回火，空气波及范围可能受到蒸汽超覆的影响。电点火完成后将点火器从井中取出，在某种程度上使用电学方法的点火成功率高于化学点火方法，并且空气注入波及也好于化学点火，但是其操作的复杂程度、耗时和成本更高。

气窜对于现场火驱项目来说确实是一个具有挑战性的问题，特别是对于 D66 这样的多层非均质油藏。表 7-3 列出了杜 66 现场火驱工程典型空气注入井的空气注入剖面，表明渗透率较大的三层(31 层、32 层和 38 层)获得较大的空气注入指数，层间空气注入速率不同。生产井之间的尾气产量不同，产出尾气量较大的有 46-40，46-X38 和 46-G36 井。

表 7-3　储层物性及其吸气指数

层号	顶深/m	底深/m	层厚/m	渗透率/$10^{-3}\mu m^2$	吸气指数/$[m^3/(d\cdot m)]$
29	886.3	887.4	1.1	838.8	138.7
30	889.8	893.4	3.6	1558.8	169.6
31	897.4	901.5	4.1	3136.9	316.4
32	904.8	910.4	5.6	4620.1	449.6
34	917	919.7	2.7	1536.1	169.6
35	925.1	928.1	3	1534	178.6
36	937.2	940	2.8	1331.1	136.3
37	940.3	942.1	1.8	927.8	127.2
38	944.2	946.2	2	3683.5	381.5
39	949.3	953.1	3.8	1847.9	180.7

通过对典型井见效过程的统计发现，油井生产动态呈现明显的阶段性：

处于弱见效阶段的油井未受火驱影响，产量周期呈递减趋势，基本没有尾气产出。周期产液量对比转驱前上升但小于 $5m^3/d$，产气量达到 $500m^3/d$。当油井产液量上升大于 $5m^3/d$，含水上升，排气量达到 $1000m^3/d$，但周期日产油对比转驱前增量小于 $0.5t/d$ 时定义为一般见效阶段。强见效阶段的油井周期增油明显，指标大于一般见效阶段的油井。在不同的见效阶段，油井的生产特征不同：

（1）弱见效阶段。

该阶段油井尾气组分开始出现变化，尾气中氮气、二氧化碳含量不断上升，氮气含量基本保持在 50%~80%，二氧化碳含量基本保持在 15%~30%。该阶段温度和压力对比不见效阶段无明显变化。

（2）一般见效阶段。

对比弱见效阶段井，一般见效阶段的油井的井口温度上升 7℃ 左右，压力也增加 0.4MPa 以上，日产液量由之前的 10t/d 的水平上升至 20t/d 的水平，此时出现含水上升现象。

（3）强见效阶段的油井在井组内没有明显的分布规律，产油量会由转驱前的 1.2t/d 上升至3.9t/d，井口温度和压力均高于其他井，但是油井出现出砂、气窜、原油改质等现象。

杜66火驱开发过程中主要遇到了平面和垂向波及不均匀的问题，先导试验七蒸汽井组火驱开发结果表明：靠近注气井的内线井储层物性好的区域、吞吐开发中存在气窜通道的油井见效比例高，达到69%；而其他区域见效油井比例仅为31%。注空气井吸气强度主要以单层厚度大、储层物性好的层为主，整体上动用程度为67%，部分层动用程度只有55%。

针对以上问题采取了相应的火驱动态调控技术，平面调控技术主要以油井吞吐引流技术、注气参数调整技术、采油参数调整技术和反向火驱技术为主。剖面调整技术通过分层注气、注水调剖和化学调剖等技术的实施，注气井纵向的吸气不均状况得到了有效改善。

调整后，41个火驱井组产油由转驱前的93t/d上升到目前的358t/d，单井产油由0.8t/d上升到2.1t/d，对比常规蒸汽吞吐开发阶段累计增产18.7×10^4t。

油井开井率增加至92%，采油速度由0.7%提高到2.3%，气油比由4530m^3/t下降到544m^3/t，采收率达到52.2%，对比常规蒸汽吞吐开发增加了25%。

截至2016年5月，辽河油田杜66块等5个试验区块137个常规火驱井组原油日产量达到780t，平均单井产量较未投入火驱前增加1倍以上。AOR从2005年的598m^3/m^3增加到2014年的895m^3/m^3（图7-19）。

另外，尾气监测结果表明，杜66火驱工程具有高温氧化燃烧的特点，现场结果表明，火驱产油效果与储层燃烧状态直接相关。储层在高温氧化燃烧条件下，生产井可以获得高出约70%的油井产油量，O_2利用率超过90%。

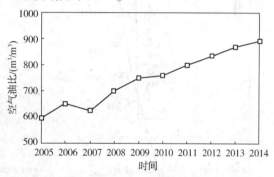

图7-19 近10年杜66火驱项目的空气油比

杜66块火驱所属杜家台油藏油水关系比较清晰，上层系纯油藏，下层系部分区域发育的弱边底水。生产过程中不会造成油井出水问题，火驱过程中部分油井大量见水的主要原因是其他层系水外窜或外渗。

对油井大量出水进行监测，矿化度明显高于正常生产井产出水的2000mg/L，出水位置多为700~850m的馆陶及兴隆台组，37℃的出水井温度较正常火驱井低9℃。分析认为是火驱产出气体和液体对套管造成了严重的腐蚀并破损，在火驱井大面积提液时，加大了油井生产压差，促使地层水向邻井运移。此外，套管漏点未及时封堵、封堵失效、固井质量差等原因也是油井出水的主要工程原因。

针对以上问题，根据出水井的情况实施相应的堵水措施。针对套管存在明显漏点的出水井实施挤灰堵水措施；对套管损坏可修复的出水井实施大修堵水；针对报废井及套管无法修复井实施封井；对侧钻井固井质量差实施挤灰封窜措施。

对受出水影响的邻井制定合理的管理方法。对于出水井已经实施堵水措施的水淹井提液生产，加快排液力度，尽早排空地下水，并且对液量下降的水淹井及时组织吞吐引效，恢复区块的正常产量接替。

通过以上治理对策的应用，共实施出水井治理14井次，水淹井目前产液量732t，产油量82t，含水88.8%，对比治理前日产液量下降11t，日产油量上升14t，含水下降2.2%。

四、新疆红浅 1 试验区蒸汽吞吐后线性火驱

红山嘴油田红浅 1 井区位于准噶尔盆地西北缘东段，距离克拉玛依区西南约 20km 处，行政隶属新疆克拉玛依市。

红山嘴油田地面海拔 280~350m，平均约 315m，区内地势比较平坦，属大陆干旱气候，温差为 -40~40℃，降雨量少，蒸发量大。克—独公路从油区东面穿过，交通方便，通信、电力设施齐全，具有较好的地面开发条件。

综合考虑红浅 1 井区油藏特点和剩余油分布规律及先导试验规模，选择 h2128-h2107-h2057-h2026-h1362 井连线两侧 1~2 排井为本次火烧先导试验区（图 7-20），面积 0.28km²，原始地质储量 $42.5×10^4$t，试验区注蒸汽累积产油 $9.08×10^4$t，目前剩余地质储量 $33.42×10^4$t。

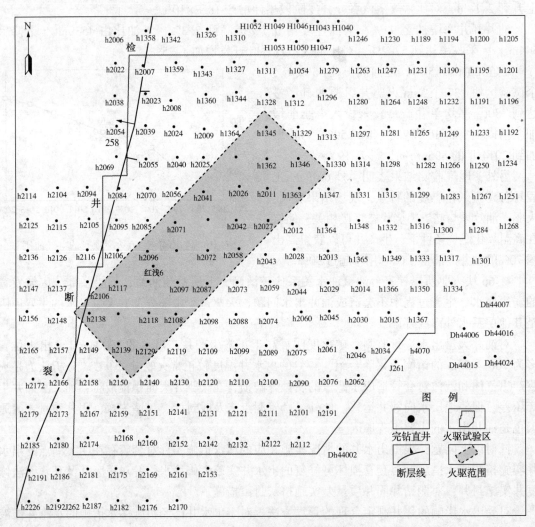

图 7-20 火驱试验区部署区域

先导试验区分阶段部署实施，前期以面积井网进行火烧驱替，后期转线性火驱驱替。两个阶段注采井数与生产模式不同，因此前期采用面积井网驱替，以实际非均质模型为基础，进行了注气速度优化，以中间井组为模型，分别在单井最大注气速度为 30000m³/d、

40000m³/d、50000m³/d 的条件下,对不同注气速度的开发效果进行对比。注气速度 40000m³/d 时,开发效果最好。因此,前期面积井网火驱单井注气速度推荐 40000m³/d 左右,后期转为线性交错井网,共 7 口注气井。

根据室内物理模拟、精细地质研究、剩余油分布研究及数值模拟优化结果,将火驱试验区选在避开断层且储集层物性较好的一个长方形区域(图 7-21)。

矿场试验方案要点包括:①在原注蒸汽老井井网中钻新井将井距加密至 70m;②点火/注气在新井上进行,点火温度控制在 450~500℃;③初期选择平行于构造等高线的 3 个井组进行面积火驱,待 3 个井组燃烧带连通后改为线性火驱,使线性火驱前缘从高部位向低部位推进;④自始至终采用干式注气方式;⑤面积火驱阶段逐级将单井注气速度提高至 40000m³/d,线性火驱阶段单井注气速度为 20000m³/d;⑥注气井油层段采用耐腐蚀套管完井,采用带气锚泵举升。

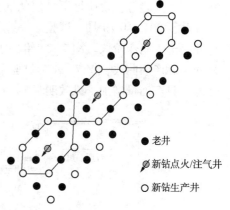

图 7-21 火驱试验区井网部署

火驱试验分为 3 个阶段:第 1 阶段,3 口井点火,形成 3 个注采井距 70m 的正方形五点井网进行面积火驱;第 2 阶段,当火线推进到一线老井后[图 7-22(a)],由中心注气井和周围 6 口新钻生产井组成注采井距 100m 和 140m 的斜七点井网,仍为面积火驱[图 7-22(b)];第 3 阶段,通过调控使 3 个相邻的燃烧带互相连通,再将注气井排的另外 4 口新钻生产井转为注气井,与原先 3 口注气井一起组成共计 7 口井的注气井排,从而形成线性火驱模式[图 7-22(c)]。数值模拟预测面积火驱开采 4 年,阶段采出程度达到 15%;线性火驱开采 6 年,阶段采出程度 18%。火驱在注蒸汽基础上累计提高采收率 33%。受地层非均质性和注蒸汽开发过程影响,线性火驱阶段尽管燃烧带连成一片,但火线前缘推进不均衡。地层高孔高渗条带所在位置火线推进速度较快,其他位置则推进较慢。局部可能形成圈闭,被圈闭的原油将无法采出。

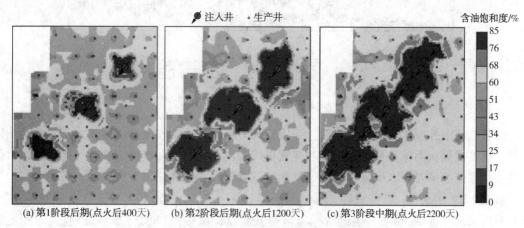

图 7-22 试验区不同阶段的火线位置

为了避免上述情况发生,在火驱过程中应提前对处于高孔高渗条带的生产井采取管控措施,限制其排气速度。

2009年12月初对试验区008和010两个井组实施点火注气,2010年6月对012井组点火注气。从一线生产井产出气体组分监测结果看,通电点火后产出气体组分中O_2含量迅速下降,5天后下降为零;CO_2含量则逐步上升,最高达到16%;CO含量一直在0.5%左右并有逐步下降趋势,说明地下燃烧状况良好。

截至2010年10月,试验区一线生产井均已结束排水阶段,共有11口井见效,其中4口井已进入稳产阶段。图7-23给出了008井组一线生产井2107A从点火开始到2010年10月的实际产油曲线,图7-24为试验区总的产油曲线,可见,单井及试验区产液量、含水率降低,日产油量增加,见效明显。

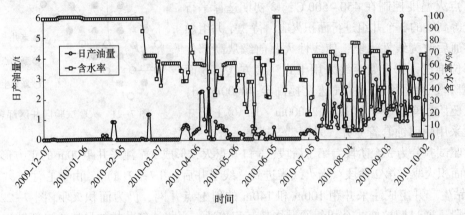

图7-23 一线生产井2107A产油曲线

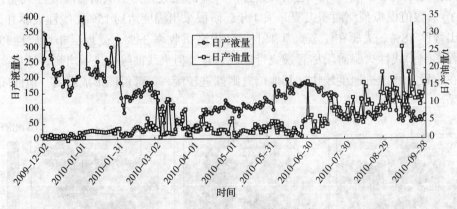

图7-24 火驱试验区日产油曲线

新疆红浅1井区矿场试验1年后,评价认为火驱油藏方案和配套工艺技术基本满足技术要求。但要确保火驱试验最终取得成功并真正成为稠油注蒸汽后期的一项主体接替技术,仍有许多机理问题需要深入研究,仍需通过矿场试验不断检验和完善相关技术。

截至2017年5月,红浅火驱先导试验区累积注气$2.65×10^8 m^3$,累积产油$11.29×10^4 t$,火驱阶段采出程度26.56%,生产指标与当初方案设计值接近(图7-25)。试验区累积见效井42口,见效率95%,单井最高产油量达到4900t,累积空气油比$2350 m^3/m^3$左右。2017年5月底,试验区注气井13口,平均日注空气$6.6×10^4 m^3$,开井数28口,平均日产液106.1t,日产油30.0t,综合含水71.7%,火烧前缘推进基本平稳。

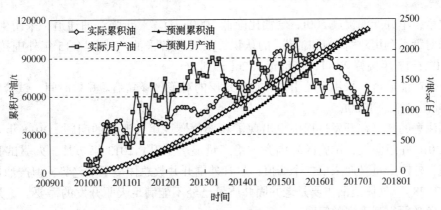

图 7-25 试验区实际与预测产油量对比曲线

对生产气体的分析表明，点火后氧气含量接近于零，二氧化碳含量平均上升到 16% 左右，如 H2107A 井的气体组成如图 7-26 所示。

在 2009 年 12 月空气注入过程开始时，收集产出油的 SARA 分数，可以发现饱和烃的含量在增加，这可能是由于 ISC 过程中轻组分的蒸发造成的。然后饱和烃的含量降低，这可能是由低温氧化(LTO)过程中的氧加成反应引起的。值得注意的是，沥青质的含量随时间显著增加(图 7-27)。

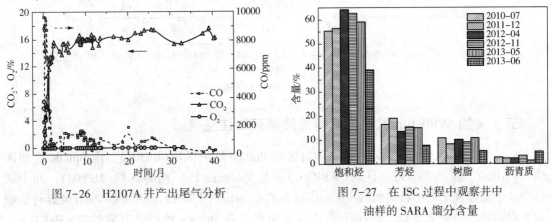

图 7-26 H2107A 井产出尾气分析　　　图 7-27 在 ISC 过程中观察井中
　　　　　　　　　　　　　　　　　　　油样的 SARA 馏分含量

试验区为薄层低倾角油藏，经过对生产动态和数值模拟的分析，其火驱效果影响因素主要有：

(1) 薄层低倾角油藏，上、下倾燃烧前缘推进、油井产量差别不大。

(2) 原油黏度影响见效时间，低黏井 1 年后见效，高黏井 2 年后见效。

(3) 火驱前，剩余油饱和度影响累产油，大于 50% 时累产油高。

依据砂体连通关系，通道分 3 类：

(1) 气窜通道：前缘快速突进，容易沿高渗层气窜，单井几乎无产量。

(2) 强产油通道：均匀波及，推进速度快，产油最好，稳产期油量 2~3t。

(3) 弱产油通道：受物性影响见效慢，产油低，稳产油量 1~2t。综上分析，通道是火驱主控因素。

针对上述 3 类通道制定个性化调控对策。对于气窜通道，避射高渗层，工业化应用 80 口井。另外采用"上疏下密"变密度射孔，抑制超覆，平衡纵向吸气差异，工业化应用 190

口。优化后，单井产油提高500t，气油比降低1000m³/t。对于强产油通道，采用生产接替、平衡注采对策。利用对"高饱和油带"的认识，及时接替采油。试验区15年外围接替5口，增产2×10⁴t；17年接替20口，产油量从26t升到36t。

对于弱产油通道，采用吞吐引效、加热地层的对策，降黏缩短见效时间。试验区近2年实施20井次，增油1000t。

特别注意的是，在开发过程中也出现了高部位燃烧尾气泄漏的问题。2011年4月，火驱试验区010井组漏气，试验区外围齐古组产量显著上升；2013年7月，火驱试验区产量下降加速，外围产量又迎来第二个峰值；尽管外围开井数总体呈下降趋势，但产油量却不降反升（图7-28）。气体泄漏主要是老井固井质量已经不能满足火驱开发的需要，这是注蒸汽后火驱开发必须得到重视的问题。

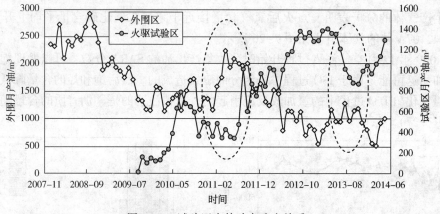

图7-28 试验区内外动态响应关系

五、美国 Williston 盆地低渗稀油油藏高压注空气

Koch公司的四个商业高压注空气项目包括Buffalo红河区块（BRRU）、南Buffalo红河区块（SBRRU）、西Buffalo红河区块（WBRRU）以及Medicine Pole Hills区块（MPHU），四个项目中三个都是位于南达科他州Harding县的Buffalo油田（图7-29）。Buffalo油田是威利斯顿盆地西南侧的一个大区块，它位于南达科他州西北角Buffalo镇西北方向约20mils（1mil=1.609m）远的地方。Buffalo油田最重要的油气带是埋深约8500ft（1ft=0.3048m）的奥陶纪红河B油气带，它连续分布在整个区块，但是渗透率和油饱和度非均质性很强。在这个油气带内有几个商业性油藏。

生产API 27-28度原油的产油油藏为不饱和油藏（泡点约为500psi），并且主要驱替能量为流体和岩石的弹性膨胀能。因此，预估的一次采油采收率很低，仅不到原始储量的10%。已经显示的低渗透率（气测渗透率约$10\times10^{-3}\mu m^2$）和高含水期使得注水开发油藏具有较差的预期效果。

第四个项目在Medicine Pole Hills油田，该油田和其他三个是相同的大区块，位于北达科他州Bowman县南方向10miles远的Rhame镇（图7-29）。它是一个多层奥陶纪红河油藏，埋深约9500ft。生产油藏（未饱和）生产API 38-40度轻油，它的泡点为2000psi。主要驱替能量为流体和岩石的弹性膨胀能，加上部分气驱预期可实现15%的采收率。已经显示的低渗透率和高含水期同样使得此项目的注水开发前景黯淡。

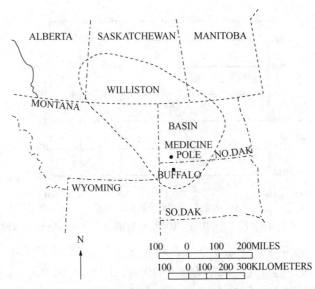

图 7-29 威利斯顿盆地示意图

为了评估其注空气开发的可行性，分别进行了流体、燃烧管和 ARC 等方面的研究，以对 MPHU 原油为例：

1. 油层流体研究

从分离器中采集了气体和液体样品以确定油层流体性质及相态特征。重新混合的样品在 110℃ 油藏温度条件下其饱和压力为 15.4MPa，溶解气油比为 151m³/t。油藏温度和饱和压力下的原油黏度为 0.48mPa·s，地层体积系数为 1.40。

2. 进行了三次燃烧管实验以研究原油的燃烧特性

第一次实验因大面积热损失及缺乏足够燃料而告终。在第二次实验中进行了绝热实验。尽管该实验的燃烧前缘是稳定的，然而氧利用率仅为 49%。因为受实验室设备的限制，这两次实验都是在 2MPa 和 21℃ 的条件下进行的。MPHU 油藏温度及压力均较高，曾预计氧利用率较高。事实上，第三次油的低温氧化实验结果表明，空气与额外的原油接触时，原油将重新点燃。

3. 在 41.4MPa 及 110℃ 下进行人造岩心驱替实验

所采用的注入气体由 1/3 的 CO_2、1/3 的 N_2 和 1/3 的分离器气体组成。实验表明，油藏流体及注入气在实验条件下是混相的（注入 1.46 孔隙体积时，采收率为 92.8%）。实际上，在 31MPa 时就发生了混相。

4. ARC 实验

为了确定活化能、指前因子、反应级数（只需要一个反应模型即可拟合结果）、起始温度和主放热程度，进行了加速量热计（ARC）实验。该绝热实验是在油藏压力下进行的，温度从油藏温度上升到 500℃。

如图 7-30 所示，主放热过程涉及的温度范围为 150~368℃。放热在低值下开始，持续到 425℃。因为没有继续放热作用，最终温度高达 500℃，即达到油田峰值温度的上限。放热作用是一种两个机理的反应：一个反应的阿雷尼斯活化能为 30kcal/(g·mol)，而另一个反应的活化能为 70kcal/(g·mol)。空气-油系统在油藏条件下显示了强有力的燃烧，并有很好的放热连续性。

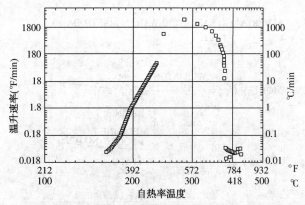

图 7-30 原始条件下(27.6MPa，104℃)的 MPHU 原油和空气的 ARC 结果

MPHU 油田于 1986 年 3 月开始注空气，两个月后由于油价下跌而中止。1987 年 10 月重新开始注气。7 口注入井的空气注入量为 $2.5 \times 10^5 m^3/d$，注入压力为 30.4MPa。多数井的空气注入量比较稳定或是随着时间略有增加。在连续注约 15 个月后产气量开始呈上升趋势。原油产量由联合生产前的 56t/d 增加到 133t/d，而生产井数与联合生产前相比几乎相同，通过天然气处理回收的天然气凝析液体增加到约 28t/d，其原因在于就地产生的烟道气对轻油进行了汽提作用(图 7-31)。

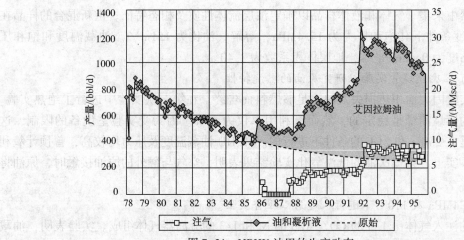

图 7-31 MPHU 油田的生产动态

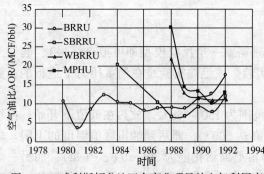

图 7-32 威利斯顿盆地四个商业项目的空气利用率

所有四个项目的空气油比历史如图 7-32 所示。这四个项目在注空气开始后的 2~3 年内每产 $1m^3$ 石油需要耗费接近 1500~3000m^3 的空气。图 7-32 绘制了 6 个高压空气驱项目的空气/油比。由图可知，至少在开采早期(5~6 年)，每增加 1bbl 原油的空气需求，高压空气驱可与 CO_2 驱油相媲美，在水淹油藏增加 1bbl 原油需要 20MCF 空气，在二次采油中，需要 8~12MCF 空气。

随着生产气油比(GOR)增加,空气油比以可预测的方式增加。图 7-33 中描绘了对于 SBRRU 的生产气油比和累积产油量的函数关系(每增加 1MCF 空气,增加的产油量约为 500000bbl)。对这一关系作出推测可以得到相当好的剩余储量近似值。通过预测已建立项目的总空油比和油气比趋势,可以作出较为准确的采油量估计。参考图 7-33,在 SBRRU 项目中,将累积产油量和生产气油比的趋势外推可以知道,气油比每增加 1MCF,产量就增加约 500000bbl。根据这一猜想,最终采收率可以达到 20MCF/bbl,极限比率约为(1300~1400)× 10^4bbl,是最初估计的 $300×10^4$bbl 的约 4.6 倍。由于大部分天然气都是从少数几口气油比高的油井中开采出来的,因此只要关闭一些气油比高的井,就可以显著地改变总项目动态曲线(气油比与累积产油量)的趋势,准确的估计就需要更为详细的井的参数包括注入平衡程度、安全性以及储层均质性等。

油藏总体和单口井的产能表现表明,原油驱替能量来自气体氧化产生的气体混相驱。燃烧前缘的高压力导致相对高的气体驱油效率。迄今为止,四个项目的驱替都来自热辅烟道气驱动。与传统气驱不同的是,气油比可以无限增大,热分解辅助烟道气驱的气油比可以达到阈值或峰值 20~25MCF/bbl。正是在这个耗尽阶段,热分解驱动成为主导驱油动力。

图 7-34 中显示了 Buffalo 油田所有三个 HPAI 单元的采出程度与燃烧体积的关系。假设空气需求为 120scf/ft^3。该图显示所有单元对空气注入的响应相似,事实上,采出程度和燃烧体积之间似乎存在良好的相关性。

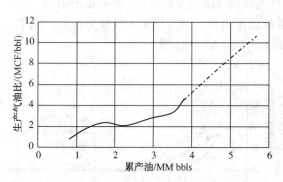

图 7-33 SBRRU 的生产气油比与累积产油量

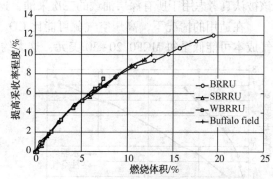

图 7-34 Buffalo 油田各 HPAI 单元采出程度和燃烧体积关系

生产出的气体的处理或利用是高压注空气项目设计和实施的一个重要的组成部分。在生产的早期气流的组成基本上与储层气体相同。在注入开始后的几周内,来自燃烧气体氮气含量开始很快地出现。由于二氧化碳溶解度较高,会比氮气滞后数月甚至数年。监测气体分析为项目早期的油藏现场详细描述提供了有效手段。通常只有在储层气体中存在有毒气体(H_2S 等)时才需要特殊处理。到达生产井的燃烧气体基本上只是 N_2 和 CO_2。至少在最初的 10~15 年,这与 Buffalo 和 MPHU 类似的项目中是显而易见的。

鉴于产出气体中含有轻烃组分,所以需要对其进行天然气凝析液回收。MPHU 的做法是将采出气由 0.1MPa 压缩到 3.45MPa 进行处理。然后将其冷却到 -34℃,在这一温度下丙烷和其他较重的烃析出成为液相。这种液体稳定后被输送到另一处理厂进行分馏,然后将残气燃烧。

高压空气驱与常规原位燃烧之间最显著的区别在于,高压空气驱的燃烧气体驱动驱替效率更有效。这是以下几个因素导致的:①压力越大,气体越容易混溶;②由于油黏度低,驱替气和油的流动比更好;③较高的储层温度提高了氧的利用率,因此空气通道较少,从而提高了垂直和面积驱油效率。①、②和③的组合效应使得可以用较少的空气生产更多的油,并且有效地消除生产井中的散热和腐蚀问题,至少在生产井早期寿命(10~15年)期间是这样。此外,每增加生产1bbl油产生的气体越少,气体更清洁,对环境的负面影响(温室效应)也越少。

高压空气驱和常规火驱方法之间的其他差异是:一是对于高压空气驱,燃料需求显著减少,因为对于较高重油,可用燃料的数量较少(Alexander 等,1962)。多年来,一直存在的行业误解是,由于燃料可用性不足,原位燃烧不能成功地应用于比 API 度 30 度轻的原油。但是迄今为止,至少有 4 个项目原油轻于 38°API,且成功地维持了燃烧驱动。二是在异常高压地层中,高压空气驱项目产生的气体的平均热值含量明显较高。烟气中的热值含量是相关气体量、油 API 度、燃烧区产生的温度、通过储层的烟气的气驱、压力和可以作为催化剂存在的黏土量的函数。利用较高热值气体可显著提高高压空气驱的整体经济性。

将 WBRRU 高压空气驱项目的反映的效果与 Apache WBRRU-B 注水驱进行比较,很显然,在较深和较致密储层中,高压空气驱比注水开发更好(图7-35)。从进行高压空气驱开发开始,大约 5 年后的增量大约为 350bbl/d,而注水开发只有 50bbl/d。

高压空气驱的排水效率也明显高于水驱,从 Amoco 的 Sloss 项目和 Koch 的 Capa 项目中,原油采收率的显著提高就证明了这一点。两个项目都是在水淹层上进行的。

由于每增加 1bbl 油需要的空气量少于 10MCF(对于高含油油藏小于 5MCF),高压空气驱应该被认真考虑用于所有深层油藏的二次采油,这些油藏的注水能力都受到一些程度的限制。

在适用的情况下,高压空气驱可能比 CO_2 更具成本效益,因为用于大规模操作的注入空气成本可能低至每 MCF0.20~30 美元,这大约是 CO_2 成本的 1/3(图7-36)。

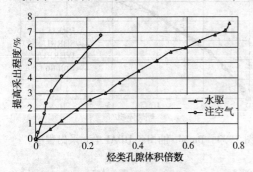 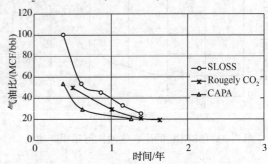

图7-35 水驱和高压注空气驱替效果对比　　图7-36 水淹层中的空气和 CO_2 的利用

一般来说,高压空气驱不被认为是混相 CO_2 驱的替代品,因为高压空气驱局限于高温储层,而这些高温储层并不适合用 CO_2 驱。高压空气驱需要大规模的应用,才能有效地降低空气成本并促进生成气体利用方案的形成。

高压注空气驱油是另一种通过提高对清洁可燃烧的石油烃的回收来保护自然资源的方法。这些采用新技术的石油烃可以转化为燃烧的 CO_2 排放量低于煤炭 1/2 的能源(石油约为 1/2,天然气约为 1/6)。

Williston 盆地 HPAI 项目的开发数据清楚地表明,在应用于适当的储集层时,HPAI 能以低廉的成本生产大量的石油和天然气。该技术不同于传统的稠油火驱,但是其油藏筛选需要注意油藏深度、温度和含油比重等因素。HPAI 不仅为提高采收率提供了一种有效的方法,而且也为轻油油藏提供了一种新的清洁可燃烧、低热值的天然气来源。

参 考 文 献

[1] 岑可法等编著. 燃烧理论与污染控制[M]. 北京：机械工业出版社，2004.
[2] 余永刚，薛晓春编著. 发射药燃烧学[M]. 北京：北京航空航天大学出版社，2016.
[3] 沈士军，王少岩主编. 机械基础[M]. 北京：中国林业出版社，2007.
[4] 余永刚，薛晓春编著. 发射药燃烧学[M]. 北京：北京航空航天大学出版社，2016.
[5] 李永华. 燃烧理论与技术[M]. 中国电力出版社，2011.
[6] Sheng, James, ed. Enhanced oil recovery field case studies. Gulf Professional Publishing, 2013.
[7] 舒华文，田相雷，蒋海岩，等. 火烧油层点火方式研究[J]. 内蒙古石油化工，2010，(21)：5-8.
[8] 袁士宝，宁奎，蒋海岩，等. 火驱燃烧状态判定试验[J]. 中国石油大学学报(自然科学版)，2012，(5)：114-118.
[9] 刘其成，火烧油层室内实验及驱油机理研究[D]. 大庆：东北石油大学，2011，11-13.
[10] 关文龙，吴淑红，梁金中. 从室内实验看火驱辅助重力泄油技术风险[J]. 2009，31(4)：67-72.
[11] 梁金中，关文龙，蒋有伟. 水平井火驱辅助重力泄油燃烧前缘展布与调控[J]. 石油勘探与开发，2012，39(6)：720-727.
[12] Wenlong Guan, Jinzhong Liang, Bojun Wang. Combustion Front Expanding Characteristic and Risk Analysis of THAI Process[R]. IPTC-16426-MS, 2013.
[13] 王富国，金琪，张学汝. 辽河油田杜66薄互层稠油火驱采油动态监控[R]. ICRSM 00224, 2013.
[14] 江琴，金兆勋. 厚层稠油藏火驱开发受效状况综合识别与调控技术研究[R]. ICRSM 00218, 2013.
[15] 宁奎，袁士宝，蒋海岩. 火烧油层理论与实践[M]. 东营：中国石油大学出版社，2010.
[16] Sarathi P S. In-Situ Combustion Handbook——Principles and Practices[J]. Office of Scientific & Technical Information Technical Reports, 1999.
[17] 蒋海岩，袁士宝，李杨，等. 稠油氧化阶段划分及活化能的确定[J]. 西南石油大学学报(自然科学版)，2016，38(4)：136-142.
[18] 蒋海岩，袁士宝，王波毅，等. 火驱点火阶段注气速度的界定方法[J]. 科学技术与工程，2016，16(18)：188-191.
[19] 蒋海岩，袁士宝，王波毅，等. 火驱点火阶段注气速度的界定方法[J]. 科学技术与工程，2016，16(18)：188-191.
[20] 袁士宝，赵黎明，蒋海岩，等. 基于阶段演化特征的稠油氧化动力学[J]. 中国石油大学学报(自然科学版)，2018(4).
[21] 王弥康，张毅. 火烧油层热力采油[M]. 东营：石油大学出版社，1998.
[22] 王杰祥，张琪，李爱山，等. 注空气驱油室内实验研究[J]. 中国石油大学学报(自然科学版)，2003，27(4)：73-75.
[23] 布尔热. 热力法提高石油采收率[M]. 北京：石油工业出版社，1991.
[24] 程海清，赵庆辉，刘宝良，等. 超稠油燃烧基础参数特征研究[J]. 特种油气藏，2012，19(4)：107-110.
[25] Kayukova G P, Romanova U G, Sharipova N S, et al. Mordovo-Karmalskoye Field：The Bitumen Composition in Productive Strata After Passing of the Combustion Front in Well[C]//International Oil and Gas Conference and Exhibition in China. Society of Petroleum Engineers, 2000.
[26] Roychaudhury S, Rao N S, Sinha S K, et al. Extension of in-situ combustion process from pilot to semi-commercial stage in heavy oil field of Balol[C]//International Thermal Operations and Heavy Oil Symposium. Society of Petroleum Engineers, 1997.
[27] 程海清. 火驱高温氧化特征判识方法研究[J]. 特种油气藏，25(3)：135.

[28] Dayal H S, Bhushan B V, Mitra S, et al. In-situ combustion: Opportunities and anxieties[C]//SPE Oil and Gas India Conference and Exhibition. Society of Petroleum Engineers, 2010.

[29] 胡荣祖. 热分析动力学. 第2版[M]. 北京: 科学出版社, 2016.

[30] 熊杰明, 张丽萍, 吕九琢. 反应动力学参数的计算方法与计算误差[J]. 计算机与应用化学, 2010, 20(1): 159-160.

[31] 卢新生, 苟如虎, 张海玲, 等. 确定化学反应级数和速率常数方法的研究及应用[J]. 牡丹江师范学院学报(自然科学版), 2010, 01: 29-30.

[32] 蒋海岩. 火烧油层燃烧特性及动态预测方法研究[D]. 青岛: 中国石油大学(华东), 2006.

[33] 赵明宸, 陈月明, 袁士宝, 等. 基于支持向量机的压裂效果预测方法研究[J]. 石油天然气学报, 2006, 28(2): 106-109.

[34] Dayal H S, Pandey V, Mitra S, et al. Monitoring Of In-Situ Combustion Process In Southern Part Of Balol Field Through Analysis Of Produced Fluids[C]//SPE Heavy Oil Conference and Exhibition. Society of Petroleum Engineers, 2011.

[35] Zhao R B, Xia X T, Luo W W, et al. Alteration of Heavy Oil Properties under In-Situ Combustion: A Field Study[J]. Energy & Fuels, 2015, 29(10): 6839-6848.

[36] 关文龙, 蔡文斌, 王世虎, 等. 郑408块火烧油层物理模拟研究[J]. 中国石油大学学报: 自然科学版, 2005, 29(5): 58-61.